Katja Bredlau-Morich

Das Pferdetaping-Lexikon

Müller Rüschlikon

Einbandgestaltung: R2 I Ravenstein, Verden

Titelfoto und Fotos auf der Umschlagrückseite: Robert Bredlau

Alle Angaben in diesem Buch wurden nach bestem Wissen und Gewissen gemacht. Für einen eventuellen Missbrauch der Informationen in diesem Buch können weder die Autorin noch der Verlag oder die Vertreiber des Buches zur Verantwortung gezogen werden. Eine Haftung für Personen-, Sach- und Vermögensschäden ist ausgeschlossen.

Dieses Buch wurde nach den geltenden Vorschriften der General Product Safety Regulation (GPSR) entwickelt. Bei Fragen oder Problemen wenden Sie sich bitte an den Verlag unter folgender E-Mail-Adresse: gpsr@paul-pietsch-verlage.de

ISBN 978-3-275-02349-3

Postfach 103743, 70032 Stuttgart
Ein Unternehmen der Paul Pietsch Verlage GmbH & Co. KG

2. Auflage 2026

Sie finden uns im Internet unter
www.mueller-rueschlikon-verlag.de

Gesamtleitung: Claudia König
Innengestaltung: Kornelia Erlewein
Druck und Bindung: Graspo CZ, 76302 Zlin
Printed in Czech Republic

VORWORT

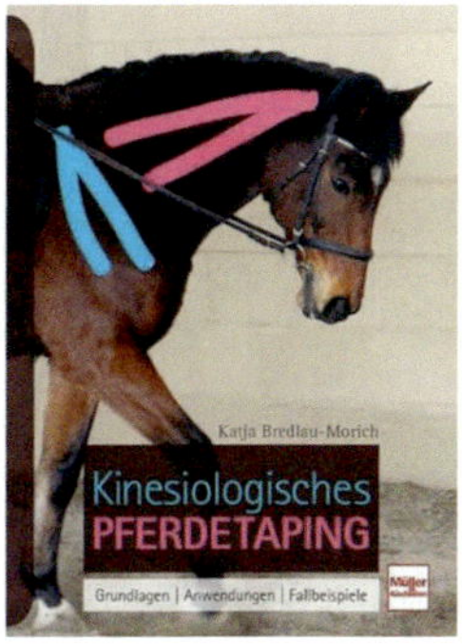

2016 erschien mein erstes Buch »Kinesiologisches Pferdetaping« im Verlag Müller Rüschlikon. 2021 wurde es überarbeitet und neu gestaltet. Das Buch hat bis heute bereits vielen Therapeuten, Pferdebesitzern und Reitern geholfen. Die Inhalte darin sind keineswegs überholt oder veraltet. Das ganze Basiswissen rund ums Kinesiologische Pferdetaping findet sich, wie der Titel schon sagt, in diesem ersten Buch bzw. der Neuauflage von 2021. Das neue Buch, das Sie in den Händen halten, soll das alte nicht ersetzen, ganz im Gegenteil, es ist eine Ergänzung dazu!

Mich erreichen immer wieder Anfragen von Kollegen und Pferdebesitzern, die zwar besagtes Buch gelesen, aber dennoch Fragen haben, wie man das Kinesiologische Tape bei bestimmten Krankheiten am besten einsetzen kann. Natürlich gebe ich dazu gerne Auskunft. Da sich die Anfragen häuften, entstand die Idee zum Pferdetaping-Lexikon.

Auch hier gibt es eine kurze Einleitung und wichtige Basisinformationen, aber der Fokus liegt ganz klar auf den Anwendungsmöglichkeiten des Tapes bei den verschiedenen Krankheitsbildern von Pferden.

Beim Schreiben und sogar noch beim Korrekturlesen musste ich das Inhaltsverzeichnis mehrfach überarbeiten und erweitern, da mir ständig weitere Krankheitsbilder eingefallen sind.

Zum einfacheren Auffinden habe ich die Erkrankungen alphabetisch sortiert.

Viel Erfolg beim Lesen und Tapen!

Katja Bredlau-Morich
Zertif. Tierphysiotherapeutin

Farbauswahl für ein Huftaping.

Teil 1

ALLGEMEINES ZUM TAPING

1. Einführung

Basics müssen sein! Im Buch »Kinesiologisches Pferdetaping« sind diese sehr ausführlich beschrieben worden. Hier wird auf die Grundlagen nur kurz eingegangen, aber ganz ohne geht es nicht.

Kinesiologisches Tape wurde in den 1970er-Jahren vom japanischen Chiropraktiker Dr. Kenzo Kase entwickelt. Er suchte nach einer Möglichkeit, mit der er seine chiropraktische Behandlung noch effektiver, nachhaltiger und langfristiger unterstützen konnte.

Und das ist ihm mit diesem Tape ideal gelungen. Nichts trifft es besser, als die Aussage einer Kollegin vor einiger Zeit: »Kinesiologisches Tape sind die Hände des Therapeuten, wenn dieser seine Behandlung schon längst beendet hat.«

Im Vergleich zu dem bis dahin vorhandenen starren und unelastischen Sporttape, hat Kinesiologisches Tape einen ganz anderen Ansatz. Es ist aufgrund von eingearbeiteten Elasthanfasern elastisch und lässt sich in die Längsrichtung dehnen. Aufgrund dieser Dehnbarkeit kann es mit dem Körper und dem Gewebe in der Bewegung mitgehen und schränkt den Bewegungsradius nicht ein.

Kinesiologisches Tape ist eine unterstützende Behandlungsmethode, die nach der physiotherapeutischen, osteopathischen oder chiropraktischen Arbeit noch nachwirken oder im Training als zusätzlicher Impuls eingesetzt werden kann.
Dies gilt für alle Krankheitsbilder und Probleme und deren Tapinganlagen, die im vierten Teil dieses Buches beschrieben sind.

Das soll nicht heißen, dass Kinesiologisches Tape für sich allein nichts bewirkt, aber es ist noch viel effektiver, wenn man es mit einer gezielten Behandlung oder angepasstem Training kombinieren kann.

Tapinganlage für den Trigeminusnerv bei einer Headshaking-Problematik.

2. Kontraindikationen

Auch diese sind in »Kinesiologisches Pferdetaping« ausführlich beschrieben und im Grunde gelten die gleichen Kontraindikationen für das Taping, die auch generell für die tierphysiotherapeutische Behandlung gelten. Dennoch sollte man sie sich noch mal kurz vergegenwärtigen.

- Fieber
  Immunreaktion abwarten, bis das Fieber komplett abgeklungen ist.
- Akute lokale Entzündungen
  Bei einem Einschuss z.B. wird keine Tapinganlage angelegt, solange der Bereich noch heiß und entzündlich ist.
- Offene Wunden und Verletzungen
  Gerne außen drum herum tapen, wenn der Bereich vielleicht geschwollen ist. Auf Wunden direkt wird nichts getapt! Das Tape würde aufgrund der Wundflüssigkeit sowieso nicht halten.
- Trächtigkeit
  Bei tragenden Stuten bitte keinerlei Tapinganlagen am Rumpf anbringen (z.B. Rückentape oder Dermatomtape). Hat eine trächtige Stute eventuell eine Sehnenverletzung, kann man am Bein durchaus ein Sehnentape anlegen.
- Hauterkrankungen
  Wenn das Fell ausgeht bzw. die Haut unter dem Fell in Mitleidenschaft gezogen ist, bitte den betroffenen Bereich aussparen.
- Koliken
  Man kann zwar bei bestimmten Magen-Darm-Erkrankungen tapen, aber bei Kolik sollte man die Finger davon lassen. Diese Erkrankung ist ein klarer Fall für den Tierarzt!

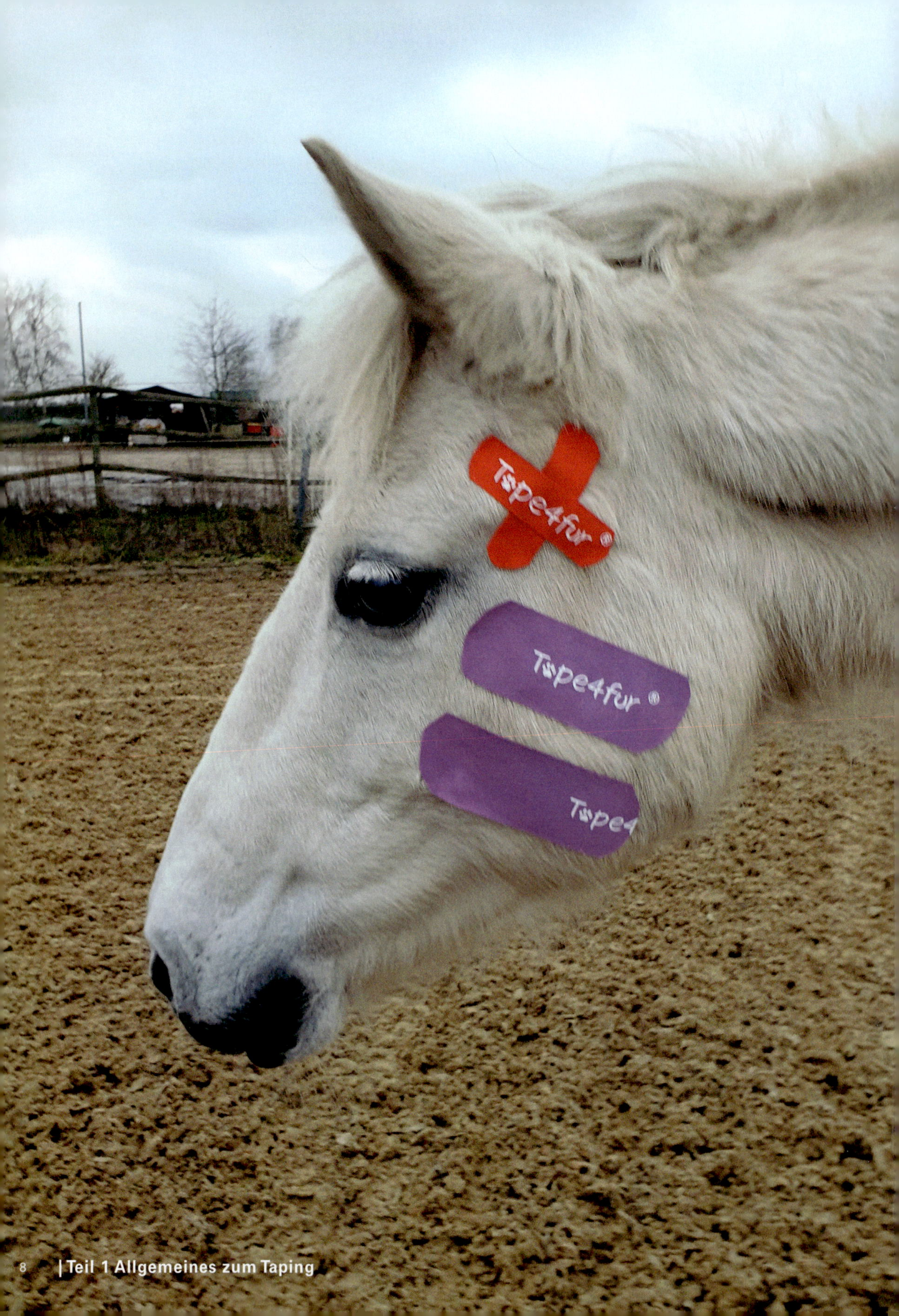
Tape4fur ®
Tape4fur ®
Tape4

3. Wirkung des Tapes

Kinesiologisches Tape ist aus einem Baumwollgewebe gefertigt, welches in seiner Längsrichtung mit Elasthan-Fasern durchzogen ist. Und was in der Physik gilt, gilt auch beim Tape: Alles, was gedehnt wird, will wieder in seine ungedehnte Ausgangsform zurück.

Das Zusammenziehen des Kinesiologischen Tapes nennt man **»Recoil«**. Diesen Recoil macht man sich bei fast allen Tapinganlangen zunutze, um dem Gewebe eine Zugrichtung vorzugeben. Beim Muskeltaping zum Beispiel, um den Muskel entweder in der Kontraktion oder in der Dehnung zu unterstützen. Oder auch beim Lymphtape, um der gestauten Lymphflüssigkeit den richtigen Weg für den Abfluss zu zeigen usw.

Da das Tape auf der Felloberfläche haftet, schiebt es dieses aufgrund des Recoils mit der darunter befindlichen Haut leicht zusammen und hebt es dabei ganz leicht an. Es entsteht der so genannte **»Anhebe-Effekt«**. Dieser schafft Platz im Gewebe und alle Strukturen, die dort komprimiert waren, egal ob verspannte Muskelfasern, verklebte Faszien oder durch Schwellungen komprimierte Blut- und Lymphgefäße, profitieren von diesem Raumgewinn. Zusätzlich wirkt sich der Anhebe-Effekt auf sämtliche Rezeptoren aus, die sich im Unterhautgewebe und rund um die Haarwurzeln befinden. Somit werden Schmerzrezeptoren angesprochen, genauso wie Mechanorezeptoren und Propriozeptoren.

Zur **Propriozeption** sei gesagt: **ALLE** Tapinganlagen beim Pferd sprechen die Körperwahrnehmung an, da rund um die Haarwurzeln über 60 % aller Propriozeptoren im Pferdekörper liegen! Insofern gibt es auch gezielte, komplett spannungsfreie Anlagetechniken, die nur die Propriozeption ansprechen. Dabei macht man sich nur die Scherkräfte zunutze, die entstehen, wenn sich das Pferd mit dem Tape bewegt. Diese Scherkräfte zwischen dem spannungsfreien Tape und dem Fell sowie der Haarwurzel und der dort befindlichen Propriozeptoren, sprechen eben nur die Körperwahrnehmung an!

Somit gibt es drei entscheidende Wirkungsweisen für das Kinesiologische Tape, die alle miteinander verknüpft sind und interagieren:

RECOIL – die Zugrichtung des Tapes gibt dem Gewebe eine Richtung vor.

ANHEBE-EFFEKT – Raumgewinn im Gewebe sowie Stimulierung von Rezeptoren.

PROPRIOZEPTION – Verbesserung der Körperwahrnehmung.

Tapinganlage für die Kaumuskulatur und das Kiefergelenk nach Zahnbehandlung.

4. Wirkung der Farben

Haben die Farben wirklich eine Bedeutung oder sieht es bunt einfacher ein bisschen schöner aus? Diese Frage wird immer wieder ausführlich diskutiert. Schöner aussehen tut es durchaus, aber auch im Fall der Farben kann man wieder auf die Physik zurückgreifen: Gemäß dem Farbspektrum hat jede Farbe ihre ganz spezifische Wellenlänge und spezifische Frequenz und somit auch eine unterschiedliche Eindringtiefe und -stärke in die Zelle. Insofern kann man eigentlich davon ausgehen, dass die Farbe durchaus eine Wirkung hat.

Hier die gängigsten Farben im Überblick:

Jeder Tapehersteller hat seine individuelle Farbpalette für das Tape.

Rot

Rot ist eine der drei Primärfarben der Farblehre, auch Grundfarben genannt. Das bedeutet, dass sie nicht durch Mischung anderer Farben entsteht. Rot wirkt vor allem dynamisch, belebend und anregend. Es steigert die Energie, die Vitalität, die Durchblutung und die Aktivität. Es wirkt positiv auf das sensorische Nervensystem und den Stoffwechsel. Rot wärmt.

Physikalische Daten: Wellenlänge 640-780 nm, Frequenz 470-380 THz

Gelb

Auch Gelb gehört zu den drei Primärfarben. Gelb wirkt anregend und wärmend, aber nicht ganz so sehr wie Rot. Es sammelt und harmonisiert die Energie und wirkt positiv auf Drüsen und das Lymphsystem. Die Farbe Gelb fördert die Funktion von inneren Organen, wie Leber, Milz, Gallenblase, Magen und Darm.

Physikalische Daten: Wellenlänge 570-600 nm, Frequenz 530-500 THz

Blau

Blau ist die dritte Primärfarbe der Farblehre. Es wirkt entspannend und beruhigend auf eine kühlende Art und Weise. Blau sorgt für körperliche Entspannung, Stressreduktion und senkt den Blutdruck. Durch seine kühlende und antiseptische Wirkung kommt es häufig bei Fieber, Entzündungen oder Sonnenbrand zum Einsatz.

Physikalische Daten: Wellenlänge 430-490 nm, Frequenz 700-610 THz

Pink/Rosa

Pink ist eine Sekundärfarbe und eine Abstufung von rot. Je nach Helligkeit des Farbtons wird Pink eine sanfte bis besänftigende Wirkung zugesprochen. Sie soll zu innerer Ruhe und Gelassenheit führen und die Stimmung aufhellen. Ähnlich wie beim Farbton Rot ordnet man der Farbe Rosa/Pink eine Energie zuführende Wirkung zu.

Physikalische Daten: Rosa/Pink ist im klassischen Farbspektrum nicht angelegt und wird am ehesten dem Ultravioletten Bereich zugeordnet. Wissenschaftlich lässt sich diesem Farbton nur schwer eine genaue Wellenlänge und Frequenz zuordnen.

Grün

Grün ist eine Sekundärfarbe und entsteht durch das Mischen der zwei Primärfarben Gelb und Blau. Man sagt ihr die größte heilende und regenerierende, sowie entspannende Wirkung nach. Grün wirkt ausgleichend, harmonisierend bzw. neutralisierend und beruhigend. Grün wird auch oft als **DIE Heilfarbe** bezeichnet!

Physikalische Daten: Wellenlänge 490-570 nm, Frequenz 610-530 THz

Violett/Lila

Violett entsteht bei der Mischung von Rot und Blau und ist somit auch eine Sekundärfarbe. In der Wirkung ist es oft umstritten, was eben aus der Mischung der Gegensätze Rot und Blau hervorgehen mag. Je nach Schattierung kann es harmonisieren und beruhigen, aber auch Energie spendend wirken. Lila fördert die Konzentration.

Physikalische Daten: Wellenlänge 380-430 nm, Frequenz 790-700 THz

Türkis

Türkis ist eine Sekundärfarbe und entsteht beim Mischen von Grün und Blau. Es soll das Immunsystem stärken und den Stoffwechsel anregen sowie gegen Entzündungen helfen. Auch auf die Wundheilung soll Türkis sich positiv auswirken.

Physikalische Daten: Wellenlänge 500-520 nm, Frequenz liegt um die 600 THz

Orange

Orange ist eine Sekundärfarbe und entsteht beim Mischen von Rot und Gelb. Es ist eine aufmunternde Farbe, die gezielt gegen innere Unruhe eingesetzt wird, um Entspannung zu fördern und die Stimmung aufzuheitern. Zudem wird Orangetönen vielfach eine Förderung der Kreativität und der Denkprozesse nachgesagt.

Physikalische Daten: Wellenlänge 585-650 nm, Frequenz liegt zwischen 513 und 462 THz

Schwarz

Schwarz ist im Rahmen des Lichtspektrums **keine Farbe** (mit einer bestimmten Wellenlänge), sondern ein Zustand des Auges! Wenn kein Licht ins Auge fällt, wirkt es schwarz. Gemäß physikalischer Definition ist Schwarz die Abwesenheit von Farbe. Schwarz entzieht Energie und sollte deshalb niemals bei Erschöpfungszuständen angewendet werden.

Physikalische Daten: Da es keine Farbe ist, kann Schwarz auch keine bestimmte Wellenlänge bzw. Frequenz zugeordnet werden.

Was kann man nun abschließend zum Thema Farben sagen?

Es muss natürlich jeder für sich selbst wissen, ob man die Farben mit in die Behandlung/Tapinganlage mit einfließen lassen möchte oder nicht. Der eine möchte alles dezent in Schwarz haben, der nächste steht eher auf Knallpink. Der Dritte hört auf sein Bauchgefühl, der Vierte macht alles gemäß Corporate Branding in den Firmenfarben.

Das kann man ganz individuell entscheiden. Und wenn man unsicher ist, kann man hier nochmal nachschauen und sich vielleicht doch an der Farblehre orientieren. Schaden kann es auf jeden Fall nicht.

Die meisten Bilder in den Fallbeispielen sind aus der täglichen Praxis. Aus diesem Grund sind viele Farbkombinationen aus dem Bauchgefühl heraus entstanden. Viele beruhen auch auf dem Farbwunsch des jeweiligen Pferdebesitzers. Wieder andere Bilder sind bei Tapingkursen entstanden und da ging es primär um das Üben des Handlings und nicht unbedingt um gezielte Farbauswahl. Die abgebildeten Tapinganlagen im zweiten Teil des Buches mit den verschiedenen Farben beruhen daher nicht streng auf der Farblehre!

5. Vorbereitung von Fell und Tape

Das Tapen auf Fell ist manchmal nicht so einfach. Zumindest nicht so einfach wie auf nackter Haut. Insofern gibt es einige Punkte, die man bei der Vorbereitung beachten sollte, um die bestmögliche Haftung und somit auch die optimale Wirkung des Kinesiologischen Tapes zu gewährleisten.

Vorbereitung des Fells:

Es gibt drei entscheidende Kriterien für eine optimale Haftung:

Das Fell muss sauber sein!
Natürlich muss ein Pferd nicht auf Hochglanz gewienert sein, wenn man es tapen möchte. Aber es sollte nicht total schlammverkrustet und eingestaubt sein. In beiden Fällen würde das Tape nämlich nur auf dem Dreck/Staub haften und sich nicht optimal mit dem Fell verbinden.

Das Fell muss trocken sein!
Leider ist es auch so, dass Kinesiologisches Tape nur ganz schlecht auf nassem Fell haftet. Also ist bei strömendem Regen im Offenstall und klitschnassem Fell eine Tapinganlage eher unsinnig.

Einem leicht klammen Fell bei Nieselwetter kann man hervorragend mit Babypuder und Mikrofasertuch entgegenwirken. Das Gleiche gilt bei extrem hohem Hautfettgehalt, wenn z.B. Öle gefüttert werden. Das Babypuder nimmt die Restfeuchte bzw. die Öligkeit aus dem Fell und mit dem Mikrofasertuch entfernt man danach das überschüssige Babypuder.

Keinerlei Glanz-, Fellpflege- oder Fliegensprays!
Glanz- und Fellpflegesprays enthalten Silikone, die die Haarstruktur glätten. Bei den meisten Produkten ist dies so stark ausgeprägt, dass das Fell einfach zu glatt ist und das Tape keinen »Grip« bekommt und regelrecht abperlt! Auch Fliegensprays enthalten diese Silikone, damit die Fliegen auf dem glatten Fell nicht so gut Halt bekommen. Dies kann im Sommer zum echten Problem werden beim Pferdetaping. Deshalb bitte immer vorher kommunizieren, dass Pferde vor dem Tapen nicht eingesprüht werden sollen. ABER sobald das Tape einmal aufgeklebt ist, kann man mit dem Fliegenspray gerne darüber sprühen.

Vorbereitung des Tapes:

Größere Mengen Kinesiologisches Tape sollten bitte bei Raumtemperatur trocken gelagert werden.

Was man aktuell benötigt, kann aber unbedenklich auch ein paar Tage im Auto lagern – auch bei Hitze oder Kälte. Für ein paar Tage macht es dem Tape nichts aus.

Das Tape wird individuell bei jedem Tier befundorientiert abgemessen und zurechtgeschnitten. Dabei bitte darauf achten, dass man nicht mit der Tapingschere direkt vor dem Pferd herumhantiert, da diese extrem scharf ist. Falls das Pferd mal einen Hüpfer zur Seite macht, möchte man es nicht aus Versehen mit der Schere verletzen! Und natürlich gilt beim Schneiden auch auf die eigenen Finger achtzugeben.

Bitte immer beachten: **Kinesiologisches Tape ist bereits mit zehnprozentiger Vordehnung auf der Trägerfolie aufgebracht.** Diese Spannung ist für die meisten Tapinganlagen ausreichend. Bei spannungsfreien Enden, Ankern oder auch beim Propriozeptionstape werden noch nicht mal diese zehn Prozent Vordehnung benötigt. Dabei einfach die Trägerfolie vom Tape abziehen, das Tape zieht sich dann automatisch auf Null Prozent Spannung zusammen und dann kann man es so spannungsfrei aufbringen.

Normalerweise kommt das Tape als einfacher Streifen von der Rolle. Je nach anatomischer Struktur und Befund muss man es passend zurechtschneiden. Die folgenden drei Tapezuschnitte sind die, die am häufigsten in der täglichen Praxis vorkommen.

Das Y(V) Tape sowie das Fächertape haben den Vorteil, dass man die Finger aufspreizen und somit mehr Oberfläche abdecken kann. Besonders das Fächertape ist für großflächige Befunde optimal geeignet.

ALLE Enden der Tapestreifen werden rund geschnitten, um eine optimale Haftung zu erreichen. An spitzen Ecken schubbert sich das Tape nämlich deutlich schneller ab.

Das I-Tape = ein einfacher gerader Tapestreifen, der oben und unten abgerundet ist.

Das Y (oder V)-Tape = es hat eine geschlossene Basis und zwei Finger. Alle Enden sind abgerundet. Bei langer Basis sieht es aus wie ein »Y«, bei kurzer Basis erscheint es eher wie ein »V«.

Das Fächertape = es hat eine geschlossene Basis mit multiplen Fingern und die Basis sowie die Fingerenden sind alle abgerundet.

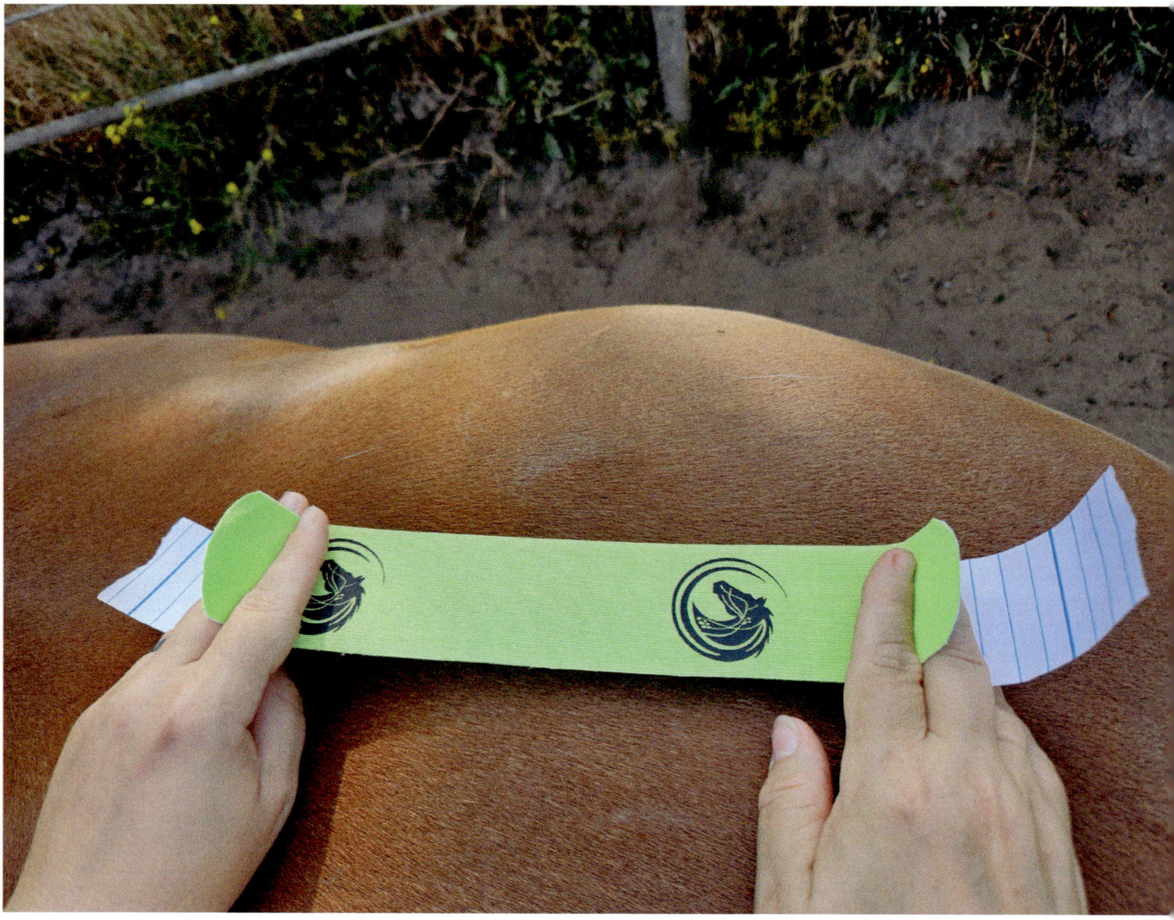

Aktivierende Muskeltapes für die Muskeln der Hinterhand.

Zum Freilegen des Tapes, einfach die Trägerfolie an der gewünschten Stelle mit einer gegenläufigen Drehbewegung aus den Handgelenken einreißen und dabei das Tape ganz leicht auseinanderziehen. Die Kleberfläche bitte nicht anfassen, um sie nicht zu verunreinigen und dadurch unbeabsichtigt die Klebekraft zu beeinträchtigen! Im Stall hat man selten saubere Hände.

Bei breiten Tapestreifen (5 oder 7,5 cm Breite) sollte man die Tapestreifen beim Aufkleben mit flachen Fingern fassen, um einer ungleichmäßigen Spannung innerhalb des Tapestreifens und somit einer weniger optimalen Wirkung entgegenzuwirken.

Die Anfänge und Enden der Tapestreifen werden immer spannungsfrei aufgeklebt, da sie keinerlei Funktion für die eigentliche Tapinganlage haben. Im Gegenteil – sie dienen als Sicherung und Anker für den Wirkungsbereich in der Mitte des Tapestreifens. Dies wird bei den Tapingtechniken nochmal genauer erklärt. Zusätzlich kann man auch noch (spannungsfreie) Tapestreifen als Anker aufbringen, um die ganze Anlage zu sichern.

Der Acrylkleber des Kinesiologischen Tapes wird durch Wärme aktiviert, deshalb bitte nach dem Aufkleben 30 bis 60 Sekunden gründlich über das Tape reiben, bis Reibungswärme entsteht und die eigenen Finger schön warm werden.

6. Kinesiologisches Tape versus Gittertapes

Auch Gittertapes kommen oftmals in den Fallbeispielen vor. Sie sind eine ideale Alternative für anatomisch schwierig zugängliche Bereiche oder kleinere Befunde.

Im Gegensatz zu den Rollentapes sind Gittertapes nicht dehnbar, sondern arbeiten über eine spezifische statische Aufladung, mit der sie sich an der betroffenen Stelle an das Fell heranziehen. Die Hautoberfläche und auch das Fell haben eine spezifische statische Aufladung. Im Falle einer Erkrankung oder einem Problem im Gewebe, verändert sich dort die statische Aufladung an der Oberfläche. Da auch die Gittertapes eine statische Aufladung haben, ziehen sie sich aufgrund physikalischer Regeln von ganz allein an die gestörten Bereiche heran.

Gittertapes haben ein spezielles Waffelmuster mit »Löchern«, dadurch ergibt sich ein leichter Anhebe-Effekt, der aber aufgrund der Größe deutlich geringer ausfällt als bei Kinesiologischem Tape. Zusätzlich kommt es zu Scherkräften zwischen den Gittertapes und dem Fell, was zu Mikromassagen führt.

Gittertapes lassen sich sehr einfach handhaben. Man zieht sie vorsichtig mit den Fingern oder einer Plastik-Pinzette von der Trägerfolie ab, dabei laden sie sich statisch auf. Nun führt man dieses Gitterpflaster in dem Bereich, in dem man eine Störung vermutet, ganz dicht am Fell entlang. Wie zuvor beschrieben, zieht sich das waffelförmige Pflaster aufgrund der Ladungsveränderung von alleine an den betroffenen Bereich heran.

Wann nutzt man Rollentape und wann Gittertapes?

Gittertape dicht am Fell entlangführen, bis es seine Stelle von alleine findet.

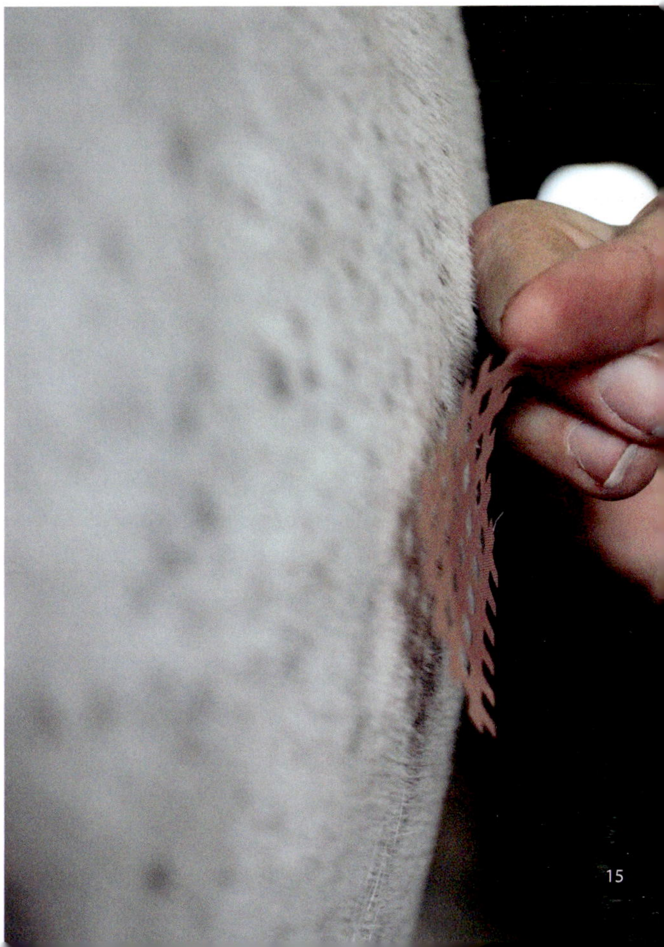

Hier ein kleiner Überblick zum Vergleich von Gittertapes und Kinesiologischem Tape:

Gittertape	Kinesiologische Tape
Kleine waffelförmige Pflaster	Rollentapes
Baumwoll-Seiden-Gemisch	Baumwolle mit Elasthanfasern
Starr (kein Recoil)	Elastisch und dehnbar (Recoil)
Statische Aufladung	Keine statische Aufladung
Für kleine Befunde	Für große Befunde
Für punktuelle Probleme	Für großflächige Probleme
Einfache Handhabung	Erfordert Übung

Wer sich ausführlicher in das Thema einlesen möchte, kann dies mit meinem Buch »Gittertapes – die tollen Helfer in der Tiertherapie« tun. Da werden die Gittertapes ausführlich beschrieben und es beinhaltet auch viele Fallbeispiele.

7. Tapingfachbegriffe

Auch wenn die folgenden Begriffe schon ein paarmal erwähnt worden sind, möchte ich sie nochmal ganz explizit hervorheben, da sie einfach wichtig sind und immer wieder in den folgenden Tapingtechniken und den Fallbeispielen vorkommen und dabei als selbstverständlich vorausgesetzt werden!

Anker

Wenn man es genau nimmt, ist jede Anfangsbasis und jede Endbasis eines Tapestreifens ein Anker. Anfang und Ende sichern den eigentlichen Wirkungsbereich in der Mitte und durch das spannungsfreie Aufbringen der Enden/Anker unterstützen sie somit eine bessere Haftung der Tapinganlage.

Verläuft ein Tapestreifen in einem Bereich mit erhöhtem Bewegungsradius und einer damit einhergehenden größeren mechanischen Belastung, wenn sich das Pferd bewegt, sollte man die Tapinganlage noch mit zusätzlichen Ankern sichern. Besonders ratsam ist dies im Bereich der Beine sowie im Halsbereich. Im Bereich der Vorderbeine sind Anker sogar doppelt wichtig, da sich die Pferde ja selbst so gerne mit dem Köpfen an den Vorderbeinen scheuern, wenn es irgendwo juckt. Auch da hilft ein Anker um die Tapinganlage am Bein zu sichern.

Das allerwichtigste an einem Anker ist, dass er **immer komplett spannungsfrei** geklebt wird. Also auch nicht mit der zehnprozentigen Vorspannung, mit der das Tape von der Trägerfolie kommt, sondern wirklich komplett spannungsfrei.

Warum ist das so wichtig? Der Anker dient nur zur Sicherung der eigentlichen Tapinganlage. Er soll diese nicht durch eine Eigenspannung stören oder beeinflussen. Deshalb Anker immer, immer, immer spannungsfrei.
Und ganz nebenbei: Mann kann nie zu viele Anker kleben!

Die Enden des Faszientape für die Halsfaszie wurden vor der Schulter mit einem spannungsfreien Queranker in Schwarz gesichert.

Im Bild oben wurden z.B. die sekundären Enden eines Faszientapes in Fächertechnik im Halsbereich mit einem spannungsfreien schwarzen Queranker gesichert.

Back-up

Back-up könnte man mit »Zurückschieben« übersetzen. Ein Back-up beim Taping findet immer dann statt, wenn man die dehnungsfreien Enden der Tapestreifen auf dem Fell aufbringt. Egal ob sich das dehnungsfreie Ende am Beginn oder am Ende des Tapingstreifens befindet.

Klebt man einen Streifen Kinesiologisches Tape entlang der Fellrichtung mit der End-to-End-Technik auf, appliziert man den Beginn des Tapestreifens ohne irgendeinen Zug und schiebt gleichzeitig mit der Handfläche oder flachen Fingern

Die Enden der Tapestreifen werden durch ein Back-up (Zurückschieben) spannungsfrei aufgebracht.

dieses Stück Tape leicht entgegen der Fellrichtung zurück (= Back-up). Dies verstärkt nochmals den Effekt des dehnungs- und spannungsfreien Beginns der Anlage. Genauso wird beim Ende des Tapestreifens verfahren. Die Anlage wird bis auf die letzten ca. 5 cm mit der gewünschten Dehnung aufgeklebt. Aus dem letzten Ende nimmt man jede Vordehnung raus und schiebt es wieder leicht gegen die Fellrichtung zurück (= Back-up).

Bei einer Applikation, in der das Kinesiologische Tape mit der Inside-Out-Technik aufgeklebt wird, werden ebenfalls beide Enden des Tapes ohne Spannung appliziert. Das Back-up erfolgt jedoch hier zum Zentrum des Tapestreifens.

Recoil:

Die Übersetzung für Recoil würde im Deutschen Rückstoß oder Zurückschrecken heißen. Beides beschreibt den »Recoil-Effekt« nicht besonders treffend.

Kinesiologische Tape ist elastisch und dehnbar und wird mit einer bestimmten Dehnung auf den Patienten aufgebracht. Alles was gedehnt wird, hat das Bestreben sich wieder zu seiner ungedehnten Ausgangsform zusammenzuziehen. Dieses Zusammenziehen nennt man beim Kinesiologischen Taping »Recoil«. Über diesen Recoil-Effekt sollte man sich bei jeder Tapinganlage Gedanken machen. Denn bei jeder Anlage muss man sich überlegen, was man damit bewirken will, in welche Richtung der Recoil somit gehen soll und in welche Richtung man dementsprechend tapen muss.

Der Recoil geht immer zur primären Basis! Die Richtung des Recoils ist immer entgegen der eigentlichen Tapingrichtung!

Als Beispiel nehmen wir ein Korrekturtape: Dabei wird immer zur Fehlstellung hin getapt. Das sekundäre Ende befindet sich also bei der Fehlstellung. Der Recoil geht stets zur primären Basis und somit in die gewünschte Korrekturrichtung.

Ein weiteres Beispiel wäre ein Lymphtape: Um einen Abfluss gestauter Flüssigkeit zu unterstützen, tapt man immer zur Schwellung/zum Lymphstau hin.

Auch hier gilt: Der Recoil geht zur primären Basis, die außerhalb der Schwellung liegt, somit weg von der Schwellung, und gibt dadurch der gestauten Flüssigkeit eine Abflussrichtung vor.

Hinweis: *Die Theorie und die Techniken sind hier alle relativ kurz und bündig erklärt. Dieses Buch ist eher für den fortgeschrittenen Taper konzipiert, der es dann gezielt bei bestimmten Krankheitsbildern anwenden möchte.*
Wer die theoretische Einführung vielleicht doch lieber etwas ausführlicher und Schritt für Schritt erklärt haben möchte, dem empfehle ich, mein Buch »Kinesiologisches Pferdetaping« (Verlag Müller Rüschlikon) zu lesen. Da sind die Techniken und Tapinganlagen step-by-step und mit entsprechenden Bildern erklärt.

Teil 2
TAPINGTECHNIKEN

2. Tapingtechniken

Es gibt eigentlich nur zwei grundlegende Möglichkeiten, wie man Tape aufbringen kann: die End-to-End-Technik oder die Inside-Out-Technik.

Bei diesen beiden Varianten gibt es allerdings noch einige Untervarianten, sie sind zum einen abhängig vom Zuschnitt des Tapes (I-Tape oder Fächertape) und zum anderen auch von der gewünschten Wirkungsweise und der damit verbundenen Spannung. Diese Techniken werden hier vorab Schritt für Schritt erklärt. Aus diesem Grund empfiehlt es sich, dieses Kapitel zu verinnerlichen, bevor es an die Fallbeispiele geht. Dort wird dann Bezug genommen auf diese Erklärungen und nicht jedes Mal alles in aller Ausführlichkeit noch einmal beschrieben.

Als Beispiel:
Bei Arthrose wird ein Sterntape geklebt. Für das Sterntape wird die Inside-Out-Technik genutzt. Bei PSSM und damit einhergehender verspannter Rückenmuskulatur wird ein Muskeltape mit der End-to-End-Technik geklebt.

Wie die Inside-Out-Technik bzw. die End-to-End-Technik aufgebracht wird, wird im Kapitel 1.7 ausführlich erklärt. In den Fallbeispielen wird dann nur noch die Ausrichtung der jeweiligen Tapestreifen erläutert.

Besonders wichtig ist bei jeder Technik der Recoil bzw. die Zugrichtung des Tapes, welcher bereits im Kapitel 1.3 beschrieben wurde.

Anlage eines Lymphtapes an der Vorhand.

Schematische Darstellung eines Tapestreifens, der mit der End-to-End-Technik appliziert wird.

2.1 End-to-End-Technik

Bei der End-to-End-Technik werden die Tapestreifen, wie der Name es schon so schön sagt, von einem Ende zum anderen Ende aufgeklebt.

Das bedeutet, dass man an einem Ende die primäre Basis (A), auch Anfangsbasis genannt, aufklebt. Dann den Wirkungsbereich (B) in die gewünschte Richtung appliziert und als letztes die sekundäre Basis oder Endbasis (C) aufklebt. Die Anfangs- und Endbasen werden immer spannungsfrei und mit Back-up aufgebracht. Sie dienen nur als Anker für den Wirkungsbereich in der Mitte. Beim Back-up schiebt man das Ende des Tapestreifens bewusst nochmal ein bisschen zurück, um ganz sicher zu gehen, dass keine Spannung auf diesem Abschnitt ist.

Da das Kinesiologische Tape sich bei der End-to-End-Technik immer zur primären Basis (A) hin zusammenzieht, ist also der Recoil bei dieser Technik immer in die entgegengesetzte Richtung zur eigentlichen Applikationsrichtung des Tapestreifens!

Beispiel: Mann appliziert ein Muskeltape für den langen Rückenmuskel vom Widerrist bis zum höchsten Punkt der Kruppe. Die primäre Anfangsbasis (A) befindet sich in Höhe des Widerristes. Der Wirkungsbereich (B) verläuft dann über den Muskelbauch des langen Rückenmuskels, parallel zur Wirbelsäule. Die sekundäre Endbasis (C) befindet sich in Höhe des Sakrums, am höchsten Punkt der Kruppe. Das Kinesiologische Tape zieht sich mit seinem Recoil zur primären Basis (A) am Widerrist hin zusammen.
Die End-To-End-Technik wird unter anderem genutzt für das Muskeltaping, Sehnentaping,

Huftaping, Knieschlingentaping und auch das Korrekturtaping.

Die folgenden sechs Techniken sind alles Untervarianten der End-to-End-Technik.

2.1.1 Vibrationstechnik

Diese Technik ist eine Variante der End-to-End-Technik, die beim Taping von Faszien genutzt wird. Es wird also auch hierbei von einem Ende (primäre Basis) zum anderen Ende (sekundäre Basis) getapt. Die Ausrichtung erfolgt dabei immer in die Richtung, in die die Faszie gut verschiebbar ist. Dadurch wird der Recoil in die Richtung gelenkt, die eingeschränkt ist, und hilft dadurch, diese wieder zu mobilisieren.

Allerdings kommt noch ein weiterer Schritt beim Aufkleben des Wirkungsbereiches hinzu!

Nachdem man die primäre Basis spannungsfrei appliziert hat, wird der Wirkungsbereich ausgerichtet, auf leichte Spannung gebracht und dann unter Vibration aufgebracht. Die sekundäre Basis wird wie immer spannungsfrei und ohne Vibration appliziert.

Während der Applikation des Wirkungsbereiches liegt die freie Hand auf dem Tapestreifen und fühlt sich durch das Tape hindurch in die Faszienschicht ein und bringt diese mit schneller und kurzer Frequenz zum Vibrieren.

Faszien sprechen generell sehr gut auf Vibration an und werden auch bei einer manuellen Faszientherapie damit stimuliert. Durch die Vibration entsteht kinetische Energie und damit diese nicht ungebremst irgendwo im Gewebe arbeitet, legt man den Tapestreifen darüber, um die entstandene Energie dadurch im betroffenen Bereich besser zu bündeln.

2.1.2 Spannungstechnik

Auch dies ist einer Untervariante der End-to-End-Technik, die man beim Faszientaping nutzt. Die Ausrichtung erfolgt auch hier, wie bei der Vibrationstechnik, in die Richtung, in die die Faszie frei und gut verschiebbar ist. Erst die primäre Basis aufbringen, dann den Wirkungsbereich und zum Abschluss die sekundäre Basis.

Auch hier kommt eine Besonderheit bei der Applikation des Wirkungsbereiches hinzu! Nachdem man die spannungsfreie Basis aufgeklebt hat, wird der Tapestreifen auf mittelgradige Spannung gebracht und ca. 5 cm mit dieser Spannung aufgebracht. Danach hält man den Tapestreifen ganz locker, sodass er gerade nicht durchhängt, und klebt wieder 5 cm in diesem spannungsfreien Zustand auf. Danach wieder 5 cm mit mittelgradiger Spannung, dann wieder 5 cm ohne Spannung. Diese abwechselnde Spannungstechnik behält man bis zum Ende des Tapestreifens bei. Die sekundäre Basis wird dann wie immer spannungsfrei aufgeklebt.

Durch die vielen wechselnden Spannungsbereiche erhält die Faszie multiple Impulse, in die eingeschränkte Richtung und wird dadurch stimuliert. Je kürzer die Abschnitte der Spannungsbereiche, desto mehr Impulse für die Faszie, desto effektiver die Spannungstechnik.

Ob man lieber mit der Vibrationstechnik oder der Spannungstechnik arbeitet, ist meistens ein Fall der persönlichen Vorliebe. Dem einen fällt die Vibrationstechnik leichter, dem anderen die Spannungstechnik.

2.1.3 Verwringungstechnik

Auch die Verwringungstechnik nutzt die End-to-End-Technik und wird beim Faszientaping angewendet. Im Gegensatz zur Vibrationstechnik und der Spannungstechnik wird diese aber nicht entlang der faszialen Verklebung appliziert, sondern quer dazu.

Super effektiv ist diese Technik bei Verklebungen rund um die Beugesehnen, wenn Pferde aufgrund von Sehnenschäden oder -verletzungen

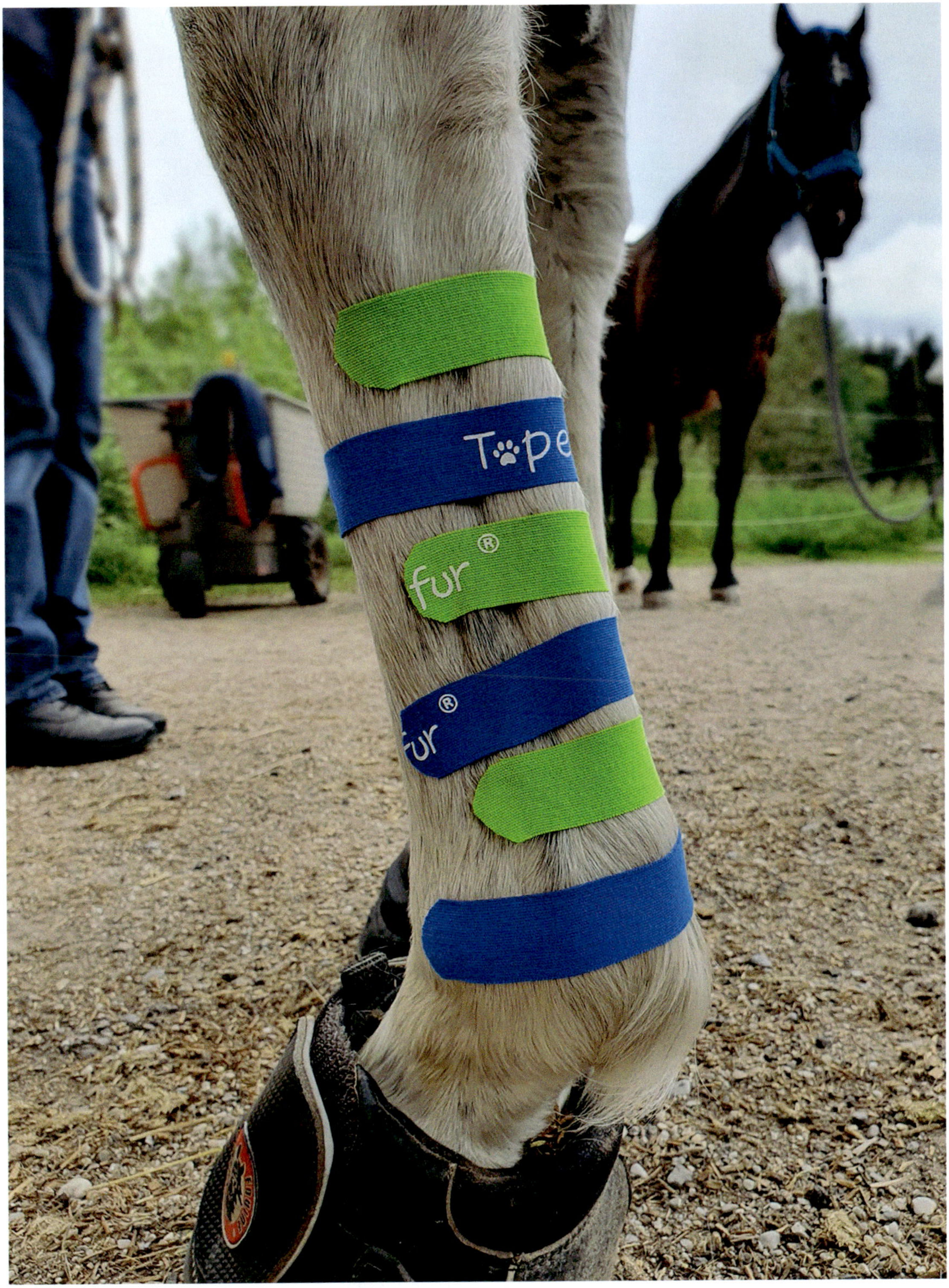

Faszientape mit einer Verwringungstechnik bei faszialer Verklebung von oberflächlicher und tiefer Beugesehne.

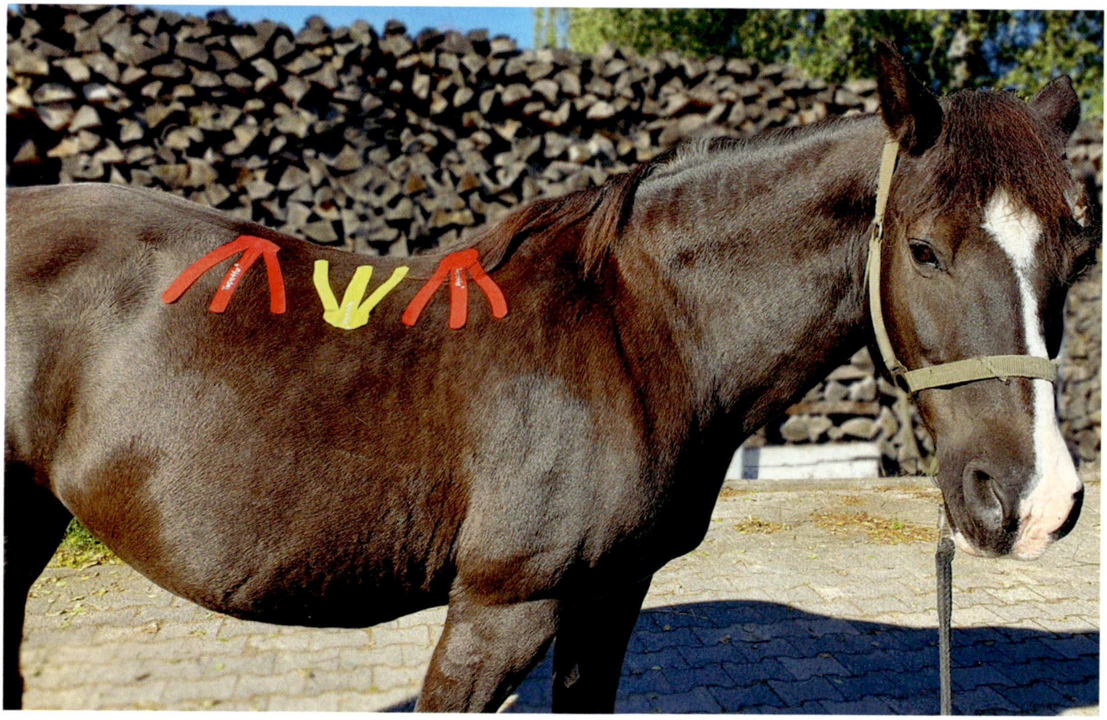

Faszientape mit der Verwringungstechnik für die Rückenfaszie.

mehr stehen, deutlich weniger Bewegung haben und dadurch auch die Faszien in den unteren Extremitäten an Mobilität einbüßen. Man kann es aber auch sehr gut bei großflächigeren Befunden, wie z.B. der thoraco-lumbalen Rückenfaszie, der Kniefaszie oder der Halsfaszie nutzen.

Man benötigt dafür mehrere I-Tapes und das Ganze am besten in zwei unterschiedlichen Farben.

Wenn man beim Beispiel der Beugesehne bleibt, wird das erste I-Tape mit der primären Basis außen am Bein angesetzt und dann mit leichtgradiger Spannung horizontal über die Beinrückseite geklebt. Die sekundäre Basis wird auf der Beininnenseite aufgebracht.

Der zweite Streifen (in der anderen Farbe) wird dann ein paar Zentimeter tiefer mit der gleichen Technik aufgeklebt, aber in die entgegengesetzte Richtung: von innen nach außen.

Der dritte dann wieder von außen nach innen und der vierte wieder von innen nach außen. Und so geht es weiter, bis der betroffene Bereich abgedeckt ist.

Durch die abwechselnde Richtung der Aufbringung der Tapestreifen entstehen auch abwechselnde Recoils: mal nach außen, mal nach innen. Dadurch ergeben sich Verwringungen in der Faszie und lösen somit die Verklebungen und mobilisieren das Gewebe wieder.

Die zwei unterschiedlichen Farben dienen hierbei nur zur besseren Orientierung, damit man einfacher weiß, wann man von außen nach innen und wann von innen nach außen tapen muss (Bild oben).

Bei der thoraco-lumbalen Rückenfaszie würde man die Streifen von oben nach unten und entgegengesetzt von unten nach oben aufbringen. Da der Befund dort deutlich großflächiger ist, kann man auch gerne V-Tapes oder Fächertapes nutzen, um damit noch mehr Oberfläche anzusprechen.

2.1.4 Fächertechnik

Wie der Name es schon sagt, werden bei dieser Technik Fächertapes mit multiplen Fingern eingesetzt. Diese Technik kommt immer zur Anwendung bei Lymph- oder Hämatomtapes. Sie kommen zur Anwendung bei großflächigen faszialen Verklebungen sowie bei größeren oder breit auslaufenden Muskeln, wie zum Beispiel dem M. triceps, dem M. quadriceps femoris oder dem M. tensor fasica lata. Hier empfiehlt sich die Nutzung der Fächertechnik, da man die Finger des Fächers dann schön über die gesamte Fläche der Faszien bzw. des Muskels verteilen kann.

Das Fächertape hat eine geschlossene Basis und multiple Finger und wird auch mit der End-to-End-Technik aufgeklebt. Dabei wird die geschlossene Basis zur primären Basis und danach ein Finger nach dem anderen aufgeklebt.

Die Trägerfolie am Übergang von der primären Basis zu den einzelnen Fingern einreißen und umknicken, damit man die Folie besser fassen und die Finger dann schön nacheinander aufbringen kann. Die primäre Basis wird immer spannungsfrei aufgebracht. Dann nimmt man den ersten Finger und zieht entweder die Trägerfolie bis ans andere Ende komplett ab und bringt das Tape mit leichter

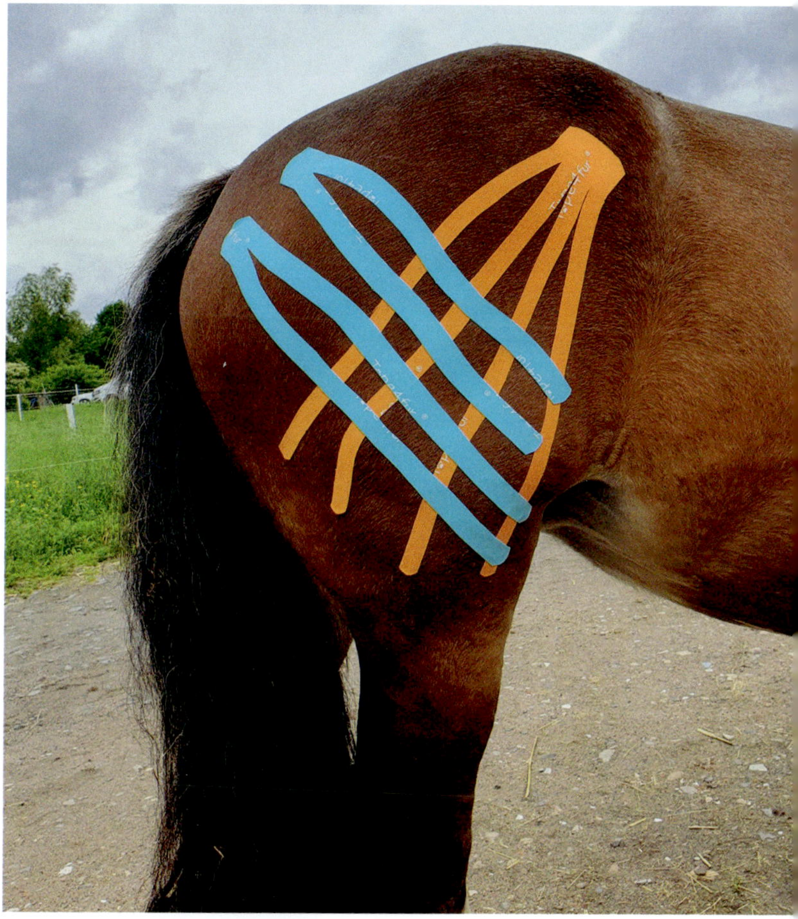

Kombination mehrerer Fächertapes für ein Faszientape der Kniefaszie.

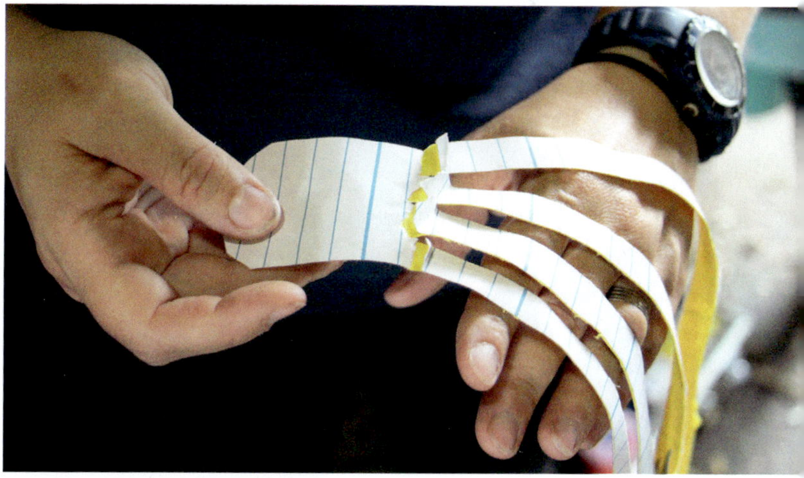

Bei einem Fächertape immer die Trägerfolie zwischen den Fingern und der Basis einreißen und umknicken, damit man das Tape beim Aufkleben besser fassen kann.

Spannung auf oder man modelliert das Tape an, während man die Trägerfolie abzieht und nutzt damit die zehnprozentige Vordehnung (auch Off-Paper-Stretch genannt). So verfährt man dann mit jedem einzelnen Finger, bis man alle Finger auf dem entsprechenden Befund/Gewebe verteilt hat. Die Enden der einzelnen Tapefinger werden als sekundäre Basen immer spannungsfrei appliziert.

Der Recoil des Tapes geht bei allen Fächertapes zur primären geschlossenen Basis, wie schon ursprünglich bei der End-to-End-Technik beschrieben.

2.1.5 Zopftechnik

Die Zopftechnik ist eine Variante der Fächertechnik und bedient sich ebenfalls der End-to-End-Technik. Die Zopftechnik findet ihre Anwendung beim Faszientaping (Bild rechts).

Bei diese Untervariante der Fächertechnik benötigt man ein Fächertape mit drei Fingern. Wie bei der Fächertechnik beschrieben, wird die Trägerfolie am Übergang von primärer Basis zu den drei Fingern eingerissen und umgeknickt. Die primäre Basis wird spannungsfrei appliziert. Dann nimmt man einen der äußeren Finger und während man die Trägerfolie abzieht, modelliert man diesen Finger mit dem Off-Paper-Stretch (zehnprozentige Vorspannung, mit der das Tape

Eine Zopftechnik bei einer großflächigen faszialen Restriktion im Rückenbereich.

von der Trägerfolie kommt) in einer großflächigen Wellenlinie entlang der verklebten Faszie auf. Die Ausrichtung erfolgt in die gut verschiebbare mobile und frei bewegliche Faszie. Somit geht der Recoil in die Richtung, in die die Faszie eingeschränkt ist, und unterstützt damit deren Mobilisation.

Als nächstes nimmt man den anderen äußeren Finger des Fächertapes und klebt mit ihm genau dieselbe Wellenlinie gegengleich auf, sodass sich die beiden Wellen an mehreren Stellen kreuzen. Zuletzt nimmt man den mittleren Tapestreifen des Fächertapes und führt ihn mit dem Off-Paper-Stretch gerade durch die zuvor entstandenen Kreuzungspunkte der äußeren Tapefinger hindurch, damit das besagte Zopfmuster entsteht. Die sekundären Enden der einzelnen Tapefinger werden spannungsfrei aufgeklebt.

Zum einen sollte man die Ausrichtung der Zopftechnik beachten, damit der Recoil des Tapes in die Richtung geht, in die die Faszie eingeschränkt und weniger mobil ist. Zum anderen sind hier aber die Kreuzungspunkte der Finger sehr wichtig, und je mehr Kreuzungspunkte man tapt, desto effektiver ist diese Technik!

An den Kreuzungspunkten kommt das Tape aus drei verschiedenen Richtung zusammen und geht dann in drei unterschiedliche Richtungen weiter. Dadurch entstehen an diesen Punkten Verwringungen im Gewebe und lösen somit die Faszienverklebungen zusätzlich.

2.1.6 Propriozeptionstechnik

Auch eine Untervariante der Fächertechnik, die die End-to-End-Technik nutzt, ABER diese Technik ist etwas ganz Besonderes!

Bei allen anderen Techniken wird das Tape mit einem bestimmten Maß an Spannung aufgebracht: Dadurch entsteht der Raumgewinn und der Anhebe-Effekt und man hat auch eine Zugrichtung in eine bestimmte Richtung.

Bei der Propriozeptionstechnik will man aber eben nur die Propriozeptoren stimulieren, da man damit ganz gezielt nur die Körperwahrnehmung ansprechen und verbessern möchte.

Deshalb wird diese Technik komplett spannungsfrei geklebt! Ein Großteil der Leser hat jetzt bestimmt ein Fragezeichen im Gesicht und wundert sich, was das bringen soll.

Nun, durch die Bewegung entstehen minimale, feine Scherbewegungen zwischen dem Tape, dem Fell und den Haarwurzeln. Diese Scherkräfte sind so fein, dass sie eben NUR die besagten Propriozeptoren für die Körperwahrnehmung ansprechen und diese dadurch verbessern.

Wichtig ist, dass Pferde mit einem Propriozeptionstape danach genügend Bewegung haben und nicht 23 Stunden in eine Box gestellt werden! Da es ja keinen Recoil und somit keine Zugrichtung hat, passiert bei dieser Tapinganlage beim Rumstehen rein gar nichts. Diese Technik ist nur effektiv und wirksam, wenn sich das Tier damit bewegt. Das heißt aber nicht, dass man jetzt das mega Trainingsprogramm auffahren muss und dreimal am Tag reiten soll. Idealerweise sollte das Pferd viel Koppelgang haben oder im Offenstall untergebracht sein, wo es den größten Teil des Tages in Bewegung ist.

Genutzt wird die Propriozeptionstechnik immer dann, wenn das Tier eine verminderte oder eingeschränkte Körperwahrnehmung hat, wenn es Asymmetrien in der Bewegung gibt, die nicht auf Blockaden zurückzuführen sind oder einfach auch nur, wenn man chronische, faule Zehenschleifer hat (Bild rechts).

Man benötigt für die Propriozeptionstechnik ein Fächertape mit einer **geraden** Anzahl von Fingern. Vier Tapefinger sind optimal. Auch hier wird die Trägerfolie zwischen der primären Basis und den einzelnen Fingern eingerissen und umgeknickt (siehe Fächertechnik). Die primäre Basis

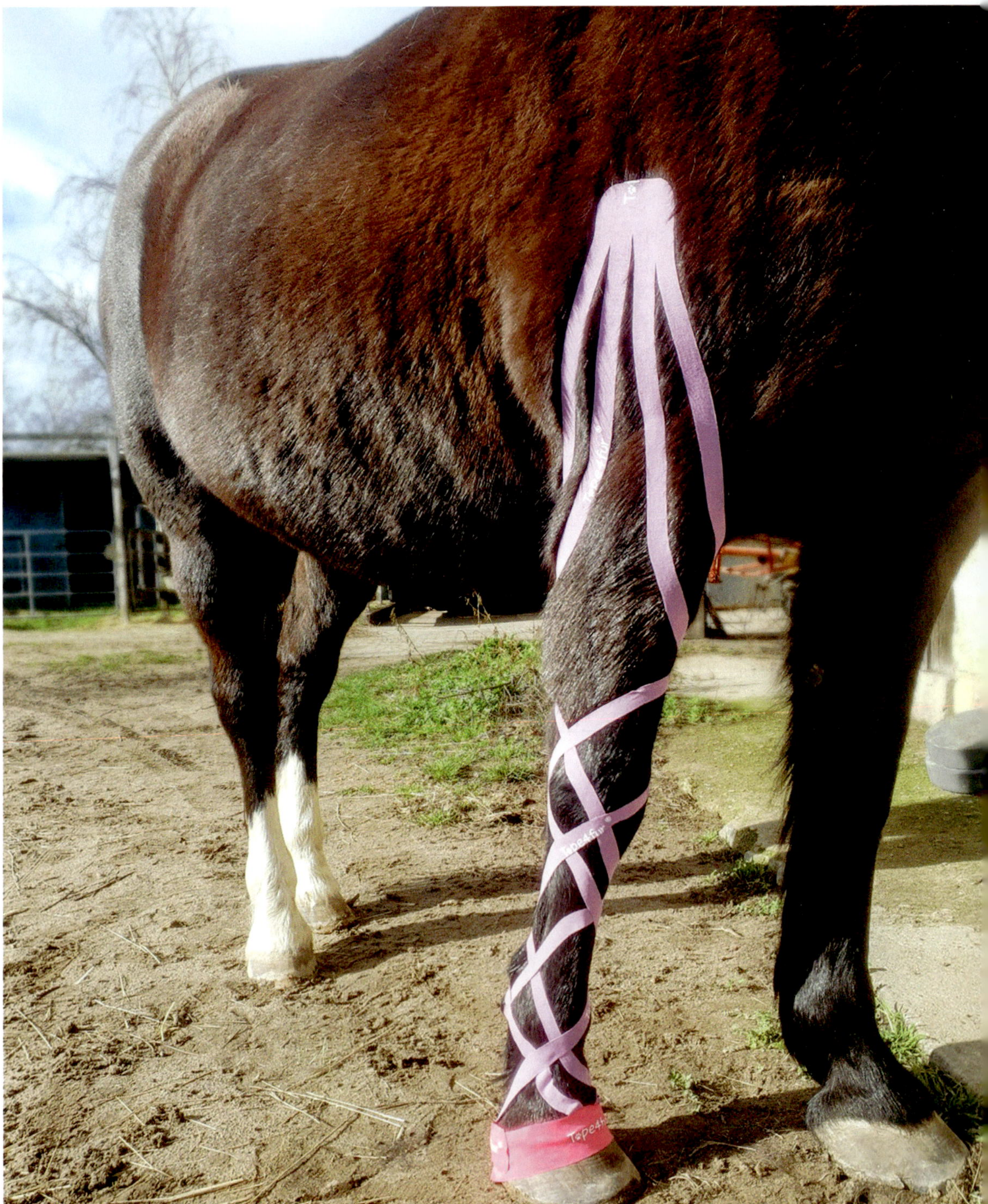

Die Propriozeptionstechnik an der Vorhand kann man auch mit einem Huftape kombinieren, um einen optimalen Effekt zu erzielen.

wird spannungsfrei aufgebracht. Dann nimmt man einen der äußeren Finger, zieht die Trägerfolie stückweise ab, hält den Abschnitt vollkommen locker und spannungsfrei und bringt ihn spiralförmig und ohne Spannung um das Bein herum in Richtung Huf auf. Daraufhin nimmt man den anderen äußeren Tapingfinger und bringt auch diesen genauso spannungsfrei in die entgegengesetzte Richtung spiralförmig auf. Die Finger überkreuzen sich dabei mehrfach. Nun verfährt man auch mit den inneren Tapefingern auf dieselbe Weise, nur jeweils ein Stückchen tiefer und parallel zu den äußeren Tapefingern. Am Ende sollte die Gliedmaße von oben bis unten gleichmäßig mit den Fingern des Fächertapes umwickelt sein, damit die ganze Gliedmaße auch gleichmäßig stimuliert wird. Es sieht dann ein bisschen so aus, als würde das Pferd eine Netzstrumpfhose tragen.

Die Enden aller Tapefinger werden als sekundäre Basen auch spannungsfrei getapt.

2.2 Inside-Out-Technik

Bis jetzt haben wir **immer** mit der End-to-End-Technik gearbeitet. Dies zwar auf unterschiedlichste Weise, aber immer wurde das Tape von einem Ende zum anderen Ende aufgebracht.

Schematische Darstellung eines Tapestreifens, der mit der Inside-Out-Technik appliziert wird.

Nun kommen wir zur Inside-Out-Technik, bei der immer I-Tapes verwendet werden. Hierbei gibt es keine primäre Basis. Stattdessen wird die Trägerfolie mittig eingerissen und bis auf die letzten paar Zentimeter an beiden Enden entfernt. Anschließend fasst man mit jeder Hand ein Ende mit flachen Fingern, dehnt das Tape leicht von innen nach außen und bringt es so gleichmäßig auf (siehe Bild im Abschnitt: »Vorbereitung des Tapes«). Wenn dieser Wirkungsbereich (B) auf dem Fell fixiert ist, kann man ein sekundäres Ende (C) nach dem anderen spannungsfrei und mit Back-up aufkleben. Beim Back-up schiebt man das Tape noch zusätzlich ein bisschen zum Zentrum des Tapestreifens zurück, um ganz sicher zu gehen, dass das Ende wirklich spannungsfrei ist.

Durch die Dehnung des Tapestreifens von innen nach außen, hat man keine primäre Basis und der Recoil des Tapes geht zum Zentrum des Tapestreifens und somit auch zum Zentrum des Befundes.

Genutzt wird die Inside-Out-Technik beim Dekompressionstape (auch Sterntape, Schmerzkreuz, Schmerztape oder Spacetape genannt), beim Narbentaping und wie im nächsten Abschnitt beschrieben auch bei Stabilisierungstapes.

2.2.1 Stabilisierungstechnik

Das Stabilisierungstape ist eine Untervariante der Inside-Out-Technik. Die Aufbringung erfolgt eigentlich wie im Abschnitt zuvor beschrieben, aber mit einer kleinen Besonderheit.

Wenn man, wie zuvor beschrieben, den Tapestreifen mit der Inside-Out-Technik aufbringt und dann den Mittelteil loslässt, um die Enden zu fixieren, setzt sofort der primäre Recoil ein. Bei der Stabilisierungstechnik möchte man aber diesen primären Recoil unterdrücken und verhindern. Man möchte die Spannung im Tapestreifen erhalten, denn diese »gehaltene« Spannung ist es, die dem Gewebe bzw. den Strukturen darunter die Stabilität gibt.

Wie erreicht man das? Man fängt wie oben bei der Inside-Out-Technik beschrieben an: Trägerfolie in der Mitte einreißen, Folie an beiden Enden bis auf ein paar Zentimeter entfernen, mit flachen Fingern die Enden fassen, den Tapestreifen von innen nach außen dehnen und aufkleben (Bild folgende Seite).

Und jetzt kommt der entscheidende Unterschied! Bei der normalen Inside-Out-Technik kann man jetzt den Wirkungsbereich in der Mitte loslassen und sich mit den sekundären Enden beschäftigen. Bei der Stabilisierungstechnik lässt man diesen Mittelbereich nicht los bzw. man bittet einen Helfer (Stallkollegin, Pferdebesitzer etc.), dass er den bereits aufgeklebten Mittelteil mit seinen Händen fixiert und festhält oder man fixiert ihn selbst mit der freien Hand (siehe Bild), wenn der Tapestreifen nicht zu groß ist. Dadurch wird der primäre Recoil verhindert und die Spannung bleibt im Tape erhalten.

Während der Helfer also mit seinen Händen den Mittelbereich des Tapestreifens unter Spannung fixiert, kann man die Enden wie üblich spannungsfrei und mit Back-up aufkleben. Wenn das alles fertig ist, dann darf auch der Helfer das Tape loslassen.

Wichtiger Hinweis: *Diese Technik funktioniert nicht, wenn Pferde im Winter extrem langes Fell haben: Island- und Shetlandponys zum Beispiel! Wenn das Fell so lang ist, wird es sich nach dem Loslassen des Mittelbereiches einfach in sich verdrehen bzw. umdrehen, um dem Recoil nachzugeben! Und dann hat man leider keinen stabilisierenden Effekt mehr. Wie schon anfangs geschrieben, ist Taping auf Fell nicht immer einfach. Wie hier beschrieben, stößt man leider auch manchmal an die Grenzen der Methode.*

Bei der Stabilisierungstechnik wird der Wirkungsbereich des Tapes mit der freien Hand fixiert und der Recoil somit unterdrückt, bis beide Enden des Tapestreifens spannungsfrei aufgebracht wurden.

Teil 3

KRANKHEITSBILDER VON A BIS Z TAPEN

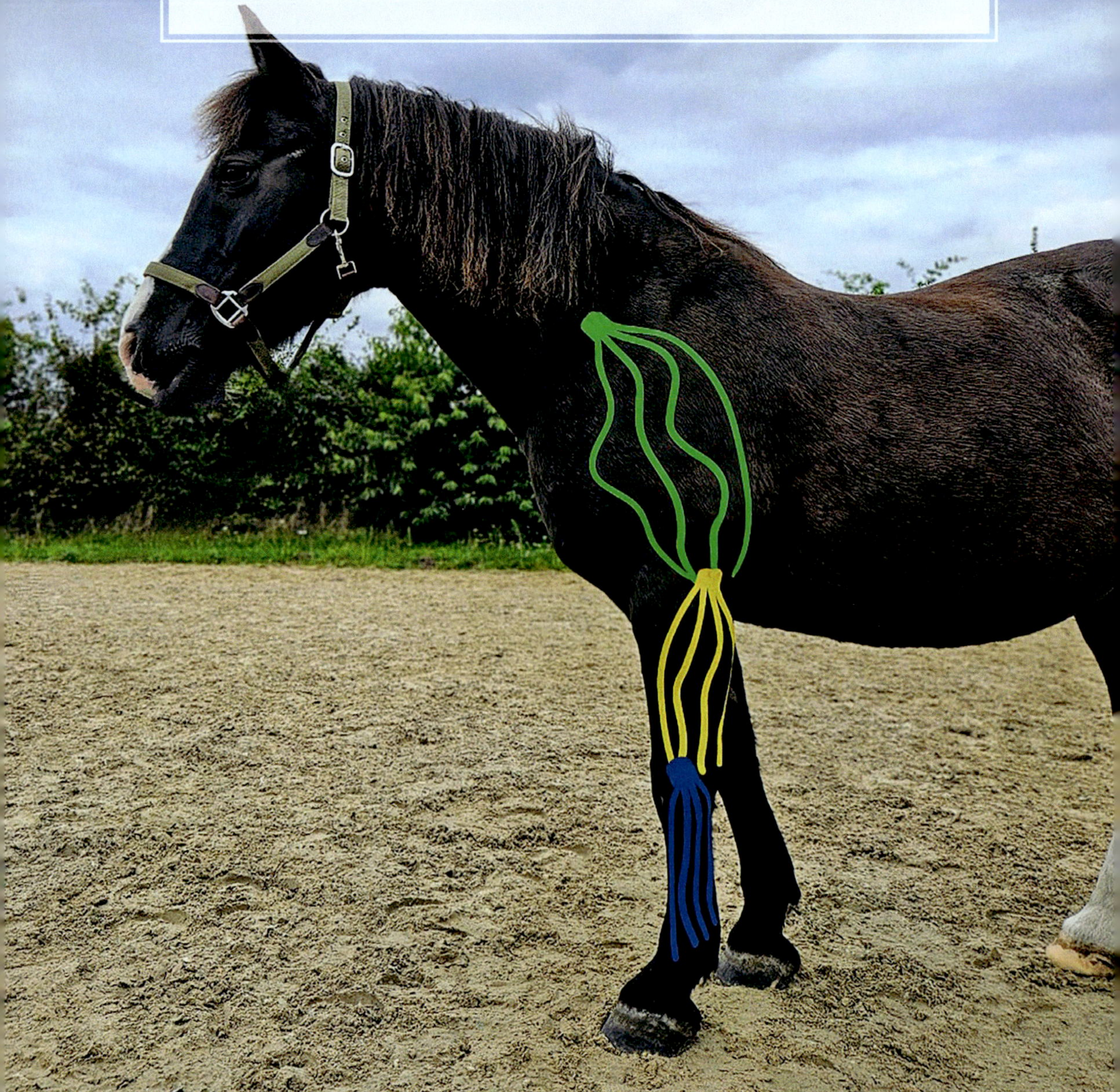

... von A bis Z ...

Bevor wir nun zu den Krankheitsbildern und Fallbeispielen kommen, noch ein paar kleine Hinweise.

Die hier aufgeführten Fallbeispiele und Krankheitsbilder sind die häufigsten Probleme, die man im Umgang mit Pferden antrifft. Der Großteil der Pferde spricht auf die zusätzliche, unterstützende Behandlung mit Kinesiologischem Tape sehr gut an. Aber: Jedes Pferd ist anders! Manche sind sehr ängstlich oder sehr introvertiert und zeigen anfangs keine große Reaktion. Wieder andere können absolut stoisch sein. Nicht davon irritieren lassen, auch wenn man nicht sofort eine Veränderung wahrnimmt. Mitunter kann das schon mal 1 bis 2 Tage dauern. Das Tape arbeitet quasi für den Therapeuten nach, insofern muss man der Sache auch mal einen Moment Zeit geben und nicht nach fünf Minuten Wunder erwarten. (Obwohl eine rasche Besserung ehrlich gesagt sehr oft vorkommt!)

Kinesiologisches Tape ist eine unterstützende Behandlungsmethode und kein alleiniges Wundermittel.

Es muss klar gesagt werden, dass nicht jedes Pferd auf die Tapinganlagen in gleichem Maße anspricht. Die meisten Pferde mit Rückenverspannungen reagieren zum Beispiel hervorragend auf Muskeltapes für die lange Rückmuskulatur, aber es gibt auch Pferde, die in dem Bereich lieber ein Faszientape hätten. Aus diesem Grund muss man auch mal unterschiedliche Tapinganlagen ausprobieren!

Die folgenden Tapinganlagen sind nach bestem Wissen und Gewissen von mir über die Jahre erarbeitet worden. Sie haben sich als gute unterstützende Behandlungsmöglichkeiten erwiesen. Es gibt bestimmt noch weitere Tapinganlagen, aber mit den hier vorgestellten, hatte ich die besten Erfolge.

Hinweis: *Einige Tapinganlagen auf den Bildern sind mit Pfeilen versehen. Diese Pfeile verdeutlichen zusätzlich, in welche Richtung das Tape aufgeklebt wurde!*

Lymphtape bei einer Schwellung an der kompletten Gliedmaße.

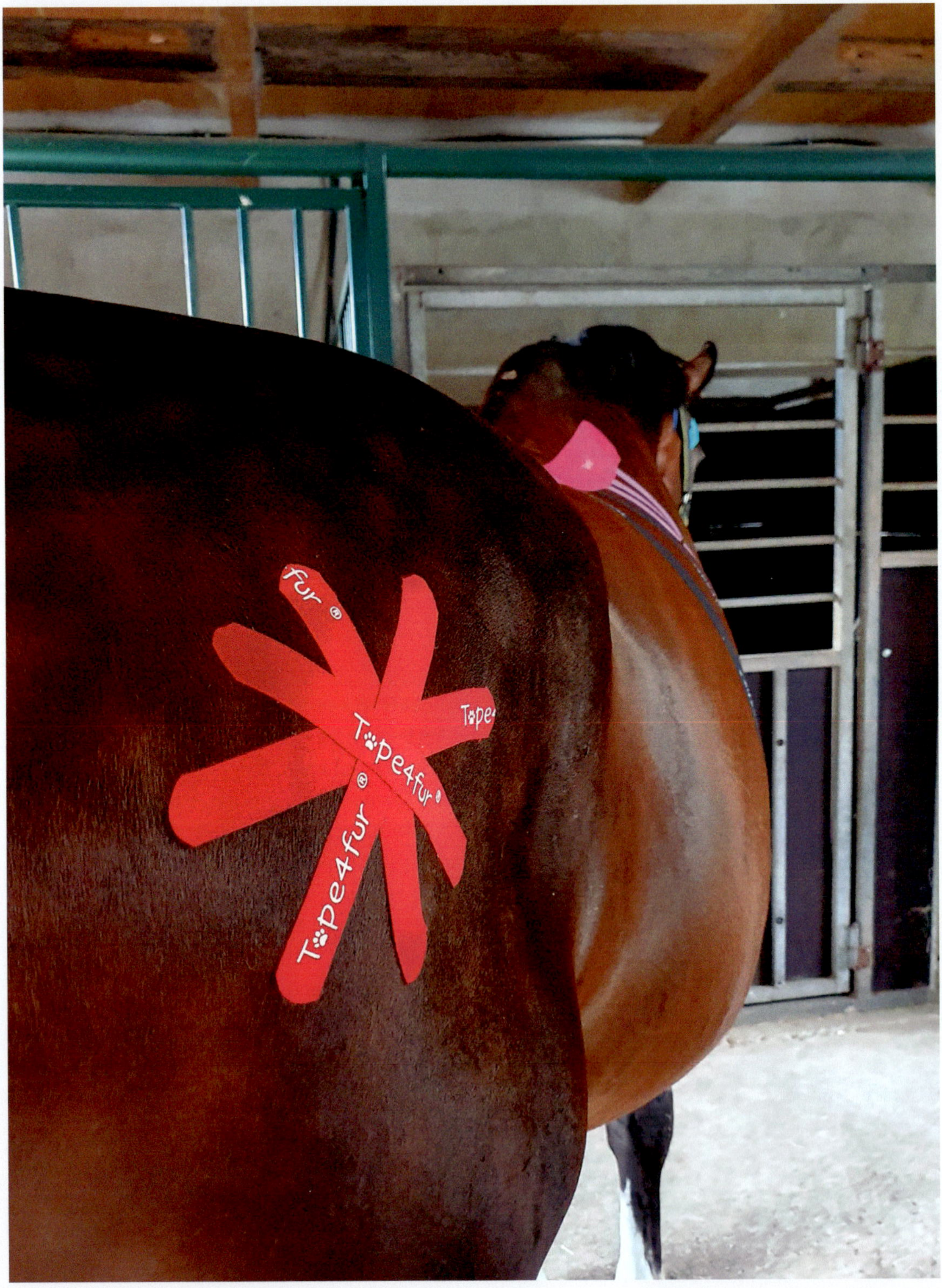

Sterntape auf dem Hüftgelenk bei Hüftgelenksarthrose.

3.1 Arthrose

Arthrose ist ein degenerativer Prozess, der alle Gelenke betreffen kann. In den meisten Fällen wird Arthrose durch dauerhafte Fehlbelastung der Gelenke, Übergewicht oder auch genetische Disposition verursacht. In den betroffenen Gelenken kommt es, aufgrund der vorgenannten Probleme, zu einem Verschleiß und Verlust des Gelenkknorpels. Dieser Knorpel dient im Normalfall als Puffer für das Gelenk. Durch die Abnutzung dieses Knorpels geht die Pufferfunktion verloren und der darunterliegende Knochen wird immer mehr belastet. Und wenn der Knorpel verschlissen ist, kommt es zu degenerativen und sehr schmerzhaften Veränderungen am ungeschützten Knochen.

Auch die beste Tapinganlage kann leider an der Arthrose nichts ändern oder diese rückgängig machen. Aber, neben einer gezielten physiotherapeutischen Behandlung, kann das Kinesiologische Tape helfen, die Begleitbeschwerden wie Schmerzen zu lindern. Bei allen arthrotischen Geschehen, unabhängig welches Gelenk betroffen ist, ist das Sterntape die Tapinganlage der Wahl. Dabei werden vier gleich lange I-Tapes (mit abgerundeten Ecken) über dem betroffenen Areal zentriert aufgeklebt. Durch diese Überlagerung der Tapestreifen potenziert sich der Anhebe-Effekt, wodurch man einen sehr großen Raumgewinn im Gewebe erzielt und somit den Druck von den gereizten Bereichen nimmt. Dadurch wird der Schmerz gelindert.

Alle vier I-Tapes werden mit der Inside-Out-Technik appliziert. Den ersten Streifen des Sterntapes mit mittelgradiger Spannung am besten horizontal über dem betroffenen Areal aufkleben. Den zweiten mit leichtgradiger Spannung im rechten Winkel zum ersten Streifen aufkleben. Den dritten ebenfalls mit leichtgradiger Spannung schräg aufkleben und den vierten Tapestreifen so, dass er gerade noch gespannt ist, schräg in die entgegengesetzte Richtung tapen. Hier im Beispiel bei Hüftgelenksarthrose.

Weitere, detaillierte Tapinganlagen für spezielle arthrotische Gelenke folgen im Verlauf des Buches.

Zusätzlich gibt es auch noch ein paar Akupunkturpunkte, die bei Arthrose oft genutzt werden und die man mit Gitterpflastern tapen kann. Die Punkte liegen auf beiden Körperseiten in identischer Lage vor und sollten am besten auch auf beiden Seiten mit einem Gitterpflaster behandelt werden.

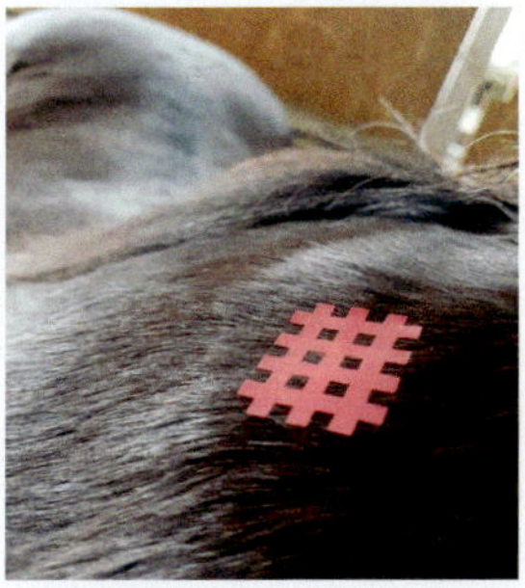

Blase 11:
Lage beim Pferd: beidseits, am Widerrist, am höchsten Punkt des Schulterblattknorpels, ca. 1 bis 1,5 Handbreit seitlich neben der Rückenmittellinie.

Er beeinflusst Gelenke und Knochen, Meisterpunkt der Knochen.

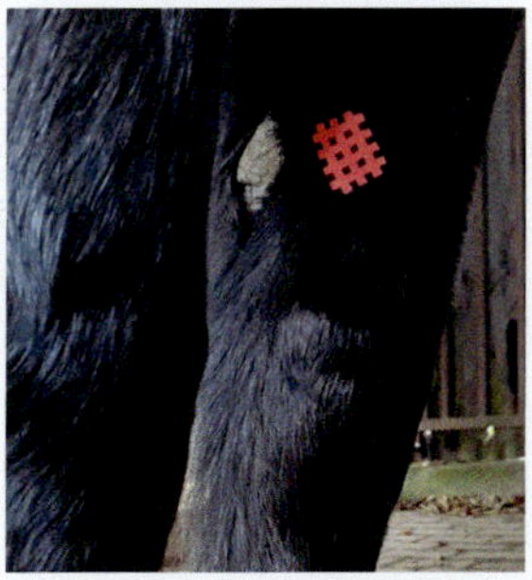

Lunge 7:
Lage beim Pferd: beidseits, an der Innenseite des Vorderbeines, mittig, ca. 2 Querfinger oberhalb des Karpalgelenkes.

Er eliminiert »krankmachende« Faktoren aus dem Körper.

Gittertapes vorsichtig mit den Fingern oder einer Kunststoff-Pinzette von der Trägerfolie abziehen und direkt auf die Akupunkturpunkte aufkleben.

3.2 Ataxie

Bei einer Ataxie liegt eine Störung des normalen Bewegungsablaufes bzw. der Körperhaltung des Pferdes vor. Diese entsteht aber nicht durch Erkrankungen, sondern durch Störungen im Nervensystem, genauer gesagt in den Nervenbahnen. Dadurch werden Impulse vom Gehirn und Rückenmark zu den Muskeln fehlerhaft oder unzureichend weitergeleitet und verursachen daher die Bewegungsbeeinträchtigungen und -störungen. Leider regenerieren sich Nerven nur sehr begrenzt und auch nur langsam. Nervenfasern in den Extremitäten regenerieren sich zwar deutlich besser, als die Nerven des Gehirns oder des Rückenmarks, aber auch hier ist die Regeneration mit maximal 1 mm pro Tag sehr gering.

Um die Körperwahrnehmung der Extremitäten zu stimulieren und somit auch die Regeneration der Nervenzellen, kann man unterstützend mit einem Propriozeptionstape arbeiten. Auch wenn das Tape dabei eine großartige Hilfe ist, kann es eine vollständige Heilung des Nervengewebes nicht gewährleisten!

Für das Propriozeptionstape benötigt man ein Fächertape mit einer geraden Anzahl an Fingern (am besten vier Finger), es wird mit der Propriozeptionstechnik komplett spannungsfrei aufgebracht. Beim Abmessen mittig in der Muskulatur der Vorhand/Hinterhand beginnen, bis zum Boden und dann noch gut 20 cm Tape hinzufügen. Dann aus dem langen Tapestreifen entsprechend die vier Finger schneiden und dabei ca. 5 cm für die primäre Basis übriglassen. Trägerfolie zwischen der Basis und den Fingern einreißen und umknicken, damit man es beim Aufbringen besser fassen kann (Bild rechts).

Die Basis wird wie abgemessen spannungsfrei mittig in der Muskulatur der betroffenen Gliedmaße aufgeklebt. Dann beginnt man mit einem der äußeren Finger, zieht nach und nach die Trägerfolie ab und klebt das Tape spannungsfrei und spiralförmig um die Gliedmaße auf.

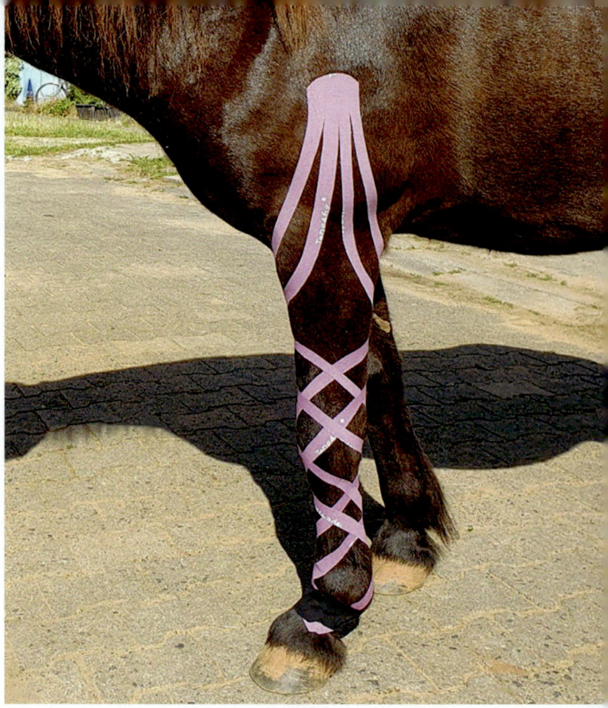

Propriozeptionstape für die Vordergliedmaße.

Mit dem anderen äußeren Tapefinger verfährt man genauso, nur in die entgegengesetzte Richtung. Auch die inneren Tapefinger werden so aufgebracht, aber ca. 10 cm nach unten versetzt. Der innere, vordere Tapestreifen ist also parallel zum äußeren, vorderen und der innere, hintere Tapestreifen parallel zum äußeren, hinteren.

Die Enden der Finger werden wie üblich spannungsfrei appliziert und sollten am besten mit einem spannungsfreien Anker gesichert werden, damit sie sich nicht in Einstreu, Sand, Gras etc. verfangen und aus Versehen vorzeitig ablösen.
Wenn die Tapinganlage richtig angelegt wurde, sieht es am Ende so aus, als würde das Pferd an der betroffenen Gliedmaße eine Netzstrumpfhose tragen!

Die Tapinganlage muss spannungsfrei sein und das Pferd sollte viel und regelmäßig damit bewegt werden. Dadurch entstehen feine Scherkräfte zwischen Tape, Fell und Haarwurzeln, die die Propriozeption (Körperwahrnehmung) anregen.

3.3
Atrophierte oder schwache Hinterhandmuskulatur

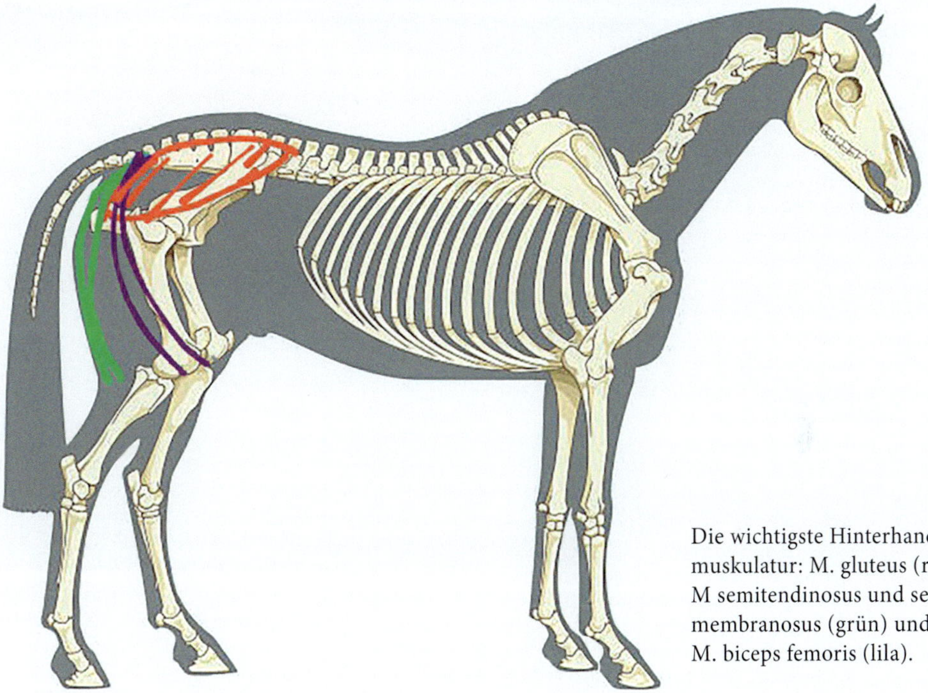

Die wichtigste Hinterhandmuskulatur: M. gluteus (rot), M semitendinosus und semimembranosus (grün) und M. biceps femoris (lila).

Das Pferd ist länger nicht im Training gewesen und daher schwach bemuskelt? Das Pferd ist schon älter und die Muskulatur baut langsam ab? Man möchte die Hinterhand gezielt im Training unterstützen und aktivieren?

Das sind alles Punkte, die die meisten Pferdebesitzer kennen. Zur Aktivierung der Hinterhandmuskulatur kommen anregende Muskeltapes zum Einsatz, um die Muskulatur zu unterstützen und zu mobilisieren.

Die wichtigsten Muskeln für die Aktivierung der Hinterhand sind der M. gluteus (rot), der M. biceps femoris (lila) sowie die parallel verlaufenden Hinterbackenmuskeln M. semimembranosus und M. semitendionsus (grün).
Man benötigt dafür fünf I-Tapes mit abgerundeten Ecken, die alle mit der End-to-End-Technik aufgeklebt werden. Für alle fünf Streifen gilt: Ungefähr 5 cm der Trägerfolie an einem Ende des Tapestreifens entfernen und diese Basis spannungsfrei tapen, Wirkungsbereich mit leichtgradiger Spannung und Endbasis wieder spannungsfrei aufkleben.

Glutelamuskulatur (M. gluteus):
Für den M. gluteus (rot) benötigt man zwei Tapestreifen, da dieser recht breitflächig ist. Dabei wird ein Streifen an der Oberkante des Muskels entlanggeführt und der zweite an der Unterkante. Bei beiden Tapestreifen wird die primäre Basis im Lendenbereich in Höhe des Flankenwirbels aufgeklebt und dann treffen sich die beiden wieder mit ihren Endbasen in Höhe des Hüftgelenkes.

→

3.3 Atrophierte oder schwache Hinterhandmuskulatur

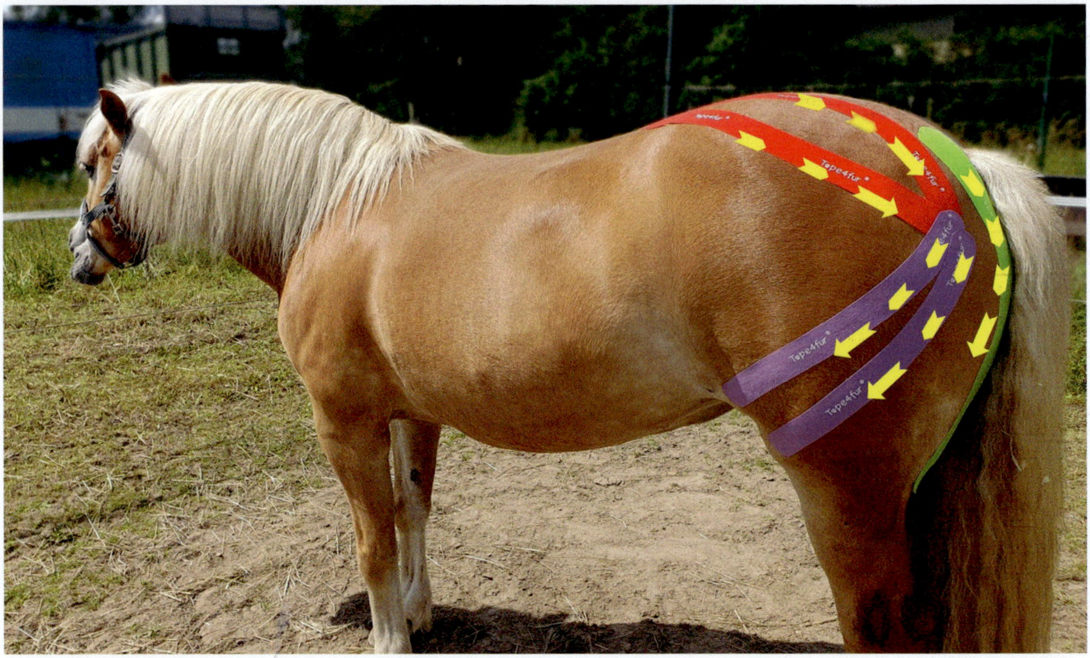

Aktivierendes Muskeltape für die Rückenmuskulatur mit einem Queranker im Widerristbereich (Pfeilrichtung = Taperichtung).

Zweiköpfiger Oberschenkelmuskel (M. biceps femoris):

Der M. biceps (lila) beginnt recht schmal im Bereich des Hüftgelenks und läuft dann breitflächig in die Kniefaszie aus. Deshalb benötigt man auch hier zwei I-Tapes. Die Anfangsbasen werden beide in Höhe des Hüftgelenkes aufgebracht, der Wirkungsbereich verläuft schräg vorwärts-abwärts in Richtung Knie – dabei einen Tapestreifen oberhalb des Knies ausrichten und einen in Höhe des Knies oder leicht darunter. Alternativ zu den zwei I-Tapes könnte man hier auch ein V-Tape nutzen.

Hinterbackenmuskulatur (M. semimembranosus und M. semitendionsus):

Für die Anlage der Tapestreifen bei den Hinterbackenmuskeln (grün) sollte die Gliedmaße von einem Helfer nach vorne unter den Bauch vorgedehnt werden, so gut es dem Pferd möglich ist. Die Hinterbackenmuskulatur verläuft gerade an der Beinrückseite hinunter. Da sie nicht so breit ist, reicht hier meistens ein Tapestreifen, aber der darf dann gerne 7,5 cm breit sein. Die Basis etwas oberhalb des Schweifansatzes aufkleben und dann den Wirkungsbereich gerade nach unten in Richtung Kniekehle ausrichten. Die sekundäre Basis wird dann in der Kniekehle oder darunter appliziert. Wenn der Tapestreifen vollständig aufgeklebt ist, darf der Helfer das Bein wieder absetzen.

Um die Hinterhand gleichmäßig anzuregen, werden diese Muskeltapes beidseits angebracht.

3.4
Atrophierte oder schwache Rückenmuskulatur

Jeder Reiter wünscht sich einen gut bemuskelten Pferderücken und einen schönen starken Rückenmuskel. Leider sieht die Realität oft anders aus! Sei es verursacht durch falsches Reiten, falsches Training, aber vor allem durch schlecht sitzende Sättel oder wenig ausbalancierte Reiter. Die Gründe sind vielfältig und sprengen den Rahmen dieses Buches. Wichtig ist, dass die Ursachen für den schwachen Rücken und die atrophierte Rückenmuskulatur behoben werden und dann unterstützend zur Therapie und zum Training ein aktivierendes Muskeltape eingesetzt werden kann.

Bei schwacher Rückenmuskulatur ist dies eigentlich immer ein beidseitiges Problem, deshalb wird der lange Rückenmuskel auch auf beiden Seiten getapt. Insofern benötigt man zwei I-Tapes mit abgerundeten Ecken, die beide mit der End-to-End-Technik aufgebracht werden. Bei fast allen Pferden empfiehlt sich dafür ein breiteres Tape (7,5 cm), um den Muskel optimal abzudecken.

Eine Vordehnung des Muskels während des Tapens ist empfehlenswert und der Kopf des Pferdes sollte mit etwas Futter zum Boden geführt werden.

Begonnen wird am höchsten Punkt der Kruppe. Ungefähr 5 cm der Trägerfolie an einem Ende des Tapestreifens entfernen und dort die primäre Basis ca. eine Handbreit seitlich der Rückenmittellinie spannungsfrei aufbringen. Der Wirkungsbereich des Tapestreifens wird mit leichtgradiger Spannung parallel zur Wirbelsäule getapt, die sekundäre Basis endet an der Hinterkante des Schulterblattes.

Auf der anderen Rückenseite wird dann entsprechend verfahren und das Tape von der Kruppe in Richtung Widerrist parallel zur Wirbelsäule aufgebracht.

Achtung: *Da man den Tapestreifen entgegen der Fellrichtung aufbringt, kann man ihn schlecht direkt beim Aufkleben mit der freien Hand feststreichen. Dabei würde man gegen das Fell streichen und dieses eventuell hochschieben. Daher ist es ratsam, die Trägerfolie im Wirkungsbereich komplett vom Tape abzuziehen, das Tape nur noch an der sekundären Basis zu halten und diese am Widerrist auszurichten. Durch die Konkavität des Rückens kommt das Tape noch nicht in Berührung mit dem Fell. Nun kann man mit der freien Hand immer abschnittweise das Tape einfach gefühlvoll gerade nach unten an das Fell herandrücken, man schiebt so nicht gegen das Fell.*

Im Bereich des Widerristes erfährt das Tape eine höhere mechanische Belastung, wenn das Pferd den Kopf hoch und runter bewegt. Da ist es hilfreich, wenn man in diesem Bereich die vorderen Enden der Tapestreifen mit einem komplett spannungsfreien Queranker sichert, wie hier im Bild in Blau zu sehen ist.

Aktivierendes Muskeltape für die Rückenmuskulatur mit einem Queranker im Widerristbereich (Pfeilrichtung = Taperichtung).

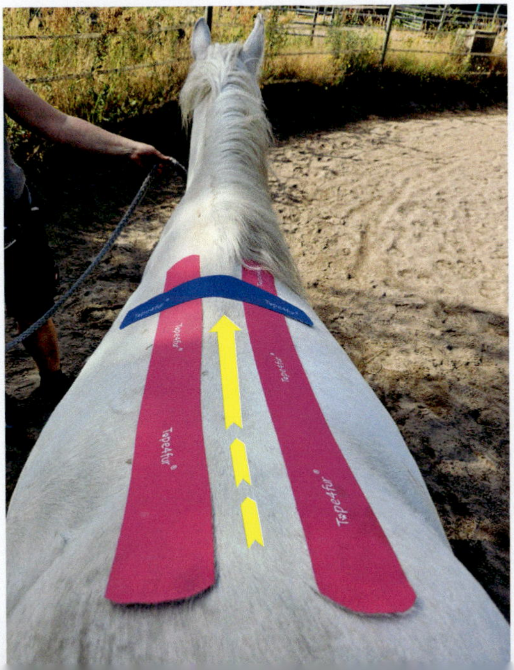

3.5 Ataxie Atrophierte oder schwache Vorhand

Auch hier, ähnlich wie bei der Hinterhand, wünscht man sich ein gut bemuskeltes Pferd, das die Vorhand aktiv hebt und vorführt. Dies kann man im Training sehr gut mit Kinesiologischem Tape unterstützen. Aber auch bei älteren und schwach bemuskelten Pferden, die vielleicht sogar noch mit der Zehe schleifen, ist das Tape sehr hilfreich.

Um die Vorhand zu aktivieren, nutzt man ein sogenanntes myofasziales Tape. Dabei steht »myo« für die Muskeln und »faszial« für die Faszien (Bild rechts).

In dem Buch »Equine Myofascial Kinetic Lines« von Dr. Vibeke Elbrond werden myofasziale Linien ausführlich erklärt und dargestellt. Nach jahrelanger Forschung und vielen Sektionen an Pferden ist es Dr. Elbrond gelungen, diese Linien nachzuweisen und zu differenzieren. Sie zeigen, wie Muskeln und Faszien synergetisch zusammenarbeiten.

Für die Aktivierung und Stärkung der Vorhand ist die sogenannte »Vorhand-Protraktionslinie« diejenige, die man am besten mit Tape unterstützt. Mit einbezogen werden dabei der M. brachiocephalicus (pink), der M. subclavius (gelb) sowie die muskulären und sehnigen Bereiche der Extensoren der Vorhand (blau).

Es werden drei I-Tapes benötigt, alle werden mit der End-to-End-Technik aufgebracht: Ungefähr 5 cm der Trägerfolie an einem Ende des Tapestreifens entfernen und diese Basis spannungsfrei tapen, Wirkungsbereich mit leichtgradiger Spannung und Endbasis wieder spannungsfrei aufkleben.

Oberarm-Kopf-Muskel (M. brachiocephalicus):

Beim M. brachiocephalicus (pink) setzt man die Basis am Atlasflügel des 1. Halswirbels an, den man breitflächig an der Seite kurz hinter dem Genick ertasten kann. Der Wirkungsbereich des Tapestreifens läuft direkt am Muskelbauch entlang, die sekundäre Basis wird vorne auf dem Buggelenk aufgebracht. Es empfiehlt sich, den Hals während des Tapens auf die gegenüberliegende Seite vorzudehnen.

Unterschlüsselbeinmuskel (M. subclavius):

Für den M. subclavius (gelb) beginnt man mit der primären Basis oberhalb des Widerristes, der Wirkungsbereich verläuft an der Vorderkante des Schulterblattes entlang und die sekundäre Basis wird ebenfalls vorne auf dem Buggelenk aufgebracht.

Vorhandextensoren:

Die Vorhandextensoren (blau) tapt man ebenfalls von oben nach unten. Dabei wird die primäre Basis auf dem Buggelenk aufgebracht, überlappend mit den Endbasen der beiden anderen Tapestreifen. Der Wirkungsbereich verläuft entlang der Beinvorderseite. Die sekundäre Endbasis wird entweder auf dem Kronrand oder auf dem Huf aufgeklebt.

Auch hier ist ein bisschen Vordehnung hilfreich. Das Bein am besten von einem Helfer leicht nach hinten dehnen lassen, ähnlich wie beim Hufeauskratzen.

Tapinganlage zur Aktivierung der Vorhand.

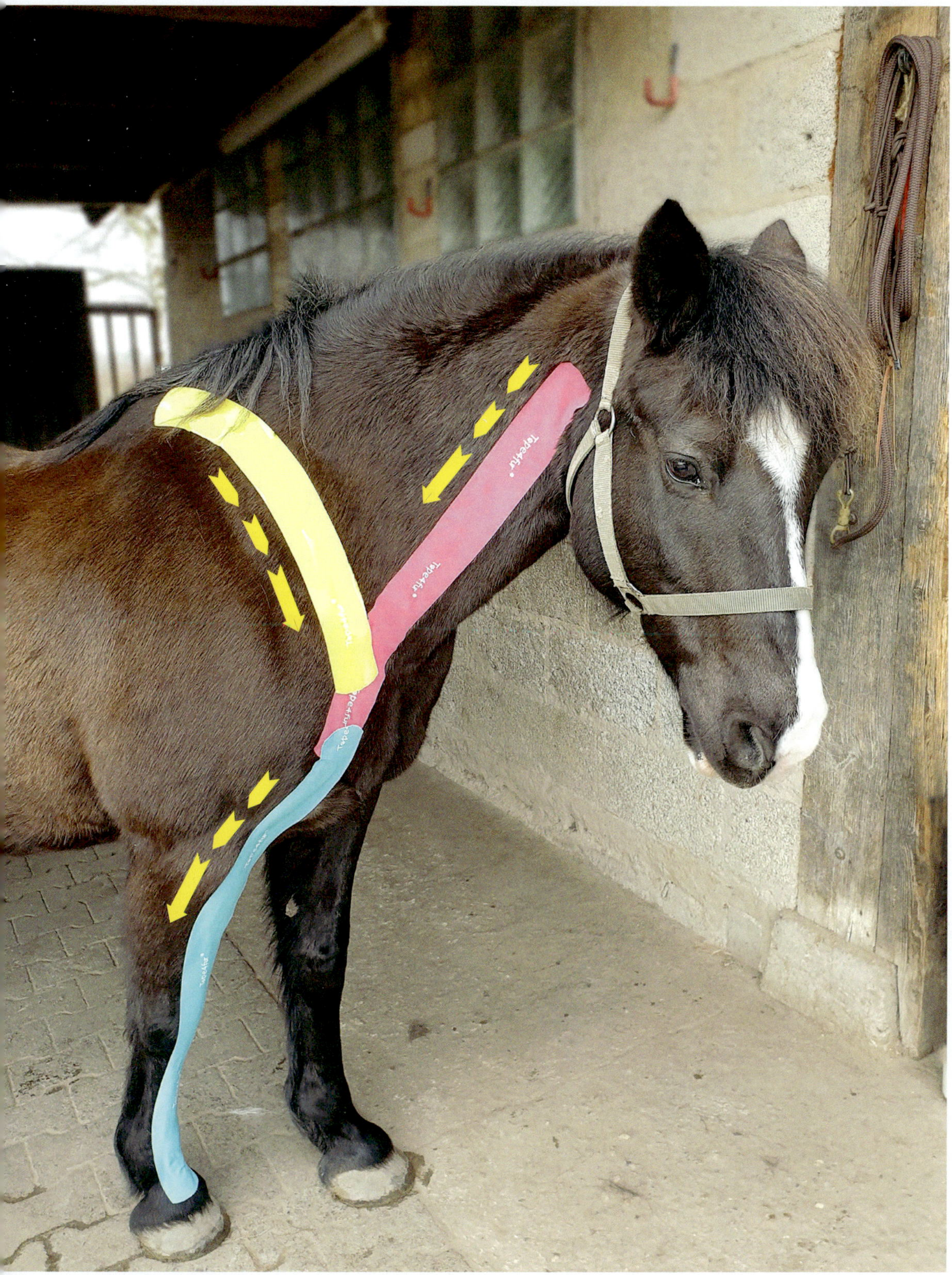

3.6 Augenentzündung (Konjunktivitis)

Kann man am Auge tapen? Ja, theoretisch schon. Aber die meisten Pferde, die dort ein Tape benötigen könnten, eben weil das Auge dick oder entzündet ist, finden dies meist gar nicht toll. Da ohnehin schon die ganze Zeit am Auge des Pferdes rumgefummelt wird, weil der Besitzer und eventuell der Tierarzt es anschauen möchten, um es zu behandeln, ist dem Pferd eine Berührung in dem Bereich total unangenehm. Wenn dann auch noch mit dem Tape um das Auge herumhantiert wird, wird es das nicht tolerieren.

Eine Alternative zum klassischen Kinesiologischen Tape sind in dem Fall Gittertapes. Sie sind einfach im Handling und ruckzuck aufgeklebt, ohne dass man das Pferd lange belästigen muss. Hier ein Beispiel aus meinem privaten Bereich von meinem Pflegepony, das ein dickes Auge hatte und sich gar nicht gerne anfassen lassen wollte. Die Gittertapes wurden rund um das Auge angebracht und bereits nach fünf Minuten war das Auge nicht mehr so dick. Es wurde vom Pony auch nicht mehr zugekniffen. Bereits am nächsten Tag war überhaupt nichts mehr von der Schwellung zu sehen.

Gittertapes vorsichtig mit den Fingern oder einer Kunststoff-Pinzette von der Trägerfolie abziehen, rund um das Auge entlangführen und überall da aufbringen, wo sie sich von alleine an das Fell heranziehen.

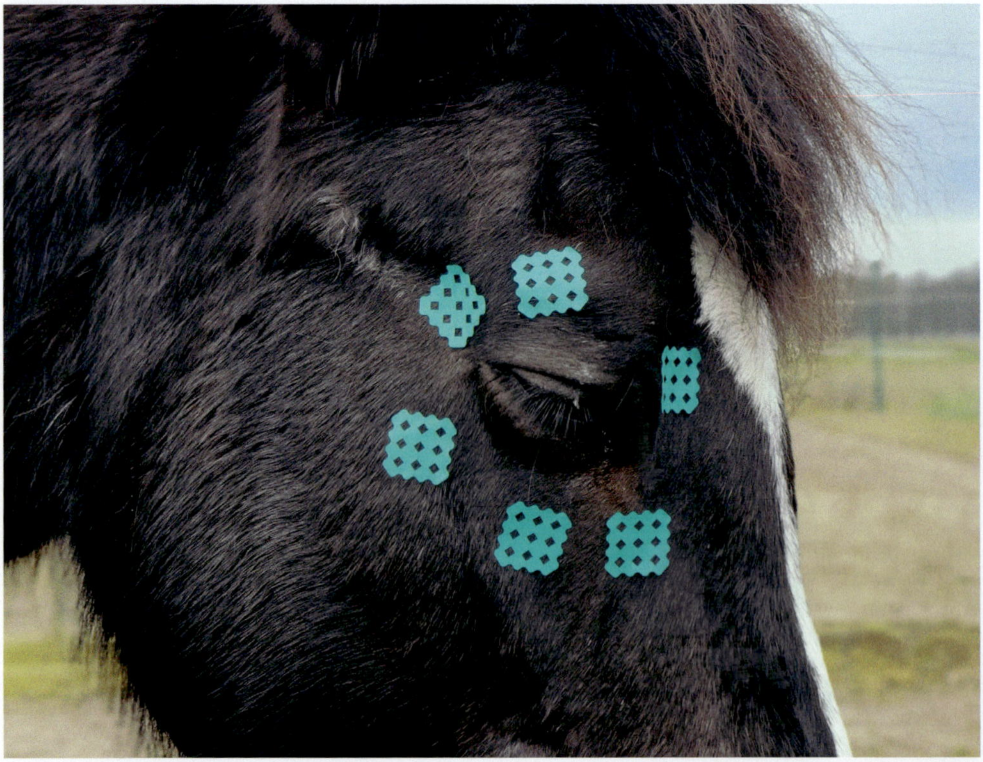

Gittertapes rund um das geschwollene Auge platziert.

B

3.7 Beckenschiefstand

Beim Beckenschiefstand muss man differenzieren, ob es sich um eine angeborene Schiefe handelt oder ob diese akut aufgetreten ist, aufgrund von Traumata oder Schmerzen und einer damit einhergehenden Schonhaltung, die zu einer Schiefe geführt hat.

Als Pferdebesitzer, Reiter und auch als Therapeut wünscht man sich natürlich immer ein perfekt gerades Pferd. Idealerweise versuchen wir dies mit unserer Reitweise und auch der Therapie zu unterstützen und zu erhalten. Aber mal ganz ehrlich: Selbst wir sind nicht zu hundert Prozent gerade. Viele Menschen haben eine leichte Rechts-links-Abweichung im Becken. Dies kommt durch die Lage des Fötus im Mutterleib und auch durch ein bevorzugtes Standbein, das man schon in jungen Jahren entwickelt hat. Und genauso ist es auch bei unseren Vierbeinern. Eine minimale Abweichung ist überhaupt nicht schlimm, zumal wenn diese schon über viele Jahre besteht und das Tier (oder auch der Mensch) gut damit zurechtkommt. Die meisten Menschen wissen noch nicht einmal, dass sie nicht ganz gerade sind! Insofern sind minimale Fehlstellungen im Becken, die dem Pferd keinerlei Probleme bereiten, eigentlich nicht unbedingt behandlungsbedürftig.

Anders sieht es mit plötzlich auftretender Schiefe aus. Wie gesagt sieht man das nach einem Trauma häufig. Oder es kann sogar vorkommen, wenn das Pferd über viele Monate mit einem Sehnen- oder Fesselträgerproblem in Behandlung ist und sich dabei aufgrund von Schmerzen eine Schonhaltung angewöhnt, das betroffene Bein permanent entlastet und dadurch das Becken zur Schiefe neigt und sich dementsprechend auch die Muskulatur der Kruppe verändert.

Um die Korrektur eines solchen Beckenschiefstandes mit Tape zu unterstützen, wird ein Korrekturtape mit drei bis vier Tapestreifen verwendet.

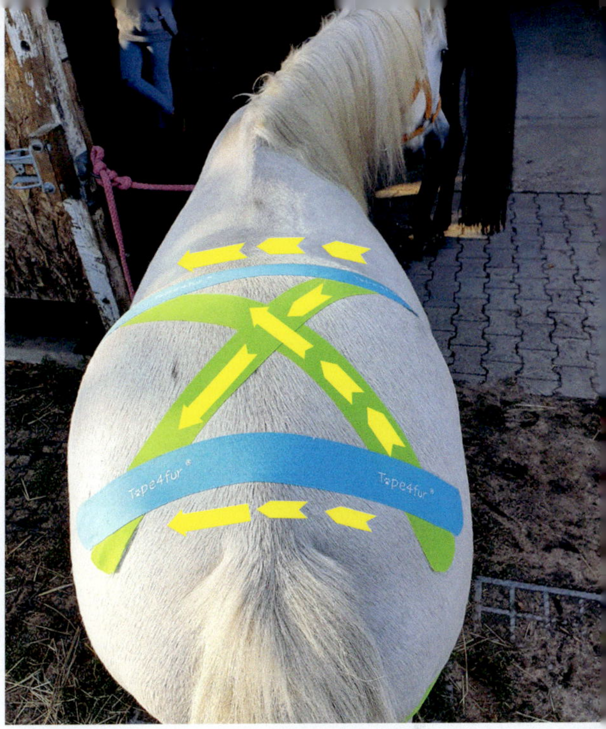

Korrekturtape bei seitlicher Verkippung.

Wie bei allen Korrekturtapes gilt auch hier: **immer zur Fehlstellung hin tapen!** Das heißt: Eine Beckenseite steht normal hoch und die andere fällt aufgrund der Beschwerden ab. Also klebt man die Tapestreifen von der korrekten, hohen Seite des Beckens zu der tief stehenden. Dadurch wird der Recoil des Tapes zur primären Basis und der Zug so ausgerichtet, dass es die tiefer stehende Seite animiert, nach oben zu kommen.

Laterale Verkippung des Beckens:

In dem hier abgebildeten Beispiel war die rechte Seite die höhere und die linke Seite die tiefere und korrekturbedürftige.

Man benötigt wie schon gesagt vier I-Tapes mit abgerundeten Ecken und nutzt die End-to-End-Technik:

Einen Streifen von Hüfthöcker zu Hüfthöcker gemessen (der vordere türkise Streifen) und einen von Hüftgelenk zu Hüftgelenk (der hintere türkise Streifen).

Dann braucht man noch zwei I-Tapes, die sich kreuzen. Hier beide in Grün – einmal vom rechten →

Hüfthöcker zum linken Hüftgelenk gemessen und einmal vom rechten Hüftgelenk zum linken Hüfthöcker.

Es ist egal, ob man zuerst die geraden Streifen oder die kreuzenden Streifen klebt – wichtig ist die Ausrichtung. Es wird mit jedem Streifen auf der höheren (hier rechten) Seite begonnen. Bei allen Tapestreifen wird gleich verfahren. Die Basis wird spannungsfrei auf der rechten Seite entweder am Hüfthöcker oder am Hüftgelenk aufgeklebt. Bis zur Mittellinie des Rückens werden die Tapestreifen mit leichtgradiger Spannung aufgeklebt. Ab der Mittellinie wird auf der betroffenen (hier linken) Seite der Tapestreifen mit mittelgradiger Spannung aufgebracht, da man da die Korrektur haben möchte. Die Endbasis wird wie immer spannungsfrei aufgeklebt. Mit diesem Prinzip verfährt man bei allen vier I-Tapes.

Craniale/Caudale Verkippung des Beckens:
Auch eine Verkippung des Beckens nach vorne oder nach hinten ist möglich. Das Prinzip bleibt auch hier gleich: **immer zur Fehlstellung hin tapen!**
Hierbei werden ebenfalls vier I-Tapes mit abgerundeten Ecken benötigt, die man mit der End-to-End-Technik aufklebt: Auf beiden Seiten wird von Hüfte zu Hüfthöcker je ein Streifen abgemessen (hier pink) und dann auch hier nochmal diagonal je ein Streifen vom linken Hüftgelenk zum rechten

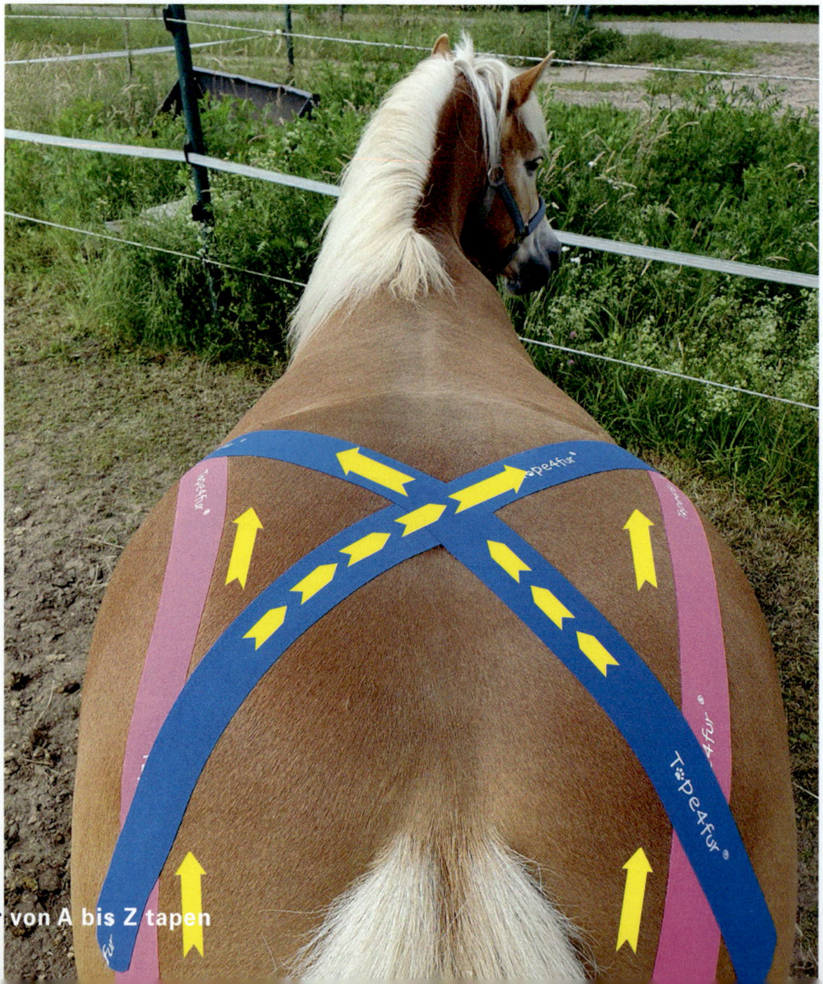

Korrekturtape bei einer Verkippung des Beckens nach cranial.

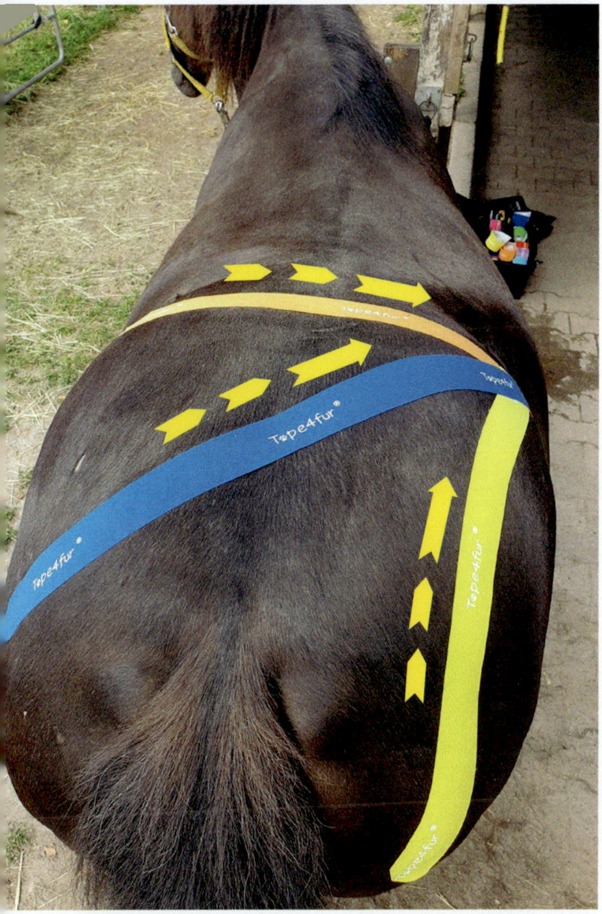

Korrekturtape bei einer diagonalen Verkippung des Beckens.

Hüfthöcker und vom rechten Hüftgelenk zum linken Hüfthöcker.

Es ist egal, ob man zuerst die geraden Streifen oder die kreuzenden klebt – wichtig ist die Ausrichtung. Bei einer Verkippung des Beckens nach vorne wird mit allen vier Streifen am hinteren Ende des Beckens begonnen. Sie werden nach vorne in Richtung des vorderen Beckenrandes aufgeklebt.

Die Basen aller vier Tapestreifen werden spannungsfrei an dem jeweiligen rechten oder linken Hüftgelenk appliziert. Der Wirkungsbereich wird mit leicht- bis mittelgradiger Spannung entweder gerade nach vorne oder diagonal nach vorne zum gegenüberliegenden Hüfthöcker hin appliziert. Die Endbasen werden wie immer spannungsfrei und mit Back-up aufgeklebt.

Diagonale Verkippung des Beckens:

Eine weitere Möglichkeit für eine Beckenfehlstellung ist eine schräge Verkippung, bei der z. B. das Becken nach vorne rechts abgekippt ist.
Hierbei werden nur drei I-Tapes mit abgerundeten Ecken benötigt, die man mit der End-to-End-Technik aufklebt.

Um beim Beispiel »vorne rechts« zu bleiben, misst man einen Streifen vom linken Hüfthocker zum rechten Hüfthöcker (orange). Ein weiterer Streifen wird diagonal gemessen vom linken Hüftgelenk zum rechten Hüfthöcker (blau) und der dritte Tapestreifen wird wieder gerade gemessen vom rechten Hüftgelenk zum rechten Hüfthöcker (gelb).

Es ist egal, ob man zuerst die geraden Streifen oder den diagonalen Streifen klebt – wichtig ist die Ausrichtung. Bei einer Verkippung des Beckens nach vorne rechts werden alle drei Streifen zum rechten Hüfthöcker hin ausgerichtet und aufgeklebt. Die Endbasis ist bei allen drei Streifen am rechten Hüfthöcker!

Die primären Basen der Tapestreifen werden alle spannungsfrei appliziert. Der Wirkungsbereich wird mit leicht- bis mittelgradiger Spannung in Richtung des rechten Hüfthöcker appliziert. Die Endbasen werden wie immer spannungsfrei aufgeklebt.

Bei großen Pferden empfiehlt es sich, für das Anlegen dieser Tapinganlagen einen Hocker oder Behandlungsblock zu nutzen, damit man wirklich über das Becken auf die andere Seite hinüberschauen und den entsprechenden Endpunkt am Hüfthöcker bzw. Hüftgelenk richtig treffen kann.

3.8 Bockhuf

Der Bockhuf ist eine Steilstellung der Gliedmaße und damit einhergehend eine Verkürzung der Beugesehne und eine Überdehnung der Strecksehne. Um dem Gewebe den Weg in die richtige Richtung zu weisen, kann man unterstützend Sehnentapes einsetzen und dies am besten kombiniert für die Streck- und auch die Beugesehne gleichzeitig.

Primär braucht man dafür zwei I-Tapes mit abgerundeten Ecken, die beide mit der End-to-End-Technik aufgebracht werden. Um die Enden zu sichern, falls sich das Pferd schubbern sollte, empfehlen sich zusätzliche spannungsfreie Queranker. Dafür braucht man nochmal ein oder zwei Tapestreifen.

Strecksehne:

Ungefähr 3 cm von der Trägerfolie an einem Ende entfernen und diese primäre Basis spannungsfrei direkt unterhalb des Karpalgelenkes auf der Beinvorderseite aufbringen. Den Wirkungsbereich mit leicht- bis mittelgradiger Spannung gerade hinunter in Richtung Huf aufbringen und die sekundäre Basis spannungsfrei am besten auf die Hufvorderseite aufkleben (der Huf muss trocken sein!). Dadurch entsteht für die überdehnte Strecksehne ein Recoil zum Rumpf hin, wodurch die Kontraktion der Sehne unterstützt wird.

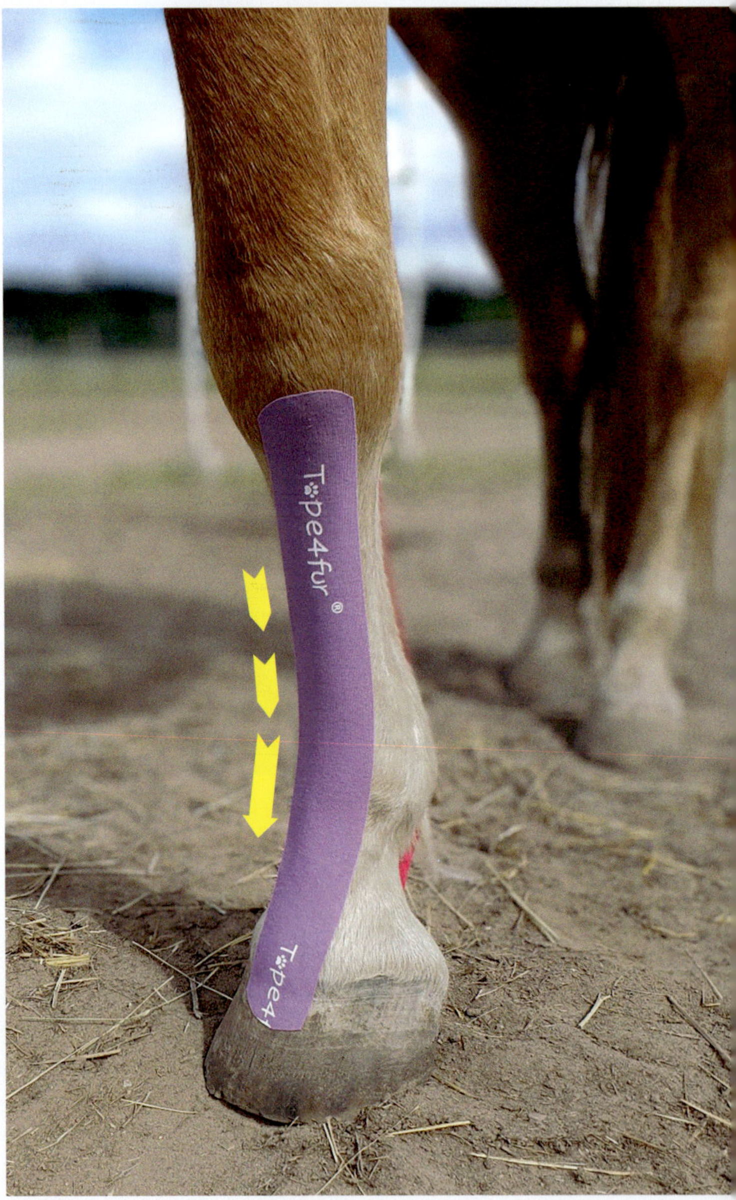

Tapinganlage der Strecksehne bei Bockhuf.

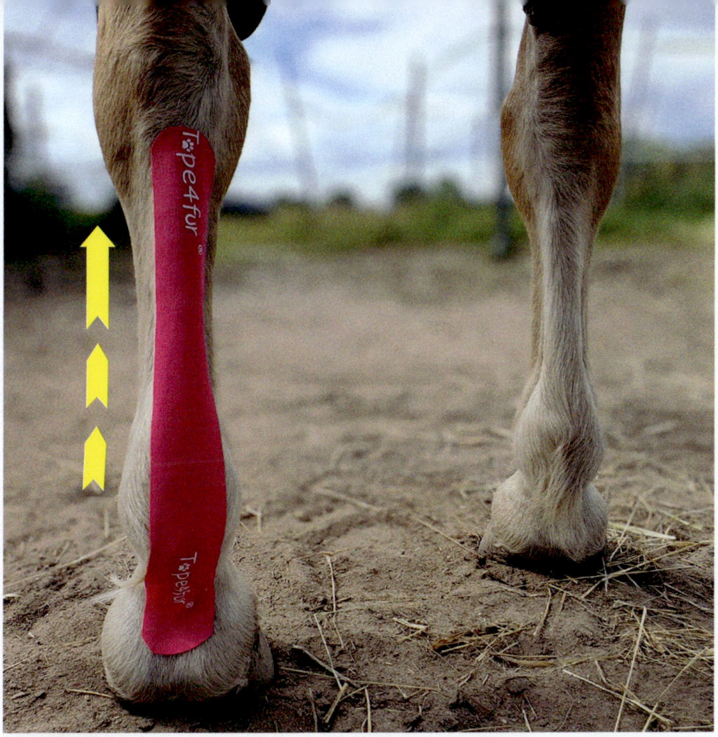

Tapinganlage der Beugesehne bei Bockhuf.

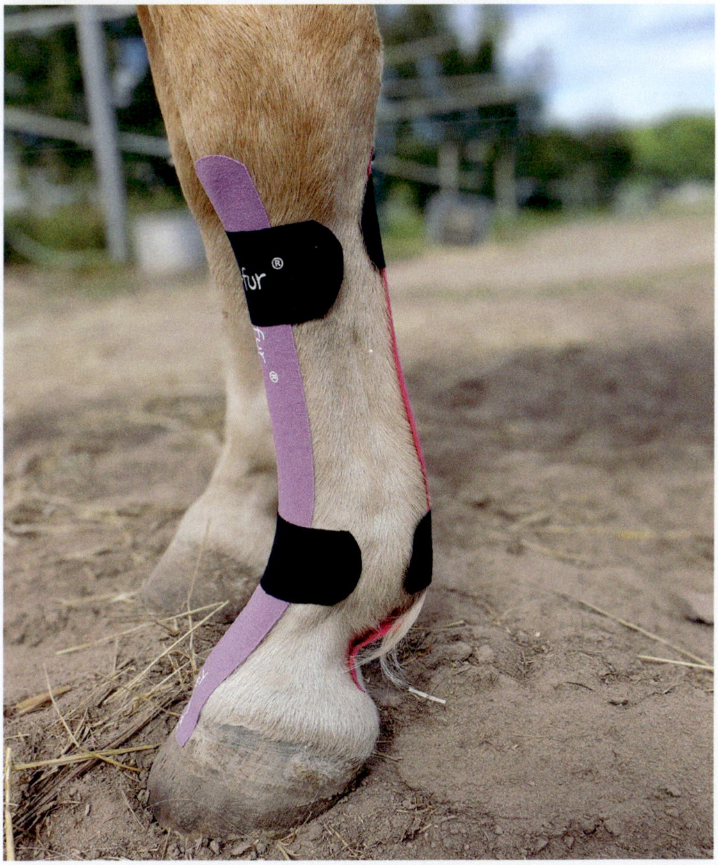

Beugesehne:

Ungefähr 3 cm von der Trägerfolie an einem Ende des Tapestreifens entfernen. Diese primäre Basis spannungsfrei in der Fesselbeuge aufbringen und mit leicht- bis mittelgradiger Spannung den Wirkungsbereich entlang der Beinrückseite in Richtung Karpalgelenk aufkleben. Die sekundäre Basis spannungsfrei noch unterhalb des Karpalgelenkes tapen. Dadurch entsteht für die verkürzte Beugesehne ein Recoil in Richtung Huf und somit in die Dehnungsrichtung der Sehne.

Damit die Pferde das Tape nicht aus Versehen abschubbern, wenn sie sich selbst mit dem Kopf in dem Bereich kratzen, empfiehlt es sich, die Tapes hier mit komplett spannungsfreien, horizontal verlaufenden Ankern zu sichern.

Bei einem Bockhuf der Vorhand sollten die Tapestreifen mit Querankern (hier schwarz) gesichert werden, damit das Pferd sie nicht aus Versehen selber mit dem Kopf abschubbert.

3.9
Bodenenge bzw. bodenweite Fehlstellung

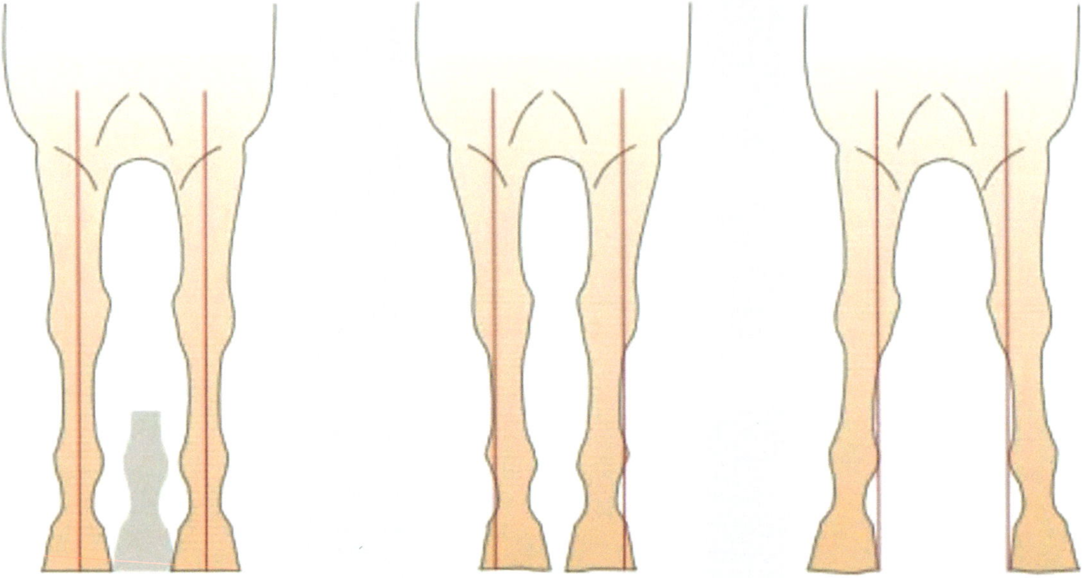

Schematische Darstellung einer korrekten Stellung sowie einer bodenengen bzw. bodenweiten Stellung der Extremitäten.

Idealerweise sollte ein Pferd gerade Gliedmaßen haben und die Hufe einen Huf breit auseinanderstehen, wie man es auf der Grafik links sieht. Aber leider gibt es diverse Abweichungen von dieser perfekten Stellung. Bei der bodenengen Fehlstellung (Mitte) stehen die Hufe zu dicht beieinander und bei der bodenweiten Stellung (rechts) sind die Beine zu weit auseinander.

Die Fehlstellung kommt bereits aus dem Ellenbogengelenk oder auch dem Buggelenk. Die ganze Gliedmaße ist dabei nach innen bzw. nach außen versetzt. Dies bedeutet physischen Stress für die lateralen und medialen Strukturen, die entweder überdehnt oder verkürzt sind. In fortschreitendem Alter kann diese Stellung auch zu Arthrose in den betroffenen Gelenken führen.

Bei dieser Fehlstellung arbeitet man mit Korrekturtapes, um den Gliedmaßen den Weg in die richtige Position zu zeigen. Bei beiden Fehlstellungen benötigt man je zwei Tapestreifen mit abgerundeten Ecken, die beide mit der End-to-End-Technik aufgeklebt werden. Zusätzlich empfehlen sich noch mehrere horizontal verlaufende Anker, um die Anlage zu sichern.

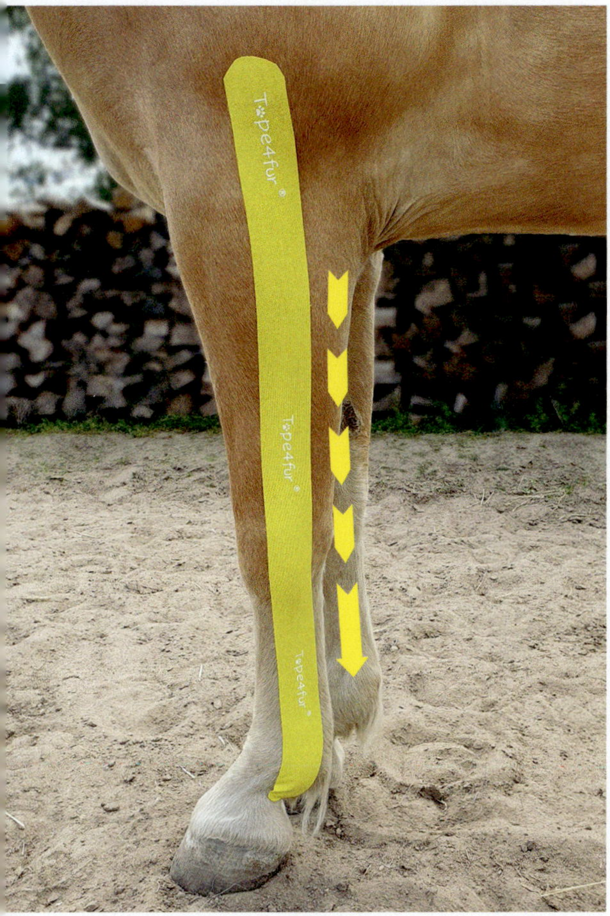

Korrekturtape der lateralen Strukturen bei bodenenger Stellung.

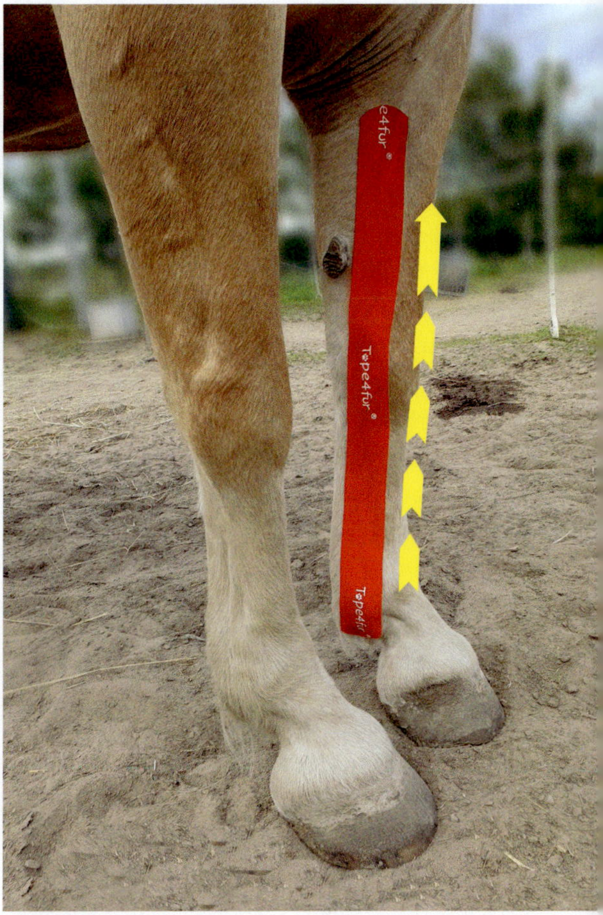

Korrekturtape der medialen Strukturen bei bodenenger Stellung.

Bodenenge Fehlstellung:

Hierbei sind die medialen, inneren Strukturen verkürzt und die lateralen, seitlichen Strukturen überdehnt.

An der Außenseite beginnt man in Höhe des Buggelenkes und bringt dort die spannungsfreie primäre Basis auf. Der Wirkungsbereich wird mit leicht- bis mittelgradiger Spannung an der Außenseite des Beines gerade nach unten appliziert, die sekundäre Endbasis wird spannungsfrei unterhalb des Fesselkopfes aufgeklebt. Dadurch entsteht ein Recoil des Tapes in Richtung des Ellenbogens. Es unterstützt die Gliedmaße hin zu einer geraderen Position.

An der Innenseite beginnt man unterhalb des Fesselkopfes und bringt dort die spannungsfreie primäre Basis auf. Der Wirkungsbereich wird mit leicht- bis mittelgradiger Spannung an der Innenseite des Beines gerade nach oben appliziert und die sekundäre Endbasis wird spannungsfrei direkt unterhalb der Gehfalte aufgeklebt. Dadurch entsteht ein Recoil des Tapes in Richtung des Hufes. Es unterstützt die verkürzten inneren Strukturen in der Dehnung.

➔

3.9 Bodenenge bzw. bodenweite Fehlstellung

Bodenweite Fehlstellung:
Hierbei sind die medialen, inneren Strukturen überdehnt und die lateralen, seitlichen Strukturen verkürzt. Das ist das Gegenteil der bodenengen Stellung und dementsprechend wird genau umgekehrt getapt.

An der Innenseite beginnt man direkt unterhalb der Gehfalte und bringt dort die spannungsfreie primäre Basis auf. Der Wirkungsbereich wird mit leicht- bis mittelgradiger Spannung an der Innenseite des Beines gerade nach unten appliziert, die sekundäre Endbasis wird spannungsfrei unterhalb des Fesselkopfes aufgeklebt. Dadurch entsteht ein Recoil zum Rumpf hin und das Tape unterstützt die Gliedmaße zu einer geraderen Position.

An der Außenseite beginnt man unterhalb des Fesselkopfes und bringt dort die spannungsfreie primäre Basis auf. Der Wirkungsbereich wird mit leicht- bis mittelgradiger Spannung an der Außenseite des Beines gerade nach oben appliziert, die sekundäre Endbasis wird spannungsfrei in Höhe des Buggelenkes aufgeklebt. Dadurch entsteht ein Recoil des Tapes in Richtung des Hufes und es unterstützt die verkürzten seitlichen Strukturen in der Dehnung.

Zusätzlich wurden hier im Bild noch zwei spannungsfreie Queranker angebracht, um die eigentliche Tapinganlage zu sichern.

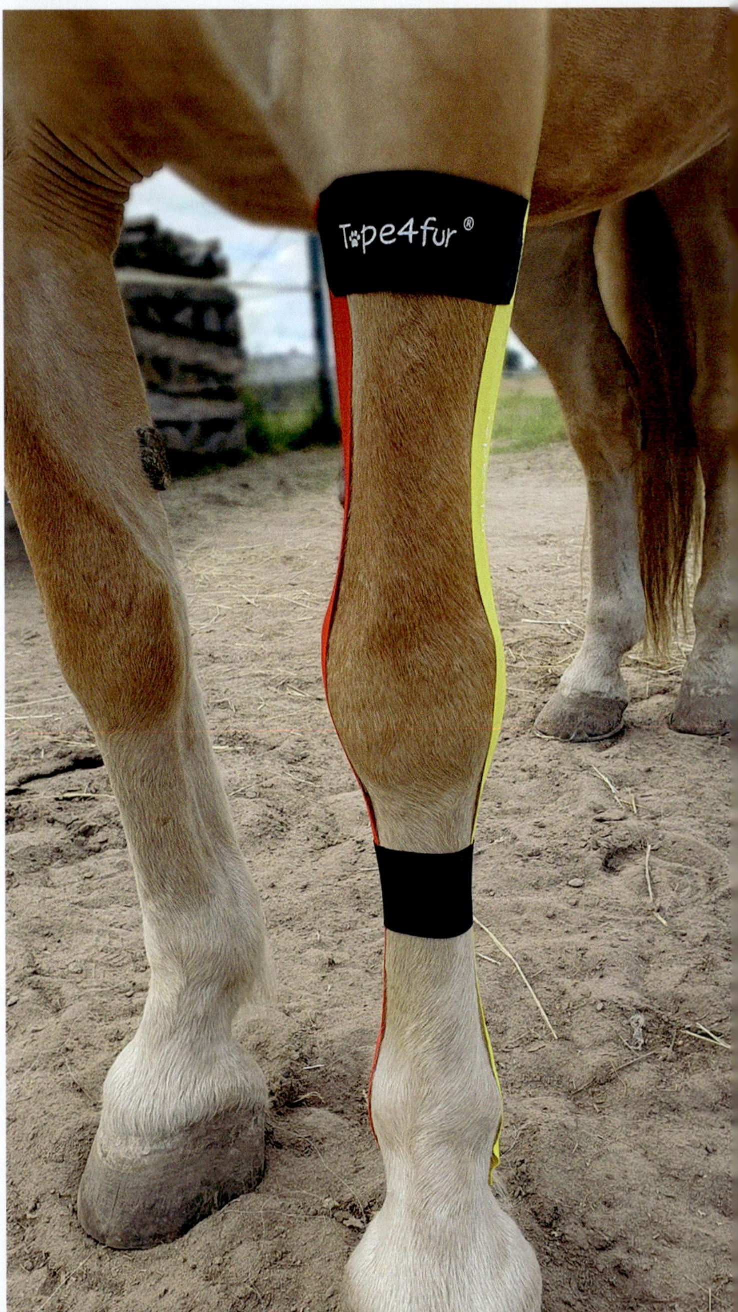

Sicherung der Korrekturtapes mit mehreren spannungsfreien Querankern.

3.10 Brustbeinblockade

Sehr oft trifft man Pferde an, die sich nur ungern im Brustbeinbereich anfassen lassen, sogar richtig giftig werden und auch beim Putzen in dem Bereich schnappen. Häufig liegt in diesen Fällen eine Blockierung des Brustbeins vor. In meiner Praxis habe ich diese Fälle vermehrt im Winterhalbjahr bei Pferden, die eingedeckt sind. Leider passen viele Decken nicht, außerdem liegt die Brustverschnallung der Decken direkt auf dem oberen Abschnitt des Brustbeins, dem Schwertfortsatz. Ist die Decke zu eng oder zu fest verschnallt, drückt dies direkt auf den Schwertfortsatz des Brustbeins.

Da das Brustbein mit den ersten acht Rippen verbunden ist, die auch an der Bildung des Widerristes beteiligt sind und über die das Schulterblatt zum Teil gleitet, kann eine Brustbeinblockade weitreichende Folgen haben. Oftmals ist eine Brustbeinblockade mit einer Widerristblockade gekoppelt und wenn der Bereich extrem verspannt ist, kann das auch zu Taktunreinheiten in der Vorhand führen.

Nachdem man diese Brustbeinblockade gelöst hat, empfiehlt es sich, diesen Bereich noch mit einem Sterntape zu unterstützen. Dabei werden vier I-Tapes mit abgerundeten Ecken über dem Schwertfortsatz des Brustbeins zentriert aufgeklebt. Durch diese Überlagerung der Tapestreifen potenziert sich der Anhebe-Effekt und man hat dadurch einen sehr großen Raumgewinn rund um den vormals blockierten Bereich. Dadurch kann sich das Brustbein wieder besser der Bewegung des Pferdes beim Laufen anpassen.

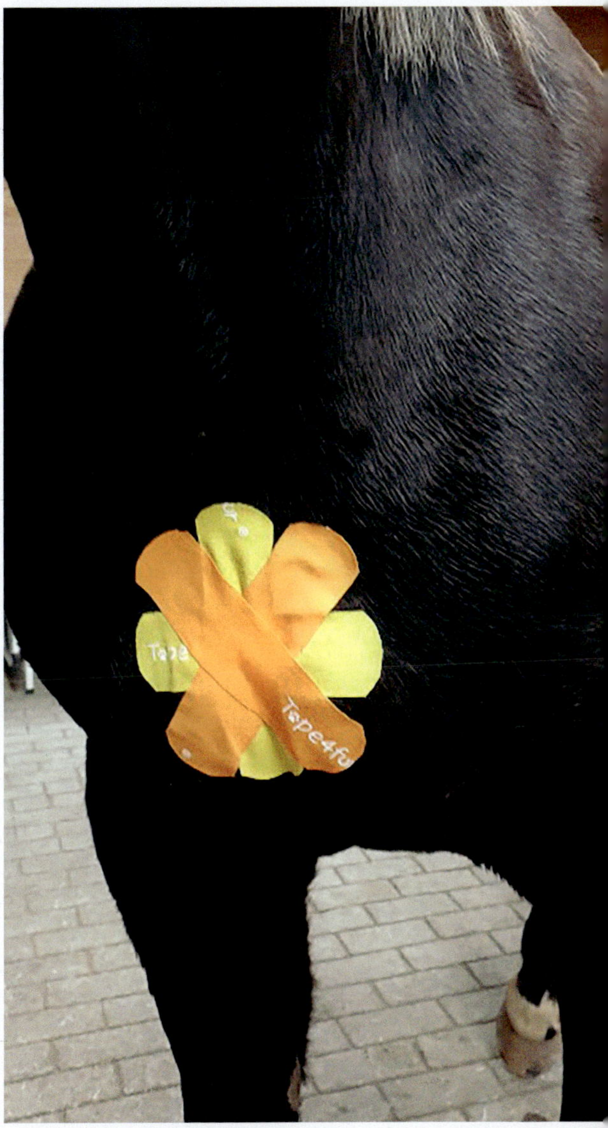

Sterntape bei Brustbeinblockade.

Alle vier I-Tapes werden mit der Inside-Out-Technik appliziert. Die Trägerfolie des ersten Streifens mittig einreißen, von innen nach außen dehnen und mit mittelgradiger Spannung horizontal über dem Schwertfortsatz des Brustbeines aufkleben. Die Enden an beiden Seiten werden spannungsfrei und mit Back-up getapt. Der zweite Tapestreifen wird mit der gleichen Technik und mit leichtgradiger Spannung im rechten Winkel dazu appliziert. Den dritten ebenfalls mit leichtgradiger Spannung schräg aufkleben und den vierten Tapestreifen so, dass er gerade noch gespannt ist, schräg in die entgegengesetzte Richtung tapen.

3.10 Brustbeinblockade

Bei extremer Blockierung des Brustbeines kann man auch gerne noch ein zweites Sterntape am anderen Ende des Brustbeines auf die Bauchunterseite kleben. Dieses wird zirka eine Handbreit hinter der Gurtlage direkt auf die Bauchmittellinie zentriert. Den ersten Streifen bringt man dann am besten entlang der Bauchmittellinie an, um zu gewährleisten, dass man wirklich mittig am Bauch ist.

Sicherheitshinweis: *Das Tapen an der Bauchunterseite ist eine kleine akrobatische Herausforderung, da man unter dem Pferd herumkrabbeln muss. Deshalb bitte dabei sehr auf die eigene Sicherheit achten. Falls das Pferd kitzelig ist oder viele Fliegen unterwegs sind und das Pferd daher dazu neigt, mit den Beinen/Hufen unter den Bauch zu treten, sollte man vielleicht davon absehen. Oder man bittet eine zweite Person, ein Bein des Pferdes (am besten das Hinterbein) hochzuhalten, solange man unter dem Bauch des Pferdes mit dem Tape hantiert.*

Alternativ könnte man im Bauchbereich auch mit Gittertapes arbeiten. Diese sind einfacher und schneller aufzukleben und man muss nicht so lange am Pferdebauch herumhantieren.

Gittertapes vorsichtig mit den Fingern oder einer Kunststoff-Pinzette von der Trägerfolie abziehen, im Bereich der Bauchmittellinie eine Handbreit hinter der Gurtlage am Fell entlangführen und überall da aufbringen, wo sie sich von alleine an das Fell heranziehen.

Wie schon anfangs geschrieben, kann eine Brustbeinblockade auch mit einer Widerristblockade einhergehen. Auch diese kann man noch zusätzlich tapen. Die ausführliche Beschreibung findet man in dem Kapitel 3.79 – »Widerristblockade«.

C

3.11 COPD (chronic obstructive pulmonary disease)

Atemwegsprobleme treten immer häufiger bei Pferden auf und auch COPD sieht man leider immer mehr. Nach tierärztlicher Abklärung kann man unterstützend zur eigentlichen Behandlung, die Lunge mit einem Dermatomtape für das Lungendermatom zusätzlich stimulieren.

Dermatome sind oberflächliche Hautareale, die über Nervenverbindungen mit den innen liegenden Organen verbunden sind. Stimuliert man also das Hautareal mit dem Kinesiologischen Tape, wird reflektorisch über die Nervenbahnen auch das gekoppelte Organ mit stimuliert. Dermatome finden sich auf beiden Seiten des Rumpfes und müssen daher auch auf beiden Seiten getapt werden.

Das Lungendermatom liegt zwischen dem 3. und 18. Brustwirbel, also von der Vorderkante des Schulterblattes bis zur letzten Rippe. Sollte man sich nicht ganz sicher sein, kann man die Tapinganlage im Zweifelsfall auch gerne etwas größer gestalten.

Für diese Tapinganlage benötigt man mehrere lange I-Tapes mit abgerundeten Ecken, die alle mit der End-to-End-Technik aufgeklebt werden.

Ungefähr 5 cm von der Trägerfolie an einem Ende des ersten Tapestreifens entfernen und in Höhe des 3. Brustwirbels, vor dem Schulterblatt, ca. eine Handbreit unterhalb des Mähnenkamms diese primäre Basis spannungsfrei aufbringen. Mit der Spannung, mit der das Tape von der Trägerfolie kommt, tapt man schräg vorwärts-abwärts bis zum Buggelenk. Dort bringt man die sekundäre Basis spannungsfrei und mit Back-up auf.

Den Bereich vom 4. bis 9. Brustwirbel lässt man aus, da die Nerven, die man ansprechen möchte, hier nicht oberflächlich genug liegen. Den nächsten Tapestreifen setzt man in Höhe des 10. Brustwirbels, hinter dem Schulterblatt, ca. eine Handbreit neben der Rückenmittellinie an und bringt dort die primäre Basis spannungsfrei auf. Mit der Spannung, mit der das Tape von der Trägerfolie kommt, tapt man senkrecht gerade herunter bis zu Bauchmittellinie. Dort bringt man die sekundäre Basis spannungsfrei auf.

Dann lässt man ungefähr eine Tapebreite (5 cm) frei und klebt den nächsten Tapestreifen genauso und parallel zum ersten. Je nach Größe des Tieres werden fünf bis sechs Tapestreifen auf einer Seite des Rumpfes aufgeklebt. Der hinterste Tapestreifen sollte die letzte Rippe noch abdecken.
Um ein geschlossenes System über dem gesamten Dermatombereich zu erhalten, werden nun noch die primären Basen der senkrechten Streifen alle mit einem weiteren Tapestreifen verbunden (hier schwarz). Auch dieser wird mit der End-to-End-Technik geklebt. Die primäre Basis wird am vordersten, schrägen Tapestreifen (oder kurz davor) spannungsfrei aufgebracht. Dann verläuft der Wirkungsbereich mit der Spannung, mit der das Tape von der Trägerfolie kommt, entlang der Rückenmuskulatur bis zum hintersten Tapestreifen, sodass alle primären senkrechten Basen abgedeckt sind und verbunden werden. Die sekundäre Basis wird hinter dem letzten senkrechten I-Tape dann wieder spannungsfrei und mit Back-up getapt.

Die ganze Tapinganlage wird auf der anderen Körperseite des Pferdes identisch geklebt.

Dermatomtape des Lungendermatoms bei COPD.

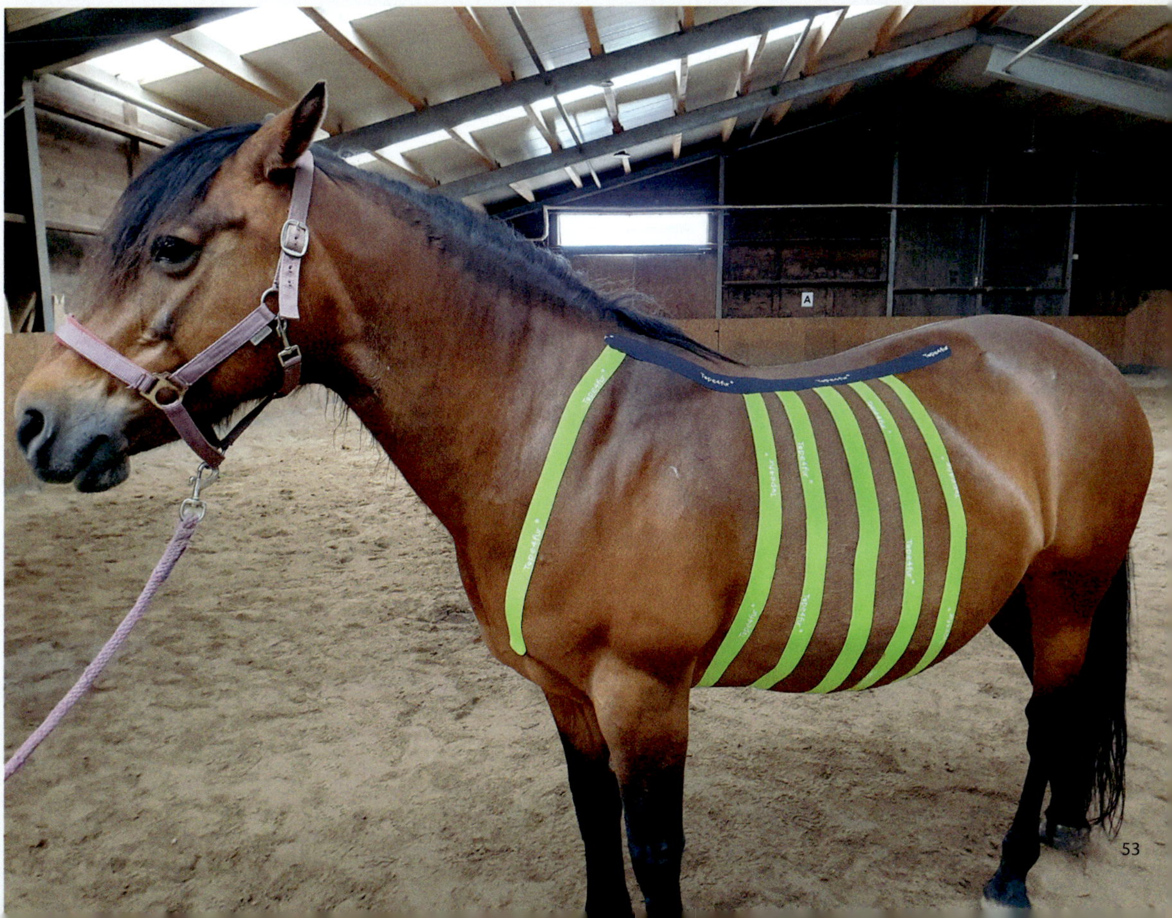

D

3.12 Durchtrittigkeit

Wenn die Winkelung des Kronbeines und des Fesselbeines weniger als 45 Grad zum Boden beträgt, spricht man von einer Durchtrittigkeit. Dabei handelt es sich um eine Fehlstellung bzw. Schwäche des Fesselgelenks und des Fesselkopfs. Durch eine Bänderschwäche an diesem Gelenk kommt es zu einer Instabilität desselben. Dadurch wird das Gewicht des Beines nicht mehr korrekt vom Huf getragen, sondern es kommt zu einer Fehlbelastung auf das Fesselgelenk sowie den Fesselkopf. Die Bänder werden immer weiter überdehnt und überbelastet.

Bei Pferden, die schon lange mit dieser Problematik zu tun haben, tritt oftmals dann auch eine Überlastung der Beugesehnen ein, da diese aufgrund der Durchtrittigkeit einem permanenten vermehrten Zug ausgesetzt sind. Als Folge davon sind Sehnenverletzungen, -zerrungen oder -risse aufgrund der dauerhaften Überlastung nicht selten. Um dieser Belastung der Bänder, Gelenke und Sehnen entgegenzuwirken, kommt hier ein Fesselkopfstütztape zum Einsatz. Dieses kann man auch präventiv nur zum Training anlegen. Besonders wenn man ein sehr weiches oder sehr lang gefesseltes Pferd hat, empfiehlt sich diese Tapinganlage. Oder wenn man das Training intensivieren möchte: wenn Springstunde angesagt ist, wenn vom Dressurpferd vermehrt Hankenbeugung gefordert wird oder beim Westernpferd eine Trainingseinheit mit Spins und Sliding Stops ansteht.

Aber natürlich ist es auch eine tolle Unterstützung in der Rehaphase bei einem Sehnenschaden oder bei chronischer Durchtrittigkeit, um dem Pferd bzw. dem Gelenk mehr Stabilität zu geben. Man benötigt dafür zwei bis drei I-Tapes mit abgerundeten Enden und nutzt die Stabilisierungstechnik mit der Inside-Out-Applikation.

Gemessen werden die Tapestreifen einmal um das Fesselgelenk/den Fesselkopf herum, so wie dieses gewinkelt ist.

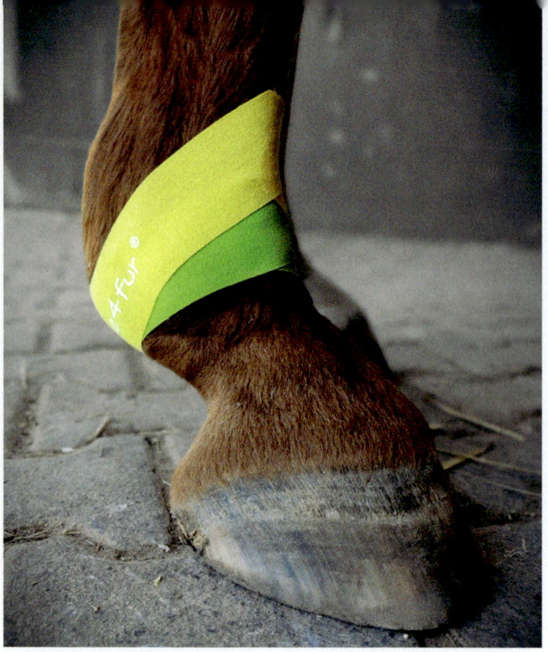

Doppeltes Fesselkopfstütztape bei Durchtrittigkeit.

Den ersten Tapestreifen mittig einreißen und die Trägerfolie nur ca. 10 cm in der Mitte entfernen. Diesen Bereich unterhalb des Fesselkopfes fassen, von innen nach außen dehnen und mit mittelgradiger Spannung unterhalb des Fesselkopfes aufbringen. **Für die Stabilisierungstechnik ganz wichtig**: diesen Bereich SOFORT mit einer freien Hand oder von einem Helfer fixieren lassen, damit der primäre Recoil des Tapes unterdrückt wird. Unter Fixierung dieses Mittelbereiches nun die beiden Enden spannungsfrei und mit Back-up aufkleben. Diese können sich gerne auf der Beinvorderseite überlappen. Erst wenn die beiden Enden fixiert sind, dann den Mittelbereich loslassen!

Den zweiten (und eventuell dritten) Tapestreifen klebt man genau mit derselben Technik auf, aber jedes Mal etwas im Winkel versetzt, sodass der Fesselkopf aus mehreren Richtungen gestützt wird. Hier im Foto wurden nur zwei Tapestreifen geklebt. Durch das Unterdrücken des Recoils und der damit erhaltenen Spannung des Kinesiologischen Tapes unterhalb des Fesselkopfes, gibt man dem durchtrittigen Gelenk vermehrt Stabilität.

3.13
ECVM (Equine Complex Vertebral Malformation)

Bei dieser Erkrankung handelt es sich um eine angeborene Fehlbildung der unteren Halswirbel beim Pferd. Vorwiegend sind der 6. und 7. Halswirbel betroffen sowie die erste Rippe bzw. der erste Brustwirbel. Die Symptome sind vielfältig und von Pferd zu Pferd unterschiedlich: Widersetzlichkeit beim Reiten, Probleme, den Brustkorb zu heben, Lastaufnahme erschwert, starkes »Auf-die-Hand«-Lehnen beim Reiten, Stolpern/Einknicken der Vorderhand, Stürzen, Koordinationsschwierigkeiten der Vorhand, ataktisches Gangbild/ Ataxie, wechselnde Lahmheiten.

Die Diagnose wird mittels Röntgenbildes erstellt. Leider sind viele Pferde mit diesem Befund nicht mehr reitbar.

Je nach Beschwerden kann die Tapinganlage sehr unterschiedlich aussehen. Bei Verspannungen der Halsmuskulatur kann hier ein aktivierendes Muskeltape genutzt werden oder allgemein die Vorhand aktiviert werden – siehe Kapitel 3.5 – »Atrophierte oder schwache Vorhand«. Bei Ataxie und häufigem Stolpern kann man auch ein Propriopzeptionstape anwenden – siehe dazu das Kapitel 3.2 – »Ataxie«.

Um direkt im Bereich der Fehlbildung einzugreifen, kann man eine Halsschlaufe verwenden oder je ein Sterntape im Bereich des sechsten und siebten Halswirbel auf beiden Seiten kleben.

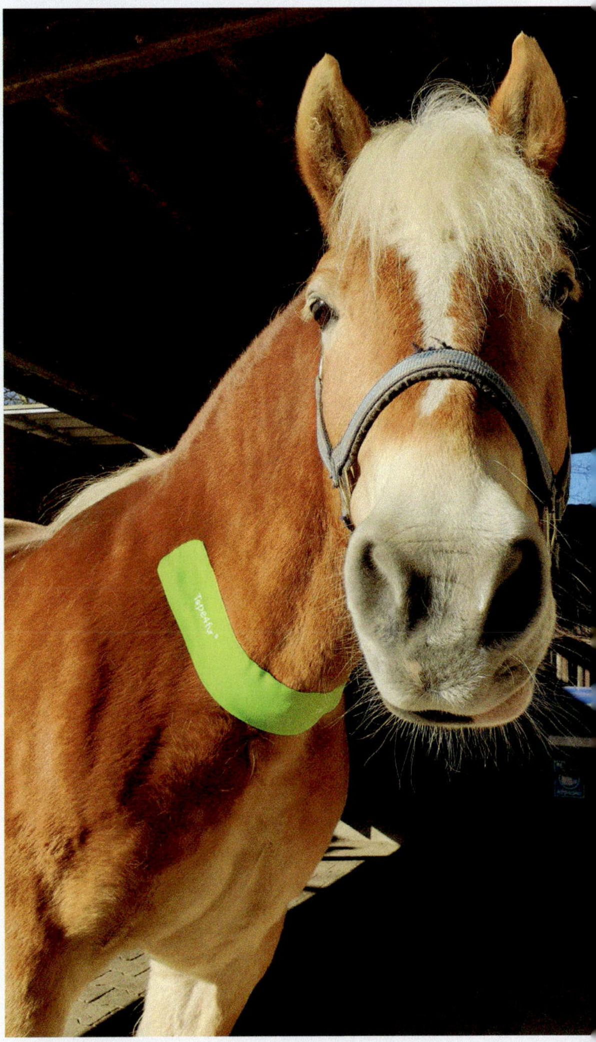

Das Halsschlaufentape ist zur Stabilisierung beim Training gut geeignet.

Halsschlaufe:

Hierfür benötigt man ein I-Tape mit abgerundeten Ecken, das mit der Inside-Out-Technik aufgebracht wird. Die Trägerfolie mittig einreißen, maximal 5 cm in der Mitte des Tapes freilegen und an der Unterseite des Halses am Übergang zur Brust aufkleben. Auf einer Seite die Trägerfolie abziehen und mit leichtgradiger Spannung vor dem Schulterblatt in Richtung Widerrist nach schräg-aufwärts applizieren. Das sekundäre Ende wie üblich spannungsfrei und mit Back-up aufkleben. Dann auf der anderen Halsseite mit der zweiten Hälfte des Tapestreifens genauso verfahren.

Die Halsschlaufe ist vor allem eine gute Unterstützung im Training und beim Reiten, wenn der Befund nicht so massiv ist und das Pferd weiterhin reitbar ist.

3.13 ECVM (Equine Complex Vertebral Malformation)

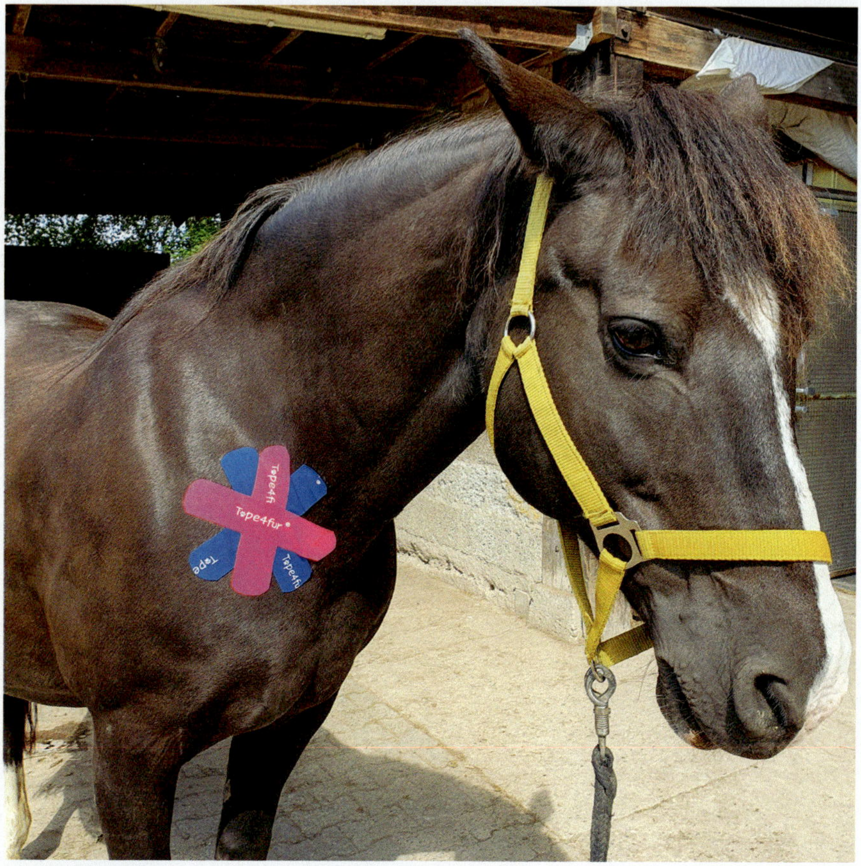

Sterntape bei Beschwerden im Bereich des 6. und 7. Halswirbels.

Sterntape:

Das Sterntape ist eher für den Rehabereich oder auch für trainingsfreie Zeiträume geeignet.

Für jedes Sterntape werden vier I-Tapes über dem Bereich des 6. und 7. Halswirbels zentriert aufgeklebt. Durch diese Überlagerung der Tapestreifen, potenziert sich der Anhebe-Effekt und man hat einen sehr großen Raumgewinn und auch eine starke schmerzlindernde Wirkung. Bei der Applikation auf der rechten Seite sollte der Hals nach links vorgedehnt werden, bei der Applikation auf der linken Seite nach rechts.

Alle vier I-Tapes werden mit der Inside-Out-Technik appliziert. Die Trägerfolie des ersten Tapestreifens mittig einreißen und mit mittelgradiger Spannung oberhalb des Buggelenkes schräg vor dem Schulterblatt im Bereich des 6./7. Halswirbels aufkleben. Der zweite Streifen wird mit leichtgradiger Spannung im rechten Winkel dazu appliziert, im Verlauf des unteren Abschnitts des M. brachiocephalicus. Den dritten Streifen ebenfalls mit leichtgradiger Spannung schräg zwischen dem ersten und zweiten Tapestreifen aufkleben und den vierten Tapestreifen so, dass er gerade noch gespannt ist, in die entgegengesetzte Richtung zum dritten Tapestreifen.

Auf der gegenüberliegenden Halsseite sollte man ein identisches Sterntape anbringen.

3.14 Einschuss (Phlegmone)

Der ein oder andere wird es kennen. Man kommt in den Stall und das Pferd hat ein dickes Bein: Einschuss! Dabei handelt es sich um einen durch Bakterien ausgelösten Entzündungsprozess im Unterhautgewebe. Meistens verursacht durch eine Mikroverletzung, die man oftmals gar nicht sieht. Innerhalb weniger Stunden entsteht eine spürbare Schwellung, die oftmals auch warm ist.

Achtung: *Im Falle einer heißen Schwellung bitte niemals tapen! Durch die zirkulationsfördernde Wirkung des Tapes läuft man dabei Gefahr, den entzündlichen Prozess noch weiter im Körper zu verteilen!*

Sobald der entzündliche Prozess abgeklungen ist, aber vielleicht noch eine Restschwellung an der Gliedmaße vorliegt, kann man mit einem Lymphtape arbeiten, um den Abfluss der gestauten Flüssigkeit zu unterstützen.

Für das Lymphtape werden mindestens drei Tapes mit der Fächertechnik benötigt. Das erste Fächertape für den Schulterbereich, das zweite für den Bereich von Ellenbogen bis Karpalgelenk und das dritte vom Karpalgelenk bis Fesselgelenk bzw. Hufrand. Die Anzahl der Finger bei der Fächertechnik ist in diesem Fall beliebig.

Bei den Fächertapes die Trägerfolie am Übergang zwischen Basis und den Fingern einreißen und umknicken. Die primäre Basis des ersten Fächertapes spannungsfrei am Lymphknotenzentrum am Halsvenenwinkel vor dem

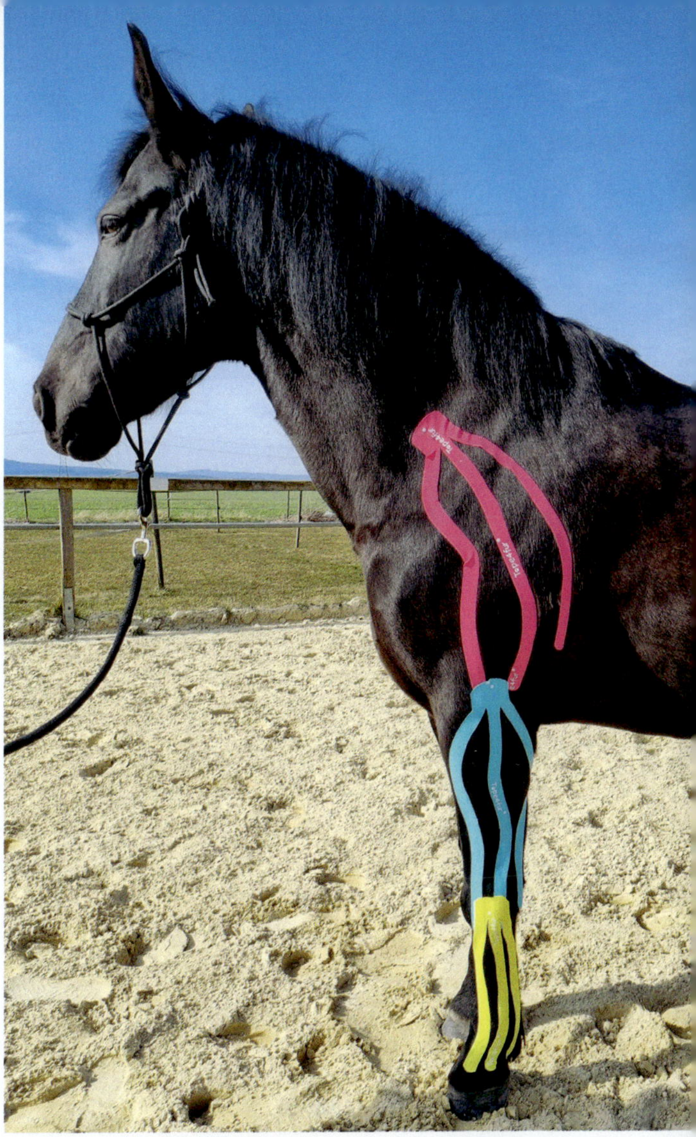

Lymphtape bei Einschuss an der Vordergliedmaße.

Schulterblatt aufkleben, während man den Hals etwas zur gegenüberliegenden Seite vordehnt. Die Finger nacheinander mit der Spannung, wie sie von der Trägerfolie kommen (Off-Paper-Stretch), in Richtung Gliedmaße tapen und dabei großflächig über den Schulterbereich verteilen. Die Enden der einzelnen Finger wie üblich spannungsfrei applizieren. Um den Lymphabfluss nicht zu unterbrechen, wird beim zweiten Fächertape die primäre Basis spannungsfrei →

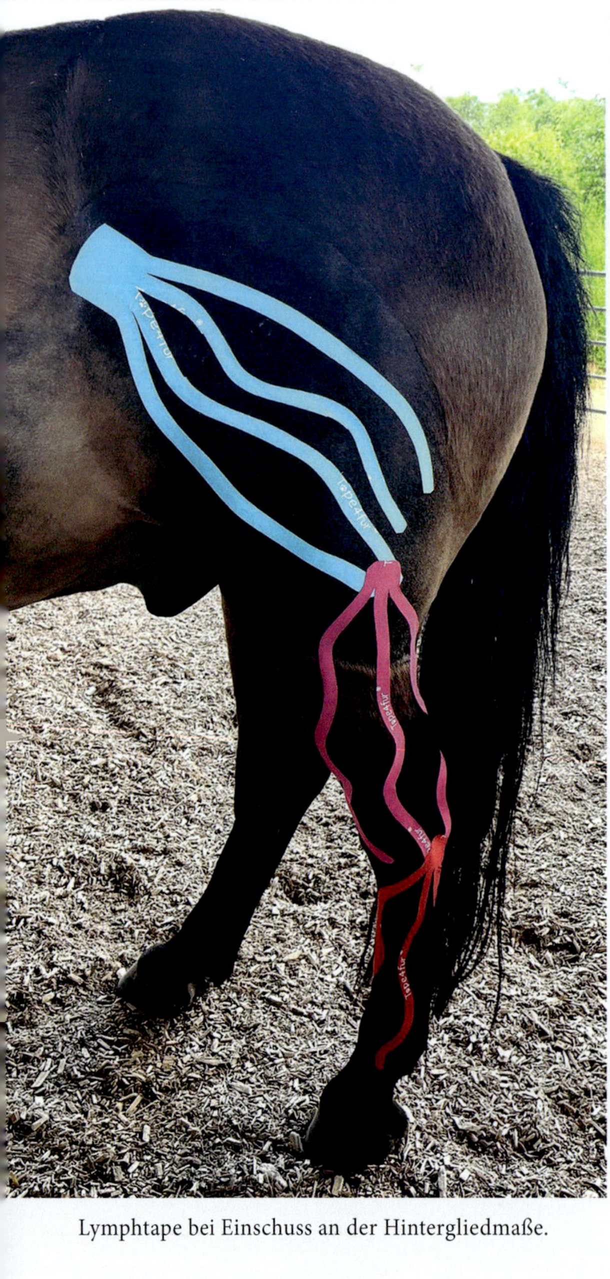

Lymphtape bei Einschuss an der Hintergliedmaße.

auf die Fingerenden des vorherigen Fächertapes überlappend aufgeklebt (im ersten Bild also die hellblaue Basis auf die Fingerenden des pinken Fächertapes). Mit den Fingern arbeitet man sich mit dem Off-Paper-Stretch dann weiter abwärts und verteilt diese auf dem Unterarm. Beim dritten Fächertape wird das ebenso gehandhabt. Wieder die Basis spannungsfrei und überlappend mit den Enden des zweiten Fächertapes tapen (gelbe Basis auf die hellblauen Fingerenden). Finger mit Off-Paper-Stretch weiter abwärts über die Gliedmaße verteilen.

Weitere Fächertapes können genauso auch auf der Beininnenseite aufgebracht werden, wenn das Bein dort geschwollen sein sollte. Dabei auch die primären Basen der Fächertapes auf die Fingerenden des vorherigen Fächers aufbringen und dann die Finger um das Bein herum nach innen führen.

Die dünnen Enden des untersten Fächertapes sollte man mit einem spannungsfreien Anker schützen, da die Gefahr besteht, dass diese Enden sich eventuell in der Einstreu der Box oder im Gras auf der Koppel verfangen und sich daher schneller ablösen.

Bei einem Einschuss/einer Schwellung an der Hinterhand sieht die Anlage entsprechend ähnlich aus. Nur beginnt man hier am Zentrum des Kniefaltenlymphknoten und arbeitet sich dann mit mehreren Fächertapes nach unten zum Huf hin: Das erste Fächertape über den Bereich des Oberschenkels bis in Höhe des Knies, das zweite von Knie bis Sprunggelenk und das dritte von Sprunggelenk bis zum Fesselgelenk bzw. Hufrand.

Durch den Anhebe-Effekt erfahren die komprimierten Lymphgefäße einen Raumgewinn und die Lymphe kann dadurch besser fließen. Zusätzlich gibt der Recoil zur primären Basis am Lymphknotenzentrum der gestauten Flüssigkeit die richtige Abflussrichtung vor.

3.15
EMS (Equines Metabolisches Syndrom)

EMS ist eine Stoffwechselerkrankung bei Pferden und gilt als eine typische Wohlstandskrankheit. Ein Überangebot an Nahrung, vor allem energiereicher Nahrung mit vielen Kohlenhydraten, in Kombination mit zu wenig Bewegung sind oftmals Auslöser für dieses Krankheitsbild. Aber auch eine genetische Veranlagung kann dazu führen, dass der Zuckerstoffwechsel gestört wird. Folge der EMS sind Fettleibigkeit und vor allem deutliche Fettpolster im Bereich des Mähnenkamms. Bei erstgenannter Problematik ist natürlich die Fütterung zu optimieren. Bei genetischer Veranlagung sind die Behandlungsmöglichkeiten sehr schwierig und man kann auch mit der besten Tapinganlage leider nichts daran ändern. Wäre es nicht großartig, wenn man Fett wegtapen könnte?

Eine häufige Begleiterscheinung von EMS sind Hufreheschübe! EMS kann zu Insulinresistenz führen, das wiederum führt zu einem erhöhten Insulinspiegel und dies kann Hufrehe verursachen.

Wie man Hufrehe mit Kinesiologischem Tape begegnet, wird im Kapitel 3.27 – »Hufrehe« erklärt.

3.16
Fehlstellungen, allgemein

Nobody ist perfect! Auch unsere Pferde sind oftmals nicht perfekt, was die Stellung der Gliedmaßen betrifft. So gibt es viele unterschiedliche Fehlstellungen der Gliedmaßen: bodenweit, bodeneng, zehenweit, zeheneng usw.

Am effektivsten ist es, Fehlstellungen zu tapen, je jünger das Tier ist. Also am allerbesten gleich im Fohlenalter, solange alle Strukturen noch weich und im Wachstum sind. Es ist natürlich nicht mit einer einmaligen Tapinganlage getan. Begleitend zu umfangreichen und wiederholten physiotherapeutischen Maßnahmen sollte man am besten ein- bis zweimal die Woche tapen, damit die fehlgestellte Gliedmaße immer wieder einen Impuls in die korrekte Richtung bekommt. Je jünger das Tier ist, desto schneller sieht man eine Verbesserung in der Stellung, oftmals schon nach vier bis sechs Wochen.

Bei ausgewachsenen Pferden nach dem sechsten Lebensjahr kann man durchaus auch korrigierend mit dem Kinesiologischen Tape auf die Fehlstellung einwirken. Da die ganzen anatomischen Strukturen sich aber auf die Fehlstellung eingestellt haben, braucht es hier extrem viele, oft und langfristige physiotherapeutische Behandlungen inklusive Taping, bis sich das Gewebe wieder umstellt.

Generell nutzt man bei Fehlstellungen Korrekturtapes, bei denen man sich vorwiegend den Recoil des Tapes zunutzemacht, um der fehlgestellten Gliedmaße darüber den Weg in die richtige Position zu zeigen. In den meisten Fällen gilt dabei eine Faustregel für Korrekturtapes: **Immer zur Fehlstellung hin tapen!** Der Recoil geht immer in die entgegengesetzte Richtung zur eigentlichen Tapingrichtung – nämlich zur primären Basis – und somit in die gewünschte Korrekturrichtung.

Da diese Fehlstellungen unterschiedliche Ursachen haben bzw. unterschiedliche Gelenke betreffen, sehen auch die dazugehörigen Tapinganlagen sehr unterschiedlich aus. Folgende Kapitel beschreiben Korrekturtapes bei Fehlstellungen:

Kapitel 3.7 – »Beckenschiefstand«
Kapitel 3.48 – »Kuhhessige Fehlstellung«
Kapitel 3.83 – »Zehenenge/-weite Fehlstellung«
Kapitel 3.9 – »Bodenenge/-weite Fehlstellung«
Kapitel 3.77 – »Vorbiegigkeit bis Rückständigkeit«

3.17
Fesselträgerschaden

Der Fesselträger ist eine Sehnen-Band-Struktur ohne muskulären Anteil. Er verläuft hinter dem Röhrbein und gabelt sich nach einer Aufzweigung in Höhe des Fesselkopfes in zwei Schenkel, die dann mit den Gleichbeinen verwachsen. Der Fesseltrage-Apparat wirkt beim Pferd wie eine Art Stoßdämpfer, der das Fesselgelenk vor der Überdehnung schützt. Er gibt Festigkeit und Halt. Kommt es zur Überlastung des Fesselträgers, führt das zu einer Zerrung, die wiederum eine Entzündung auslöst. Mikrorupturen und Ausrissfrakturen sind ebenfalls möglich.

Um einer Überdehnung des Fesselträgers im Fesselkopf entgegenzuwirken, wird als erstes ein Fesselkopf-Stütztape angelegt (hier im Bild mit dem orangenen Tape zu sehen). Dieses Stütztape wird ausführlich Schritt für Schritt im Kapitel 3.12 – »Durchtrittigkeit« erklärt. Das Fesselkopf-Stütztape ist **IMMER** der erste Schritt für das dann folgende Tape für den Fesselträger an sich (Bild rechts).

Als zweiter Schritt wird danach das eigentliche Fesselträgertape angelegt. Dafür benötigt man zwei I-Tapes mit abgerundeten Ecken, die mit der End-to-End-Technik aufgebracht werden. Gemessen werden diese von unterhalb des Karpalgelenkes (oder Sprunggelenkes), an der Hinterkante des Röhrbeines entlang, unter dem Fesselkopf herum, auf die gegenüberliegende Seite des Beines und dann schräg vorwärts-abwärts bis zum Huf. Und genau in diesem Verlauf werden die Tapes auch aufgeklebt. Ungefähr 3 cm von der Trägerfolie des ersten Tapestreifen entfernen. Diese primäre Basis wird auf der Beinaußenseite spannungsfrei direkt unterhalb des Karpalgelenks (oder Sprunggelenks) aufgebracht. Der Wirkungsbereich wird mit leichtgradiger Spannung entlang der Hinterkante des Röhrbeines getapt, dann unter dem Fesselkopf herum geklebt und auf die Beininnenseite gewechselt. Dort folgt man dem Fesselträgerast schräg vorwärts-abwärts in Richtung Huf. Die sekundäre Basis wird entweder am Kronrand spannungsfrei aufgebracht oder noch besser direkt auf dem sauberen und trockenen Huf. Auf dem Huf klebt das Tape besonders gut.

Und genau so verfährt man auch auf der Beininnenseite. Da beginnt man entsprechend innen unterhalb des Karpal- oder Sprunggelenkes und kreuzt dann unterhalb des Fesselkopfes auf die Beinaußenseite und folgt hier dem äußeren Ast des Fesselträgers in Richtung Huf.

Durch das Überkreuzen der Tapestreifen unterhalb des Fesselkopfs ergibt sich noch eine zusätzliche Stabilisierung für den Fesselkopfbereich. Durch den Recoil des Tapes zur primären Basis wird somit einer weiteren Überdehnung des Fesselträgers entgegengesteuert.

Bei einem Fesselträgerschaden an der Vorhand sollte man den oberen Bereich der Taping-anlage (die primären Basen) auf jeden Fall durch einen spannungsfreien Queranker sichern, wie hier im Bild mit dem schwarzen Tape zu sehen ist. Da Pferde sich ja sehr gerne mit dem Kopf in diesem Bereich schubbern, besteht ansonsten die Gefahr, dass sich das Tape dadurch vorzeitig ablöst!

Fesselträgertape(blau) inklusive Fesselkopfstütztape (orange) und Anker (schwarz) unterhalb des Karpalgelenkes.

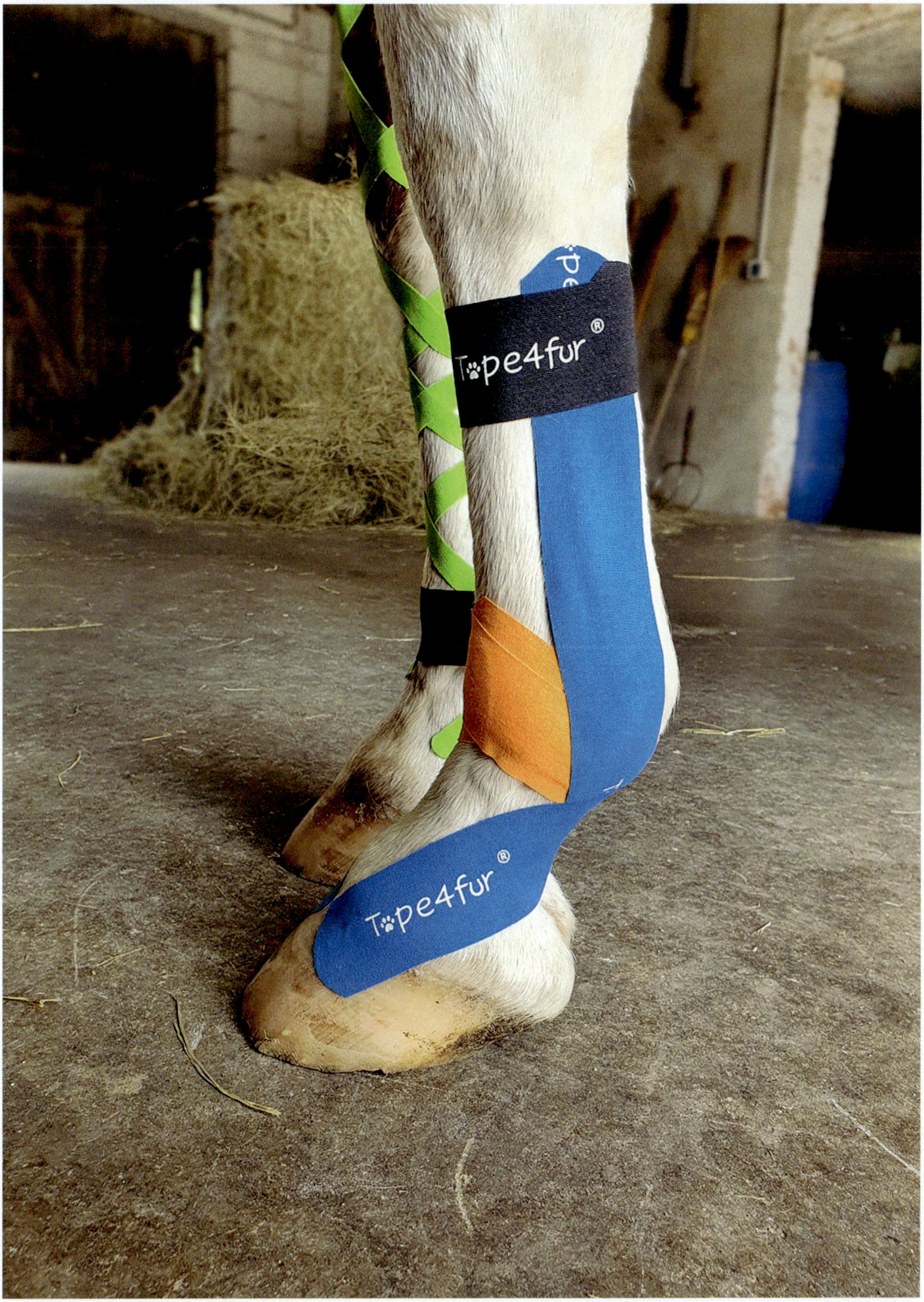
Tape4fur®
Tape4fur®

3.18 Gallen

Gallen sind Verdickungen mit überschüssigen Flüssigkeitsansammlungen im Bereich von Gelenken, Sehnen oder Schleimbeuteln. Sie treten meistens an den Fessel-, Sprung- oder Kniegelenken auf und können weich oder hart sein. Je nach Ausprägung können sie druckschmerzhaft sein und den Bewegungsradius des Gelenkes einschränken.

Am besten behandelt man Gallen mit Kinesiologischem Tape solange diese noch weich und verschiebbar sind. Sobald sie verhärten, wird es schwierig, den Abfluss gestauter Flüssigkeit anzuregen. Wenn sie komplett verkapselt sind, ist es wirklich vergebliche Liebesmüh. Durch die Kapsel tritt keine Flüssigkeit mehr durch.

Um den Abfluss der gestauten Flüssigkeit anzuregen, wird ein Lymphtape geklebt. Dafür braucht man je nach Ausprägung zwei bis vier Tapes, die mit der End-to-End-Technik in der Fächertechnik aufgebracht werden. Die Basis liegt dabei immer oberhalb der Schwellung und die Finger der Fächertapes sind nach unten zur Schwellung hin ausgerichtet. Durch den Recoil des Tapes zur primären Basis wird der gestauten Flüssigkeit eine Abflussrichtung vorgegeben.

Bei den Fächertapes die Trägerfolie am Übergang von Basis zu den Fingern einreißen und umknicken. Bei Gallen am Fesselgelenk (wie hier im Bild zu sehen) die primäre Basis spannungsfrei unterhalb des Karpal- oder Sprunggelenkes aufbringen. Dann die einzelnen Finger nacheinander mit leichtgradiger Spannung, so wie das Tape von der Trägerfolie kommt, zur Schwellung hin aufbringen und dabei großflächig auf dem Bereich der Gallen verteilen. Die Enden der Tapefinger werden wie üblich spannungsfrei geklebt.

Alle weiteren Fächertapes werden genauso aufgebracht, nur dass die Basis immer an einer anderen Stelle sitzt, um viele verschiedene Abflussrichtungen zu unterstützen. Die Finger der verschiedenen Fächertapes können sich dabei überkreuzen.

Bei leichten Schwellungen reichen durchaus schon zwei Fächertapes. Bei größeren Schwellungen können noch mehr Fächertapes aufgebracht werden. Diese dann am besten auf der Beininnen- und -außenseite großflächig verteilen.

Sollten sich die Gallen an der Vorhand befinden, sollte man die primären Basen der Fächertapes durch einen spannungsfreien Queranker sichern. Da Pferde sich sehr gerne mit dem Kopf in diesem Bereich schubbern, besteht ansonsten dabei die Gefahr, dass sich das Tape dadurch vorzeitig ablöst!

Kombination von zwei Fächertapes für ein Lymphtape bei Gallen.

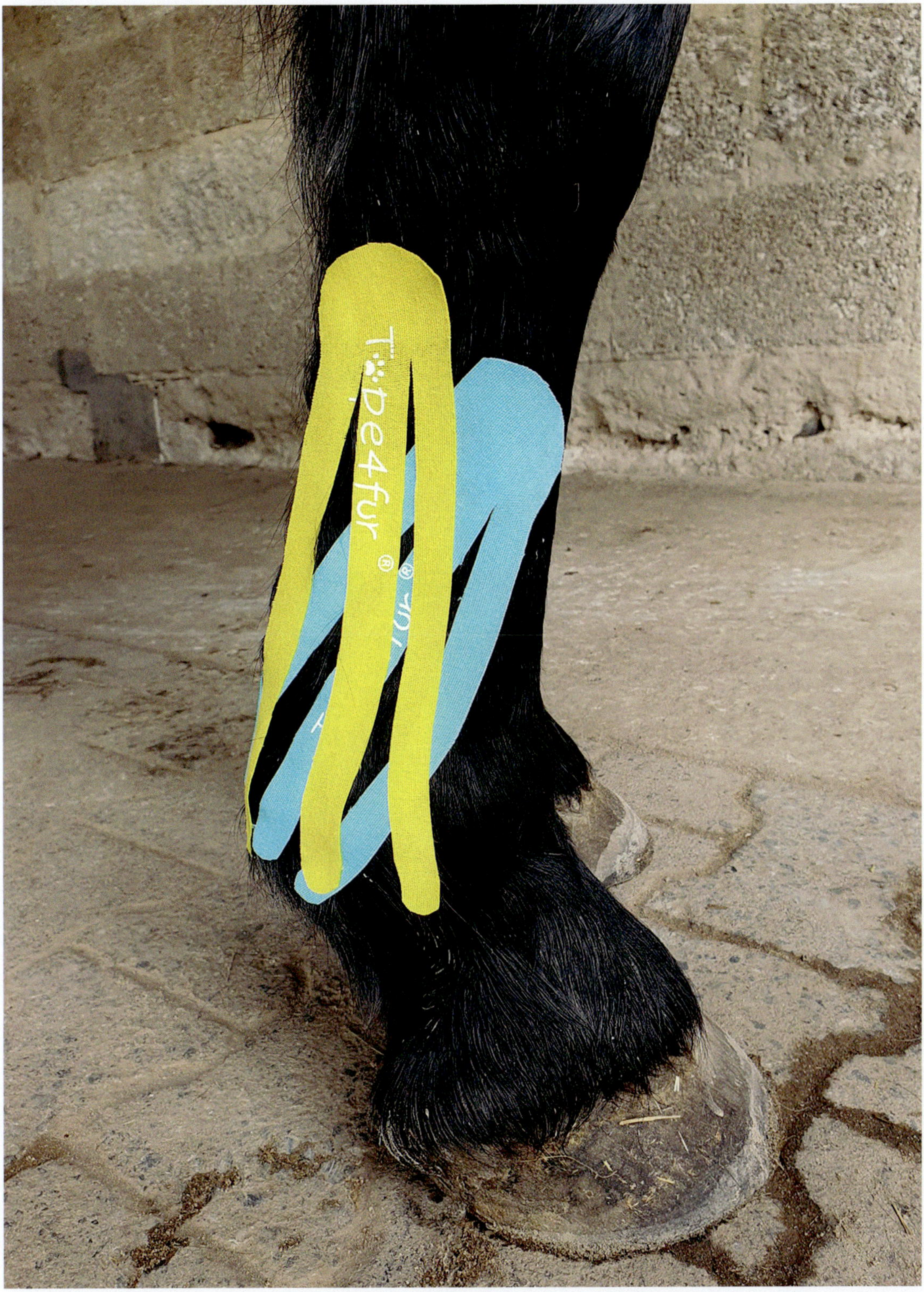
Tape4fur®

3.19 Gelenkchips

Gelenkchips sind abgesplitterte Knorpelteilchen, die frei im Gelenk liegen und die im Gewebe wandern können. Das kann beim Pferd zu Schmerzen, Schwellungen, Knorpelschäden und sogar Lahmheiten führen. Diese Chips entstehen in den meisten Fällen durch die genetisch bedingte Osteochondrose (OC). Dabei ist die Verknöcherung des wachsenden Knorpels gestört und es kommt zu kleinen Knorpelschuppen bzw. Chips, die sich vom Knorpel ablösen. Aber auch massive Traumata, wie schwere Stürze oder heftige Trittverletzungen, können zu Knochenchips führen. Es gibt Knochenchips, die aufgrund ihrer Lage nie Probleme bereiten und Pferde können damit jahrelang problemlos geritten und trainiert werden. In diesem Fall bedarf es auch keinerlei Tapinganlage.

Liegt so ein Chip aber im Gelenkbereich, kann es zu den oben genannten massiven Beschwerden kommen. Diese Chips sind dann am besten mittels Arthroskopie unter Vollnarkose operativ vom Tierarzt entfernen zu lassen. Bis zum OP-Termin oder auch als OP-Nachsorge kann man dem Pferd mit Hilfe eines Sterntapes etwas Linderung verschaffen. Dafür benötigt man vier gleichlange I-Tapes mit abgerundeten Ecken. Diese werden alle mit der Inside-Out-Technik aufgeklebt.

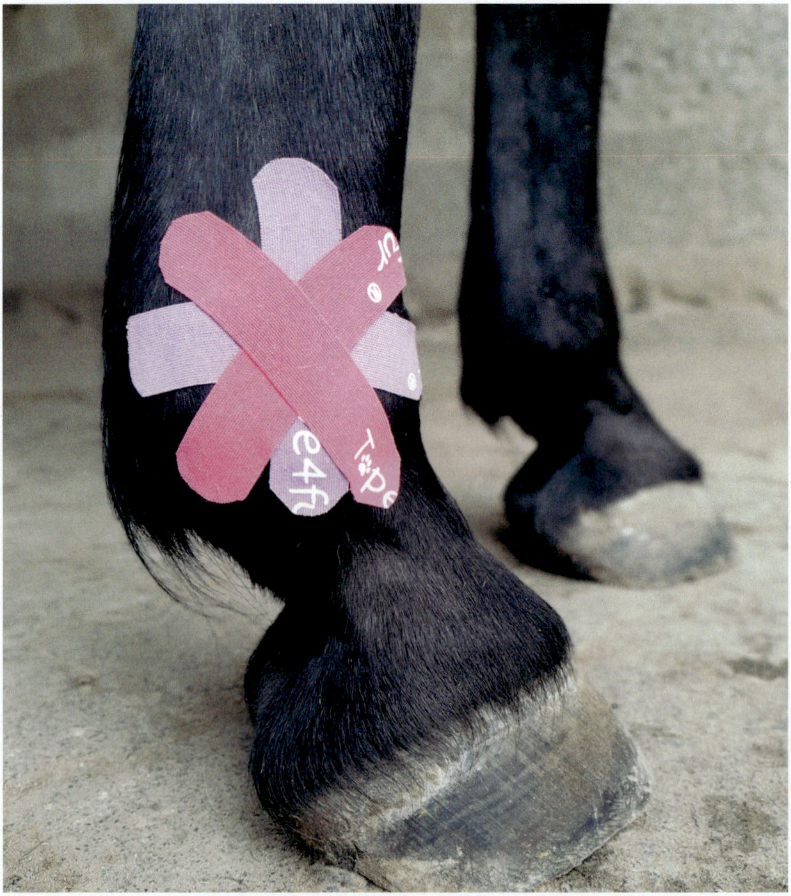

Bei Gelenkchips kann man wahlweise ein Sterntape applizieren oder auch Gittertapes nutzen (siehe rechts).

Die Trägerfolie des ersten Streifens des Sterntapes mittig einreißen und mit mittelgradiger Spannung horizontal auf das betroffene Gelenk aufkleben. Die Enden werden spannungsfrei und mit Back-up getapt. Der zweite Tapestreifen wird mit leichtgradiger Spannung genauso im rechten Winkel dazu appliziert. Den dritten ebenfalls mit leichtgradiger Spannung schräg aufkleben und den vierten Tapestreifen so, dass er gerade noch gespannt ist, schräg in die entgegengesetzte Richtung zum dritten Tapestreifen aufbringen.
Durch die Überlagerung der vier Tapestreifen hat man den größten Raumgewinn im Gewebe und damit auch die größte schmerzlindernde Wirkung.

Da dieser Bereich rund um die betroffenen Gelenke mitunter nicht sehr groß ist und auch aufgrund der anatomischen Lage vielleicht nicht ganz so einfach zu tapen ist, sind hier Gittertapes eine gute Alternative.

Gittertapes vorsichtig mit den Fingern oder einer Kunststoff-Pinzette von der Trägerfolie abziehen und über das Gelenk führen und überall da aufbringen, wo sie sich von alleine an das Fell heranziehen.

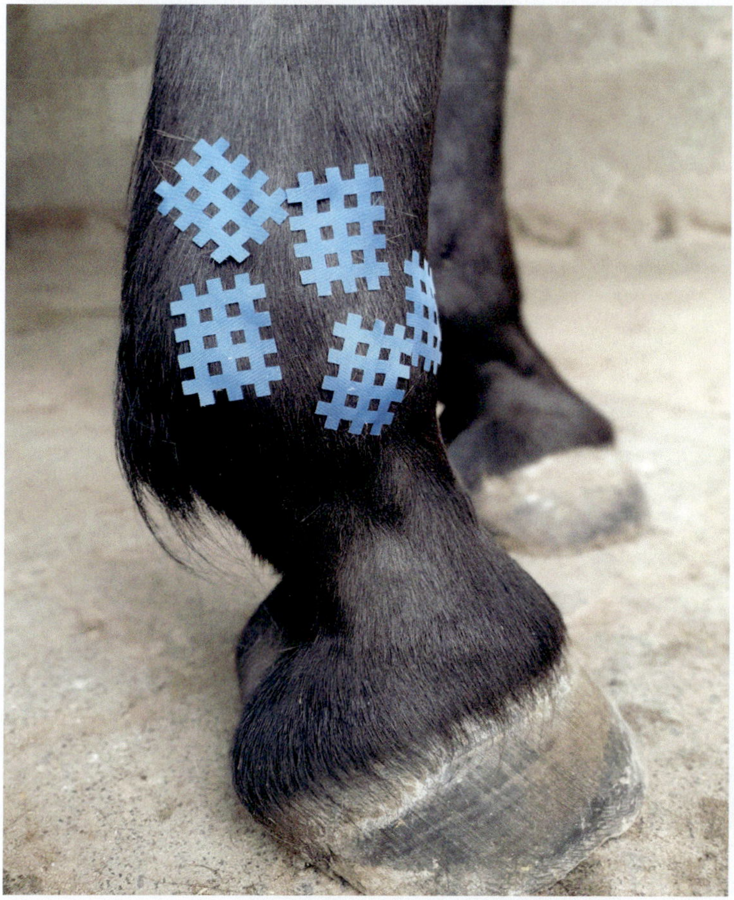

3.20 Genickbeule

Über dem ersten und zweiten Halswirbel liegen Schleimbeutel, die diesen sehr empfindlichen Bereich schützen sollen. Darüber verläuft auch das Nackenband. Aufgrund von Quetschungen, aber auch falschem Reiten bzw. falscher Genickposition oder auch zu engen Halftern und Trensen, kann es in diesem Bereich zu den Genickbeulen kommen. Es handelt sich dabei um eine Bursitis oder auch Schleimbeutelentzündung. Genickbeulen können sehr druckempfindlich sein und Schmerzen verursachen.

Achtung: *Wenn man Schwellungen tapen möchte, dann müssen sie kalt sein. Sollte ein entzündlicher Prozess vorliegen und die Schwellung ist heiß, bitte vom Tapen absehen, da man dann Gefahr laufen könnte, eventuelle Infekte noch weiter im Körper zu verteilen.*

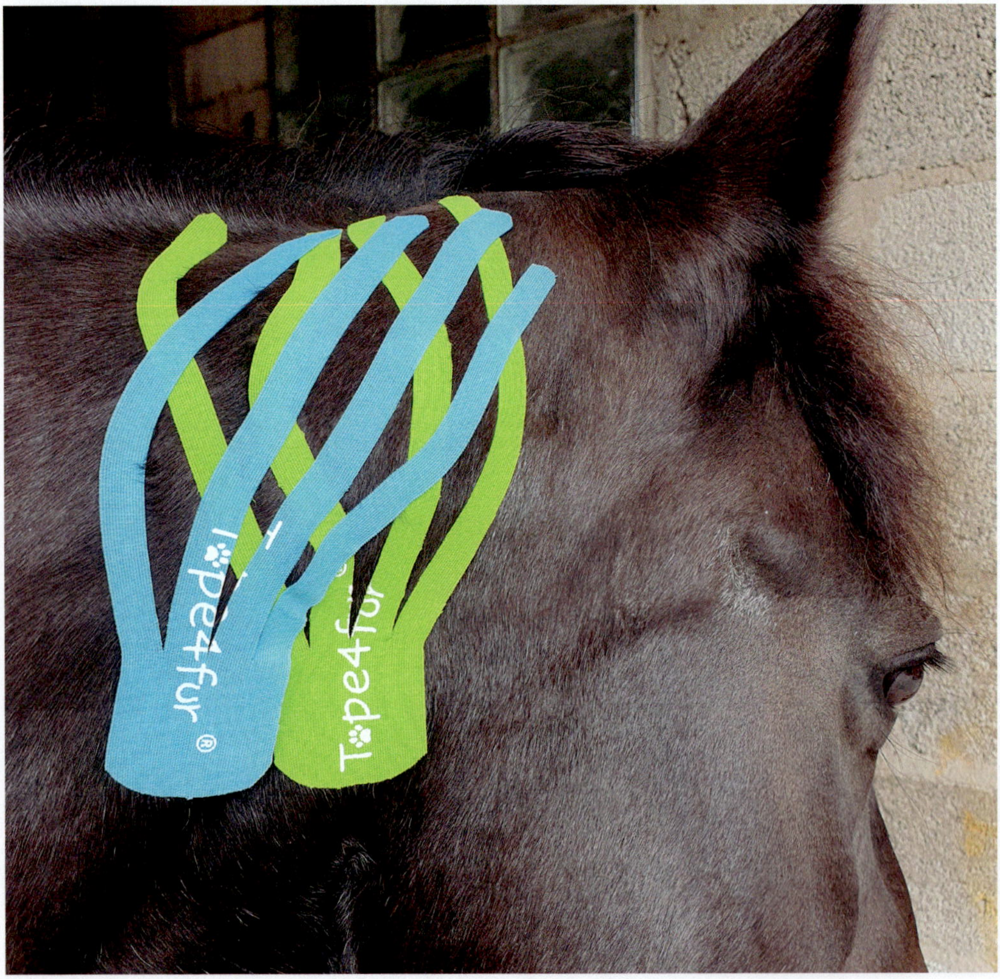

Lymphtape bestehend aus zwei Fächertapes bei Genickbeule.

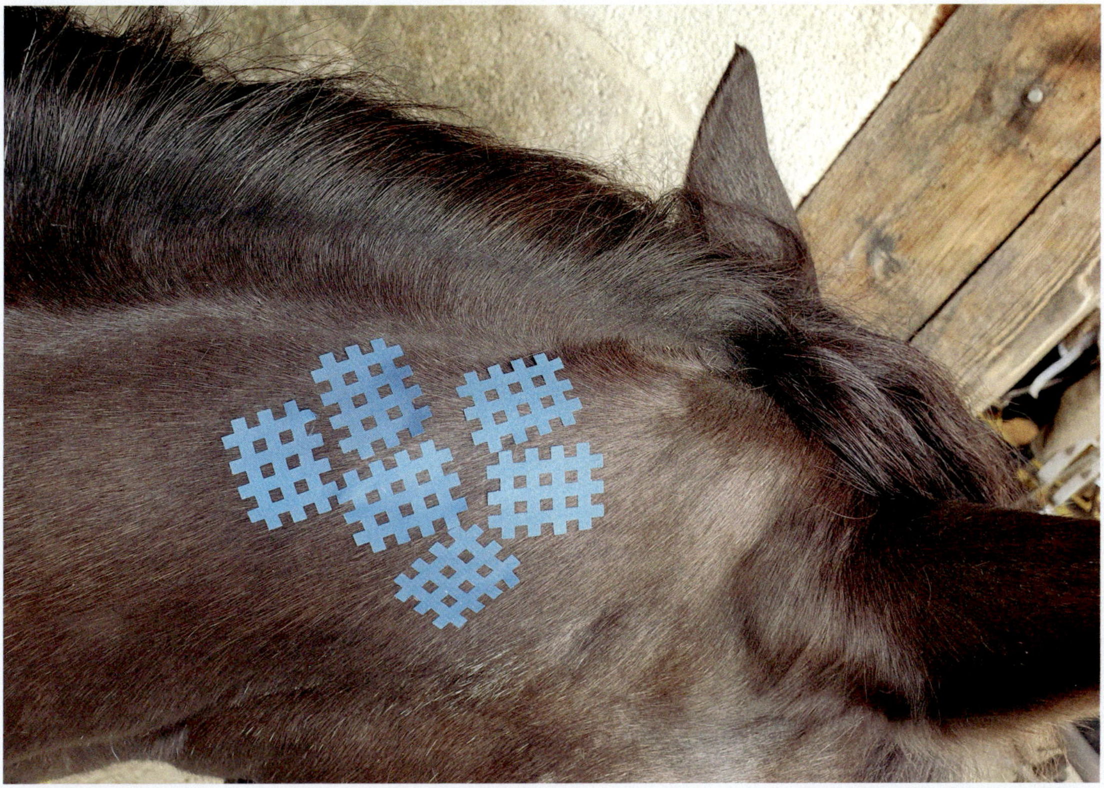

Auch bei Genickbeulen sind Gittertapes eine gute Alternative.

Da es sich um eine Schwellung handelt, wird ein Hämatomtape für diese Problematik genutzt. Dafür verwendet man multiple Tapestreifen mit der Fächertechnik. Wie viele Fächertapes benötigt werden, kommt auf die Größe der Genickbeule an.

Beim Fächertape die Trägerfolie am Übergang zwischen primärer Basis und jedem einzelnen Finger einreißen und umknicken. Die Basis spannungsfrei im Bereich des Sammellymphknotens in der Ganasche aufbringen. Die Tapefinger mit der Spannung, mit der das Tape von der Trägerfolie kommt, aufwärts zur Genickbeule hin und darüber aufbringen. Die Endbasen der Tapefinger wie üblich spannungsfrei aufkleben. Die Finger des Fächertapes dabei flächig über die Schwellung verteilen. Bei größeren Schwellungen können, wie hier auf dem Bild zu sehen, auch zwei Fächertapes aufgebracht werden. Die zweite Basis dabei etwas versetzt neben der ersten aufkleben. Die Finger der beiden Fächertapes können sich dabei überkreuzen.
Da die Schwellung bei einer Genickbeule meist beidseitig vorliegt, sollte man das Ganze auf der gegenüberliegenden Seite die Fächertapes genauso aufbringen.

Der Bereich ist aufgrund des Mähnenkammes mitunter nicht so gut zugänglich, auch da bieten Gittertapes eine gute Alternative.
Gittertapes vorsichtig mit den Fingern oder einer Kunststoff-Pinzette von der Trägerfolie abziehen und rund um und über den Bereich der Genickbeule entlangführen. Gittertapes überall da aufbringen, wo sie sich von alleine an das Fell heranziehen. Die Gittertapes sollte man auf beiden Seiten des Mähnenkamms bzw. der Genickbeule aufbringen.

3.21 Gurtzwang

Viele Pferdebesitzer werden es kennen: Das Pferd reagiert sehr unleidlich beim Satteln bzw. wenn der Sattelgurt festgezogen wird. Vom Ohrenanlegen bis hin zum Schnappen kann da alles dabei sein. Das Pferd zeigt also eine deutliche Abwehrreaktion, wenn der Sattelgurt angezogen wird.

Eine der häufigsten Ursachen dafür sind Verspannungen rund um das Brustbein sowie Blockaden desselben. Wie man diese am besten mit Kinesiologischem Tape angeht, ist im Kapitel 3.10 – »Brustbeinblockade« erklärt.
Weitere Ursachen für dieses Verhalten können aber auch Verspannungen und Verklebungen der Faszie in der Gurtlage sein.

Bei einem großflächigen Befund empfiehlt sich hier ein Faszientape mit der Zopftechnik. Ist der Befund noch nicht so groß ausgeprägt, ist ein Faszientape mit der Verwringungstechnik die bessere Variante. Beide Möglichkeiten werden hier beschrieben.

Zopftechnik bei großflächigem Befund:

Für die Zopftechnik benötigt man ein Fächertape mit drei Fingern. Trägerfolie am Übergang von der Basis zu den Fingern einreißen und umknicken. Die primäre Basis wird spannungsfrei in der Sattellage aufgebracht. Mit einem der beiden äußeren Finger beginnen und mit der Spannung, mit der das Tape von der Trägerfolie kommt, in großen Wellen entlang der Gurtlage zur Bauchmittellinie hin aufbringen. Das sekundäre Ende wird spannungsfrei aufgeklebt. Dann nimmt man den anderen äußeren Tapefinger und verfährt genauso, nur dass man die Welle gegengleich klebt, sodass sich die beiden Streifen mehrfach überkreuzen. Der dritte, mittlere Tapefinger wird ebenfalls mit der zehnprozentigen Vorspannung aufgebracht, aber relativ gerade, sodass er genau durch die Kreuzungspunkte der äußeren Finger hindurch verläuft. Reagiert das Pferd auf beiden Seiten empfindlich bzw. ist die Faszie nicht mehr frei beweglich, wird auf der gegenüberliegenden Seite ein identisches Zopftape aufgebracht.

Durch die Kreuzungspunkte entstehen Verschiebungen im Fasziengewebe, was deren Mobilisierung unterstützt.

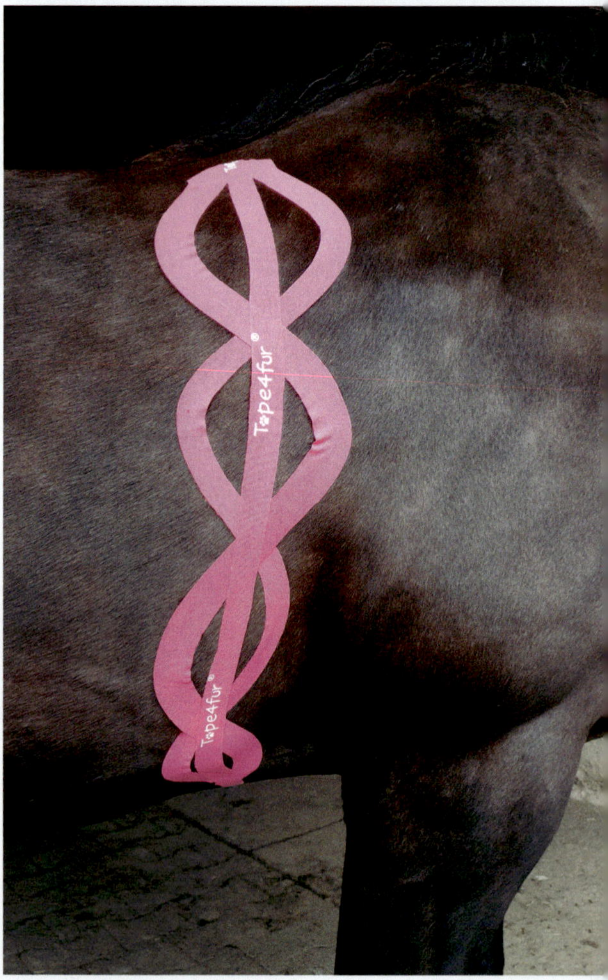

Zopftechnik bei großflächiger faszialer Verspannung in der Gurtlage.

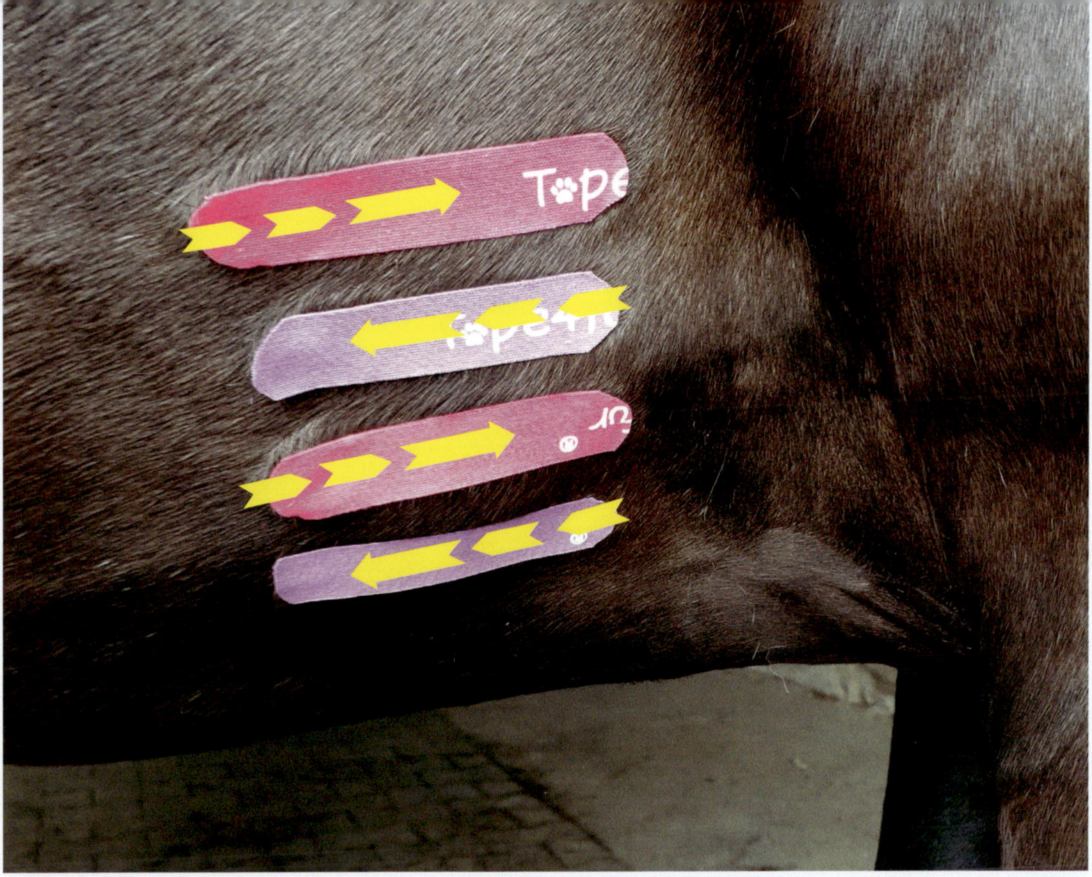

Verwringungstechnik bei kleinflächiger faszialer Verspannung in der Gurtlage.

Verwringungstechnik bei eher punktuellem Befund:

Hierfür benötigt man mehrere kleine I-Tapes mit abgerundeten Ecken, die alle mit der End-to-End-Technik aufgebracht werden.

Den Bereich ertasten, in dem das Pferd am empfindlichsten ist, und dort die Tapestreifen aufbringen.

Bei dem ersten Streifen ungefähr 2 cm der Trägerfolie entfernen und diese primäre Basis spannungsfrei in Höhe des Ellenbogenhöckers aufbringen. Der Wirkungsbereich wird mit leichtgradiger Spannung horizontal in Richtung Hinterhand getapt. Die sekundäre Basis wie üblich spannungsfrei aufbringen. Der zweite Streifen wird dann entgegengesetzt geklebt. Also mit der primären Basis in Richtung Hinterhand zeigend, die sekundäre Basis ist Richtung Ellenbogen ausgerichtet.

Der dritte Streifen wird dann wieder wie der erste ausgerichtet und der vierte wie der zweite. Also immer abwechselnd hin und her tapen.

Dadurch entstehen gegenläufige Züge im Fasziengewebe, es kommt zu Verwringungen und dadurch zur Mobilisation der Faszie.

Tipp: Es empfiehlt sich dabei, die Streifen, wie hier im Bild, in zwei unterschiedlichen Farben zu wählen, da man sich dann leichter merken kann, welcher Streifen in welche Richtung aufgebracht werden muss.

Wenn das Pferd auf der anderen Rumpfseite in der Gurtlage ebenfalls empfindlich reagiert, sollte man die Tapinganlage dort ebenfalls anbringen.

3.22 Hahnentritt

Beim Hahnentritt handelt es sich um eine Bewegungsstörung der Hinterhand. Dabei werden ruckartig, fast krampfhaft die Hintergliedmaßen beim Laufen nach oben unter den Bauch angezogen. Auch das Absetzen des Beines erfolgt oftmals ruckartig und wenig kontrolliert.

Die Ursachen für den Hahnentritt sind leider nicht wirklich bekannt. Vermutet wird eine Überstreckungsverletzung des Sprunggelenkes, Verletzungen des Beines allgemein sowie vor allem auch des Knies. Diskutiert werden aber auch Rückenmarkserkrankungen und Sehnenverklebungen. Viele Tierärzte gehen von neurologischen Problemen aus.

Es gibt die Untergruppe des »australischen Hahnentritts«. Bei diesem ist nachgewiesen, dass es aufgrund von Futterproblematiken zu der Bewegungsstörung kommt. Ausgelöst wird er durch das Fressen von Ferkelkraut (falscher Löwenzahn) auf Weiden mit schlechter Bodenqualität und dies dann vorwiegend im Sommer und Herbst.

Es gibt zwei Möglichkeiten, dem Hahntritt mit Kinesiologischem Tape zu begegnen: die überlastete Muskulatur soll sich entspannen und/oder die Körperwahrnehmung soll sich verbessern.

Durch die Bewegungsstörung kommt es häufig zu Verspannungen in der Hinterhandmuskulatur. Deshalb empfehlen sich hier entspannende Muskeltapes für die Hinterhand. Davon betroffen sind vor allem die Hinterbackenmuskulatur sowie der Spanner der Knie- und Schenkelfaszie. Bei allen betroffenen Muskeln bringt man das Tape vom Ansatz zum Ursprung auf, also von unten nach oben, um damit einen Recoil in die Dehnungsrichtung der Muskulatur zu erzeugen und den Muskeln zu helfen, sich wieder zu entspannen. Man kann alle Muskeln gleichzeitig tapen oder auch jeden einzeln.

Benötigt werden mehrere I-Tapes mit abgerundeten Ecken, die alle mit der End-to-End-Technik aufgebracht werden.

Muskeltape Hinterbackenmuskulatur:
Für die Hinterbackenmuskulatur beginnt man mit der spannungsfreien primären Basis in der Kniekehle. Ungefähr 5 cm der Trägerfolie an einem Ende des Tapestreifens entfernen und diese primäre Basis in der Kniekehle aufbringen. Dann den Wirkungsbereich gerade nach oben mit leichtgradiger Spannung tapen. Die sekundäre Basis wird dann wieder spannungsfrei in Höhe der Schweifrübe aufgeklebt.

Um einer Überdehnung des Tapes in der Bewegung entgegenzuwirken, sollte dieser Tapestreifen in Vordehnung des Muskels geklebt werden. Ein Helfer sollte das Bein hochheben und soweit es dem Pferd möglich ist nach vorne unter den Bauch vordehnen.

Muskeltape Spanner der Knie- und Schenkelfaszie:

Je nach Größe des Pferdes braucht man zwei oder drei I-Tapes, da der Muskel relativ großflächig ist. Ungefähr 5 cm von der Trägerfolie an einem Ende des ersten Tapestreifens (grün) entfernen. Diese Basis wird in Höhe des Knies spannungsfrei aufgeklebt. Der Wirkungsbereich wird mit leichtgradiger Spannung gerade nach oben aufgebracht und die sekundäre Basis wird spannungsfrei auf dem Hüfthöcker platziert. Der nächste Tapestreifen (rot) wird ein Stück versetzt neben dem ersten gestartet und dann schräg aufwärts zum Hüfthöcker aufgebracht. Der dritte (hellblau) wird noch ein Stück weiter seitlich versetzt gestartet und dann noch etwas schräger aufwärts zum Hüfthöcker hin appliziert.

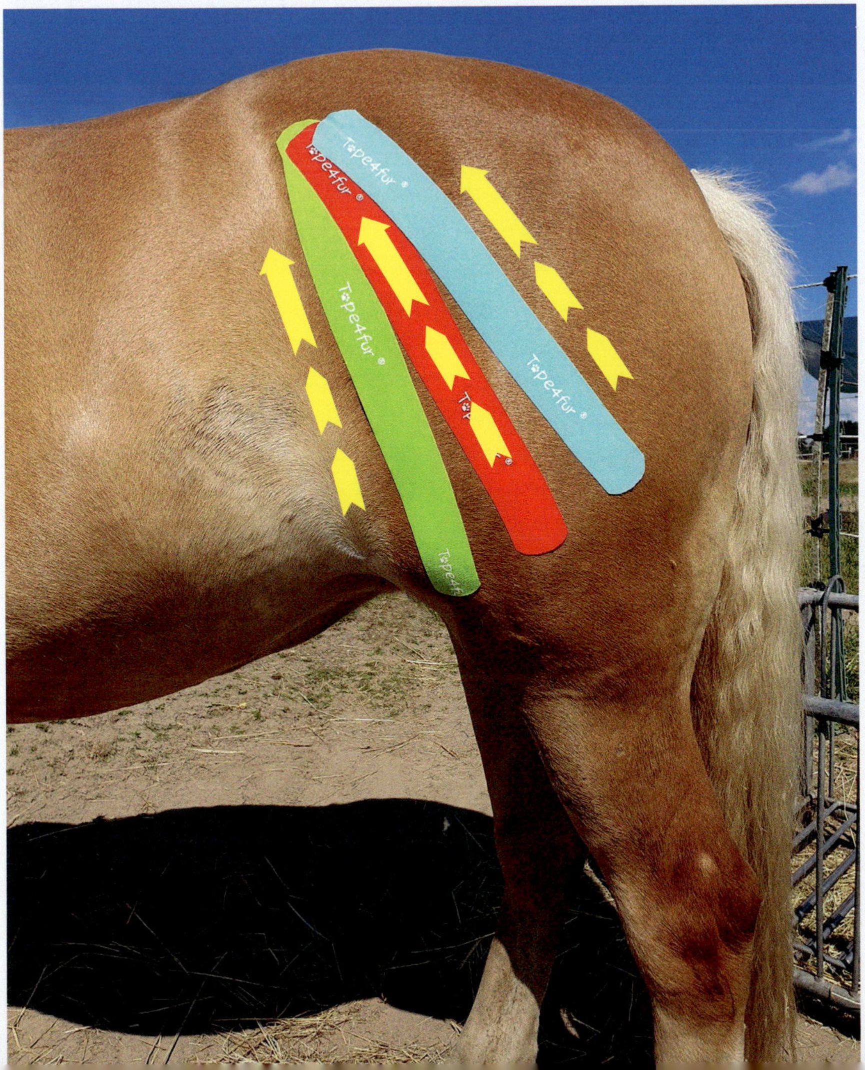

Entspannende Muskeltapes für die Hinterbackenmuskulatur (S. 70) und den Spanner der Knie- und Schenkelfaszie (S. 71).

→

3.22 Hahnentritt

Hinweis: *Bei den meisten Pferden tritt der Hahnentritt nur an einer Hintergliedmaße auf. Aus diesem Grund wäre es eigentlich ausreichend, wenn man nur die betroffene Seite mit den Muskeltapes behandeln würde. Da die Muskulatur aber einen so großen Einfluss auf die Bewegung hat, sollten Muskeltapes besser auf beiden Seiten angebracht werden, damit keine ungewollte Schiefe im Pferd entsteht.*

Propriozeptionstape für die Hinterhand:
Um die Körperwahrnehmung in der Gliedmaße anzuregen und zu fördern, nutzt man ein Propriozeptionstape. Dafür benötigt man ein Fächertape mit einer geraden Anzahl an Fingern (am besten vier Finger). Das Ganze wird mit der Propriozeptionstechnik komplett spannungsfrei aufgebracht.

Beim Abmessen mittig in der Muskulatur der Hinterhand beginnen, bis zum Boden weitergehen und dann noch gut 20 cm Tape hinzufügen. Anschließend entsprechend die vier Finger schneiden und ca. 5–10 Basis übrig lassen.

Die Trägerfolie am Übergang von der Basis zu den Fingern einreißen und umknicken. Die Basis wird wie beim Abmessen spannungsfrei mittig in der Muskulatur der betroffenen Hinterhand aufgeklebt. Dann beginnt man mit dem vorderen, äußeren Tapefinger und zieht immer wieder ein Stück der Trägerfolie ab. Dabei hält man den Tapestreifen ganz locker und ohne Spannung und klebt ihn spannungsfrei spiralförmig in Richtung Huf und vorne um die Gliedmaße herum. Mit dem hinteren äußeren Tapefinger verfährt man genauso, nur in die entgegengesetzte Richtung, hintenherum um das Bein. Auch die inneren Tapefinger werden so spannungsfrei aufgebracht, aber ca. 10 cm versetzt nach unten. Der innere vordere Tapestreifen ist also parallel zum äußeren vorderen und der innere hintere Tapestreifen parallel zum äußeren hinteren.

Wenn die Tapinganlage richtig angelegt wurde, sieht es am Ende so aus, als würde das Pferd an der betroffenen Hinterhand eine Netzstrumpfhose tragen!

Die Enden der Finger werden wie üblich spannungsfrei appliziert und sollten am besten mit einem spannungsfreien Anker gesichert werden, damit sie nicht in der Einstreu & Co. hängen bleiben und sich vorzeitig ablösen. Hier im Bild wurde auch oben an der primären Basis ein spannungsfreier Queranker angebracht.

Obwohl diese Tapinganlage spannungsfrei ist, spricht sie dennoch die Körperwahrnehmung an. Wenn sich das Pferd damit bewegt, entstehen ganz feine Scherkräfte zwischen dem Tape, dem Fell und der Haarwurzel. Diese feine Stimulation spricht die Propriozeptoren an, die für die Körperwahrnehmung zuständig sind.

Propriozeptionstape zur Verbesserung der Körperwahrnehmung.

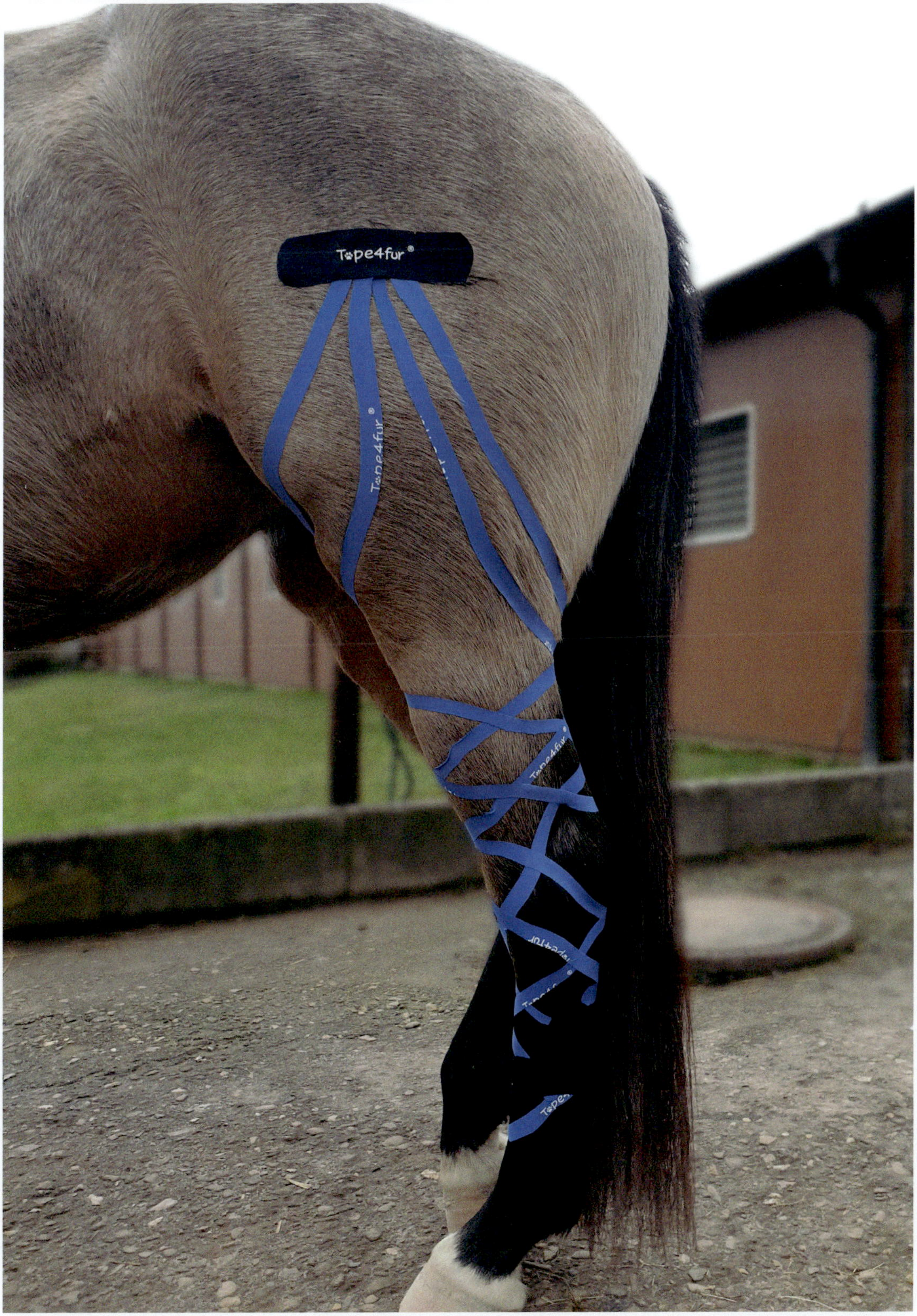

3.23 Halswirbelblockierung

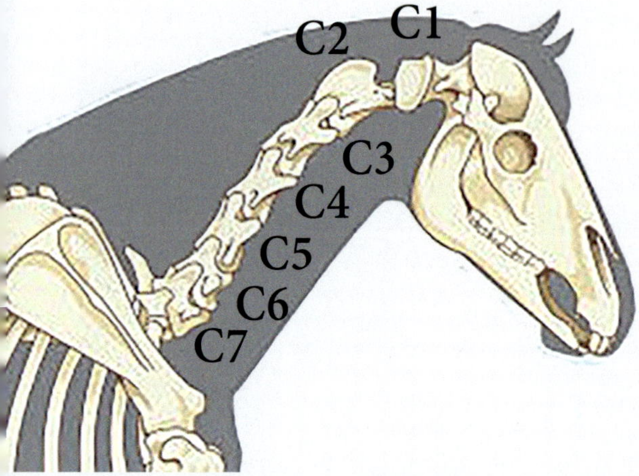

Blockierungen in der Halswirbelsäule sind nicht selten und können alle Wirbel von eins bis sieben betreffen. Selbstverständlich sind diese Blockierungen erst zu lösen und dann kann man im Anschluss unterstützend ein Stabilisierungstape über dem betroffenen Halswirbel aufbringen. Je nachdem, in welchem Bereich sich die Blockierung befindet, sieht dies allerdings, aufgrund der anatomischen Lage und Struktur, durchaus unterschiedlich aus.

Erster Halswirbel:

Ein wichtiger Hinweis gleich vorab für diesen Bereich! Ein Stabilisierungstape für den ersten Halswirbel ist leider nur wirkungsvoll, wenn das Pferd möglichst wenig Mähne hat. Bei einem Isländer oder einem Shetty mit einer extremen Puschelmähne ist diese Tapinganlage leider nicht sinnvoll. Da stößt man doch auf die Grenzen der Methode, da man über die Mähne hinweg tapen muss. Aufgrund der Dicke der Mähne kommt da leider nicht genug Wirkung des Tapes am ersten Halswirbel an. Für das Stabilisierungstape des ersten Halswirbels benötigt man drei I-Tapes mit abgerundeten Ecken, diese werden mit Inside-Out-Technik in der Stabilisierungstechnik aufgebracht.

Beim ersten Streifen die Trägerfolie mittig einreißen und diesen Wirkungsbereich mit leicht- bis mittelgradiger Spannung schräg über dem ersten Halswirbel und dem Mähnenkamm aufbringen. Diesen Wirkungsbereich SOFORT von einem Helfer mit den Händen fixieren lassen, damit kein primärer Recoil eintritt. Während der Helfer diesen Mittelteil des Tapestreifens fixiert, werden die Enden auf beiden Seiten spannungsfrei aufgebracht. Danach kann der Helfer dann auch den Wirkungsbereich loslassen.

Der zweite Tapestreifen wird mit genau derselben Handhabung aufgebracht, aber schräg in die entgegengesetzte Richtung, sodass sich ein »X«

Stabilisierungstape für den ersten Halswirbel.

über dem ersten Halswirbel ergibt. Auch hier den Mittelteil fixieren, bis die Enden aufgeklebt sind. Mit dem dritten Streifen verfährt man genauso wie mit den ersten beiden, nur dass dieser in der Querrichtung gerade über dem ersten Halswirbel appliziert wird. Ebenso den Mittelteil des Tapestreifens fixieren, bis die Enden aufgebracht sind.

Zweiter bis sechster Halswirbel, einzelne Blockierung:

Im Bereich des zweiten bis sechsten Halswirbels sollte man diese Stabilisierungstapes, nach dem Lösen der Blockade, aufgrund der Anatomie auf beiden Seiten des Halses anbringen. Liegt eine einzelne isolierte Blockierung vor, braucht man zwei mal vier I-Tapes mit abgerundeten Ecken, die mit der Stabilisierungstechnik aufgebracht werden.

Beim ersten Streifen die Trägerfolie mittig einreißen und diesen Wirkungsbereich mit leicht- bis mittelgradiger Spannung schräg über dem betroffenen Wirbelgelenk aufbringen. Diesen Wirkungsbereich SOFORT von einem Helfer mit den Händen fixieren lassen, damit kein primärer Recoil eintritt. Während der Helfer diesen Mittelteil des Tapestreifens fixiert, werden die Enden auf beiden Seiten spannungsfrei aufgebracht. Danach kann der Helfer den Wirkungsbereich loslassen.

Der zweite Tapestreifen wird genau so aufgebracht, aber schräg und in die entgegengesetzte Richtung über dem Wirbelgelenk, sodass sich ein »X« ergibt. Auch hier Mittelteil fixieren bis die Enden aufgeklebt sind.

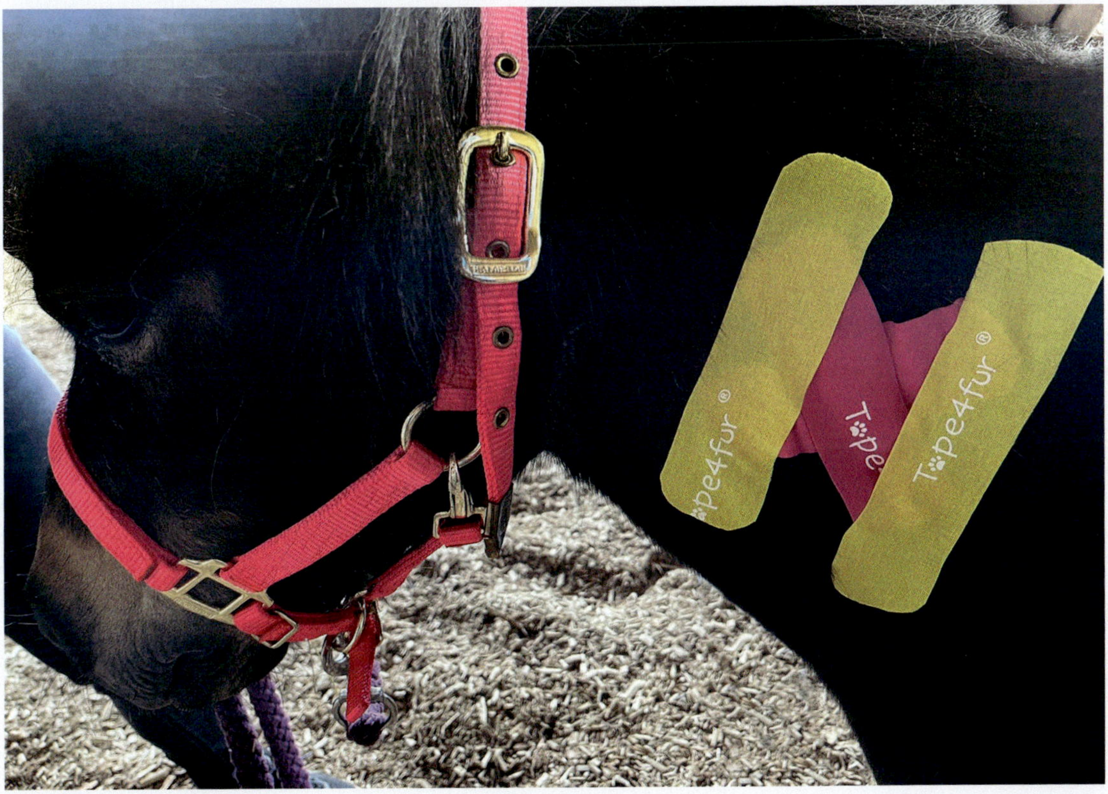

Stabilisierungstape im Abschnitt zwischen dem 2. und 6. Halswirbel.

→

3.23 Halswirbelblockierung

Mit dem dritten Streifen verfährt man genauso wie mit den ersten beiden, nur dass dieser in der Querrichtung gerade über dem vorderen Halswirbel appliziert wird, der an diesem Gelenk beteiligt ist. Ebenso den Mittelteil des Tapestreifens fixieren, bis die Enden aufgebracht sind.

Mit dem vierten und letzten Streifen verfährt man auch wieder in dieser Art und Weise. Er wird in der Querrichtung gerade über dem hinteren Halswirbel appliziert, der an diesem Gelenk beteiligt ist. Hier auch den Mittelteil des Tapestreifens fixieren, bis die Enden aufgebracht sind.

Das Ganze wird dann identisch auf der gegenüberliegenden Halsseite getapt.

Zweiter bis sechster Halswirbel, mehrsegmentale Blockierung:

Oftmals liegen diese Blockierungen in der Halswirbelsäule allerdings mehrsegmental vor, das heißt, mehrere Wirbel hintereinander sind davon betroffen. Da wäre es sehr schwierig, mehrere Stabilisierungstapes hintereinander anzubringen, wie es zuvor beschrieben wurden. Man käme sich mit den verschiedenen Tapestreifen irgendwie ins Gehege. Deshalb nutzt man eher das »Strickleiter«-Tape. Dies ist eine Kombination aus mehreren einfachen Stabilisierungstapes für die betroffenen Segmente sowie einem Muskeltape für den Halsmuskel, da dieser in den meisten Fällen dann auch recht verspannt ist.

Man benötigt dafür mehrere kurze I-Tapes mit abgerundeten Ecken, entsprechend der Anzahl der blockierten Wirbel. Diese werden alle mit der zuvor beschriebenen Stabilisierungstechnik aufgebracht.

Beim ersten Streifen die Trägerfolie mittig einreißen und diesen Wirkungsbereich mit leicht- bis mittelgradiger Spannung gerade quer über dem betroffenen Wirbelgelenk aufbringen. Diesen Wirkungsbereich SOFORT von einem Helfer mit den Händen fixieren lassen, damit kein primärer Recoil eintritt. Während der Helfer diesen Mittelteil des Tapestreifens fixiert, werden die Enden auf beiden Seiten spannungsfrei aufgebracht. Danach kann der Helfer dann auch den Wirkungsbereich loslassen.

Je nach Anzahl der blockierten Wirbel werden entsprechend viele I-Tapes mit der gleichen Vorgehensweise auf die betroffenen Wirbelgelenke appliziert (hier im Bild die sechs türkisen Tapestreifen).

Für die verspannte Halsmuskulatur wird dann noch ein entspannendes Muskeltape beidseits aufgebracht (grün). Dafür benötigt man pro Halsseite je zwei längere I-Tapes mit abgerundeten Ecken, die mit der End-to-End-Technik geklebt werden. Den Halsmuskel dabei so gut es geht vordehnen, indem man den Hals auf die jeweils gegenüberliegende Seite führt.

Trägerfolie an einem Ende einreißen, ungefähr 5 cm entfernen und diese primäre Basis spannungsfrei in Höhe des Buggelenkes aufbringen. Trägerfolie bis ca. 5 cm vor dem anderen Ende abziehen, den Wirkungsbereich mit leichtgradiger Spannung im Verlauf des langen Halsmuskels aufwärts parallel zur Halswirbelsäule tapen und die sekundäre Basis spannungsfrei und mit Back-up in der Ganasche aufkleben. Dabei werden die unteren Enden der Stabilisierungstapes abgedeckt.

Das zweite Muskeltape genauso aufbringen, sodass die oberen Enden der Stabilisierungstapes abgedeckt sind. Eigentlich verläuft der Halsmuskel fast auf den Wirbeln, aber mit dem Muskeltape direkt über die kurzen Stabilisierungstapes zu tapen, würde deren Wirkung wieder beeinflussen. Mit diesen zwei Muskeltapes hat man die Ober- und Unterkante des Muskels getapt und spricht ihn damit indirekt an.

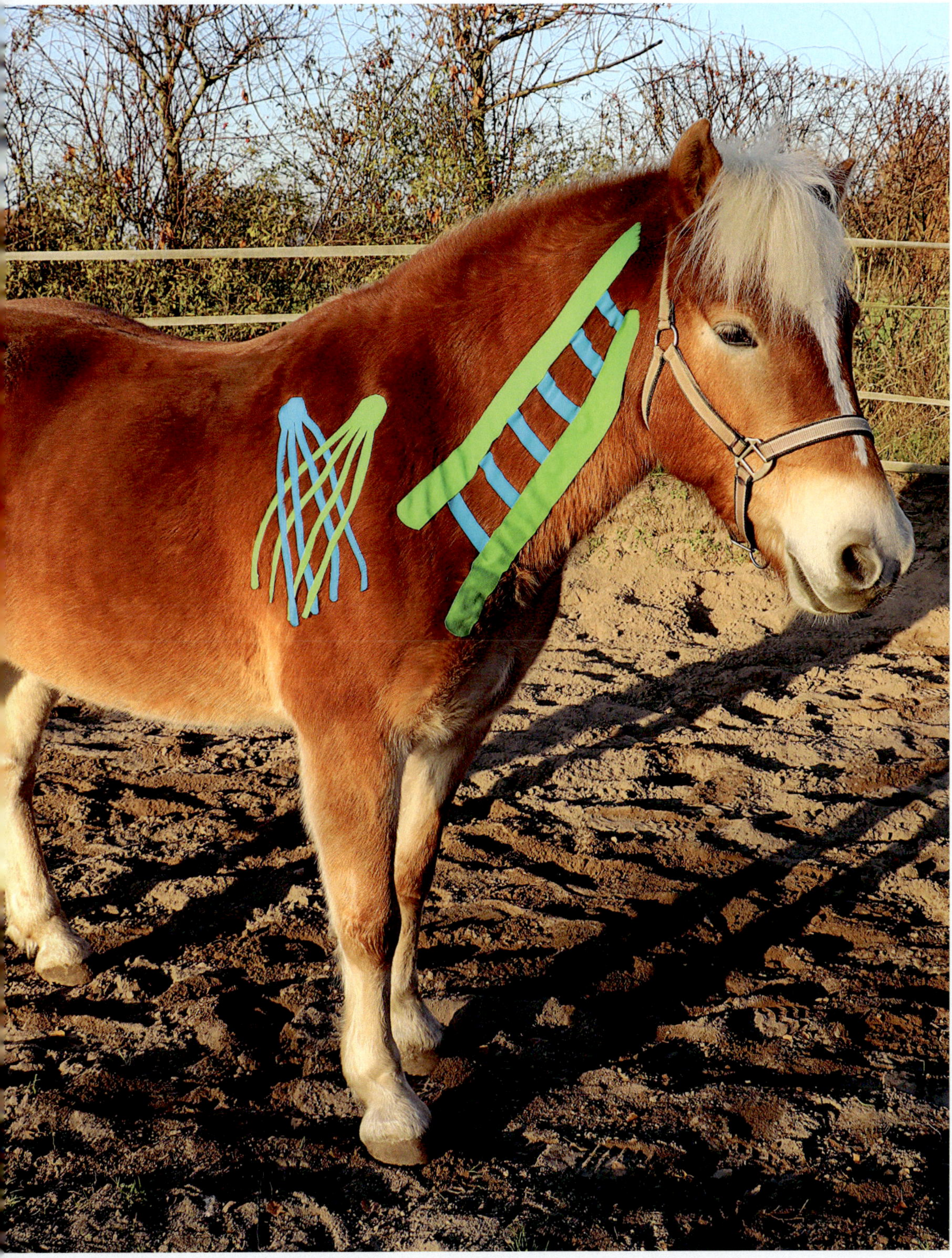

Stabilisierungstape – wenn mehrere Wirbel der Halswirbelsäule auf einmal betroffen sind.

→

→

3.23 Halswirbelblockierung

Auf der anderen Halsseite das »Strickleitertape« auf die gleiche Art und Weise anbringen.

Siebter Halswirbel

Da der siebte Halswirbel relativ tief im Körper liegt und auch von den Schulterblättern überlagert wird, ist es sehr schwierig, diesen mit einem Stabilisierungstape direkt zu erreichen. Dies ist bei den ersten sechs Halswirbeln deutlich einfacher.
Man kann sich aber mit dem Halsschlaufentape behelfen!

Für die Halsschlaufe benötigt man ein I-Tape mit abgerundeten Ecken, das mit der Inside-Out-Technik und Stabilisierungstechnik aufgebracht wird. Die Trägerfolie dabei mittig einreißen und bis auf die Enden auf beiden Seiten entfernen. Tape leicht- bis mittelgradig dehnen, von unten mittig am Hals, am Übergang zur Brust aufbringen und nach schräg-aufwärts rechts und links am Hals tapen.

Diesen Wirkungsbereich SOFORT von einem Helfer fixieren lassen, um den primären Recoil zu unterdrücken. Während der Helfer diesen Mittelteil des Tapestreifens fixiert, werden die Enden auf beiden Seiten spannungsfrei aufgebracht. Danach kann der Helfer den Wirkungsbereich loslassen.

Wichtig bei all diesen Stabilisierungstapes ist es, den Wirkungsbereich zu fixieren und den Recoil zu unterdrücken. Durch das Erhalten der Spannung im Tape, bekommt das Gewebe darunter mehr Stabilität.

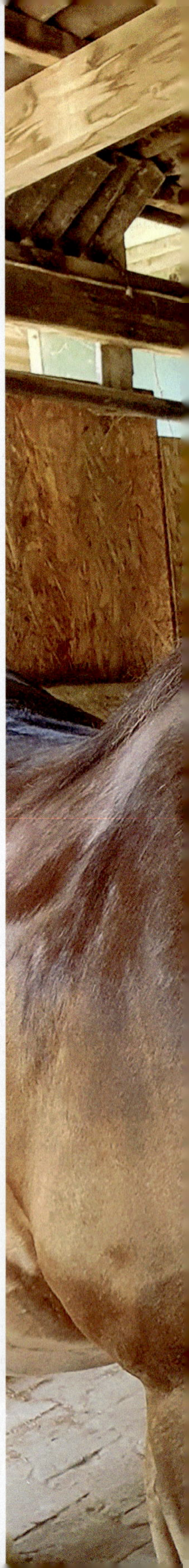

Stabilisierungstape für den 7. Halswirbel.

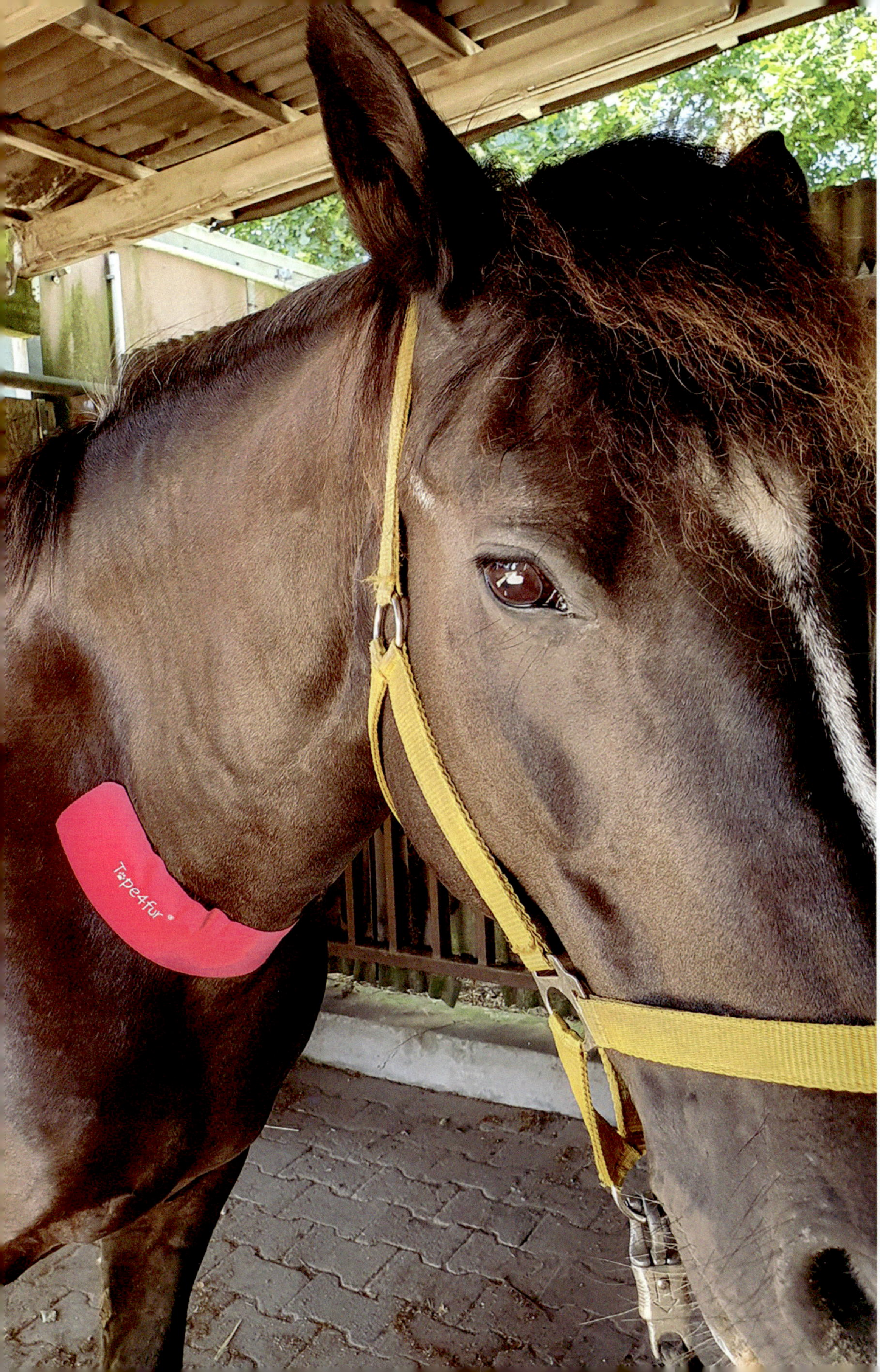
Tape4fur

3.24

Headshaking

Headshaking beim Pferd kann viele Ursachen haben: Pollen, Schimmelpilze, Insekten, Rückenprobleme, Lahmheiten, muskuläre Verspannungen, aber auch mentaler Stress. In ausgeprägten Fällen kann es sogar dazu führen, dass Pferde mit Headshaking nicht mehr reitbar sind.

Oftmals liegt eine Reizung oder Schädigung des Nervensystems zugrunde. Besonders betroffen ist in den meisten Fällen der Trigeminusnerv, welcher sich über den gesamten Pferdekopf erstreckt (hier in Gelb eingezeichnet). Der Trigeminusnerv besteht eigentlich aus drei Ästen. Der dritte Ast führt zum Auge hin. Da viele Pferde aber rund um das Auge nicht gerne getapt werden, ist es besser, sich nur auf die beiden anderen (eingezeichneten Äste) zu konzentrieren.

Da der Nerv einen Austrittspunkt direkt unterhalb des Kiefergelenkes hat und sich dann in zwei Äste aufteilt, nutzt man hier die Fächertechnik und schneidet zwei V-Tapes, beide mit einer geschlossenen Basis und je zwei Tapefingern. Am Übergang von der Basis zu den Tapefingern die Trägerfolie auf der Rückseite jeweils einreißen und umknicken.

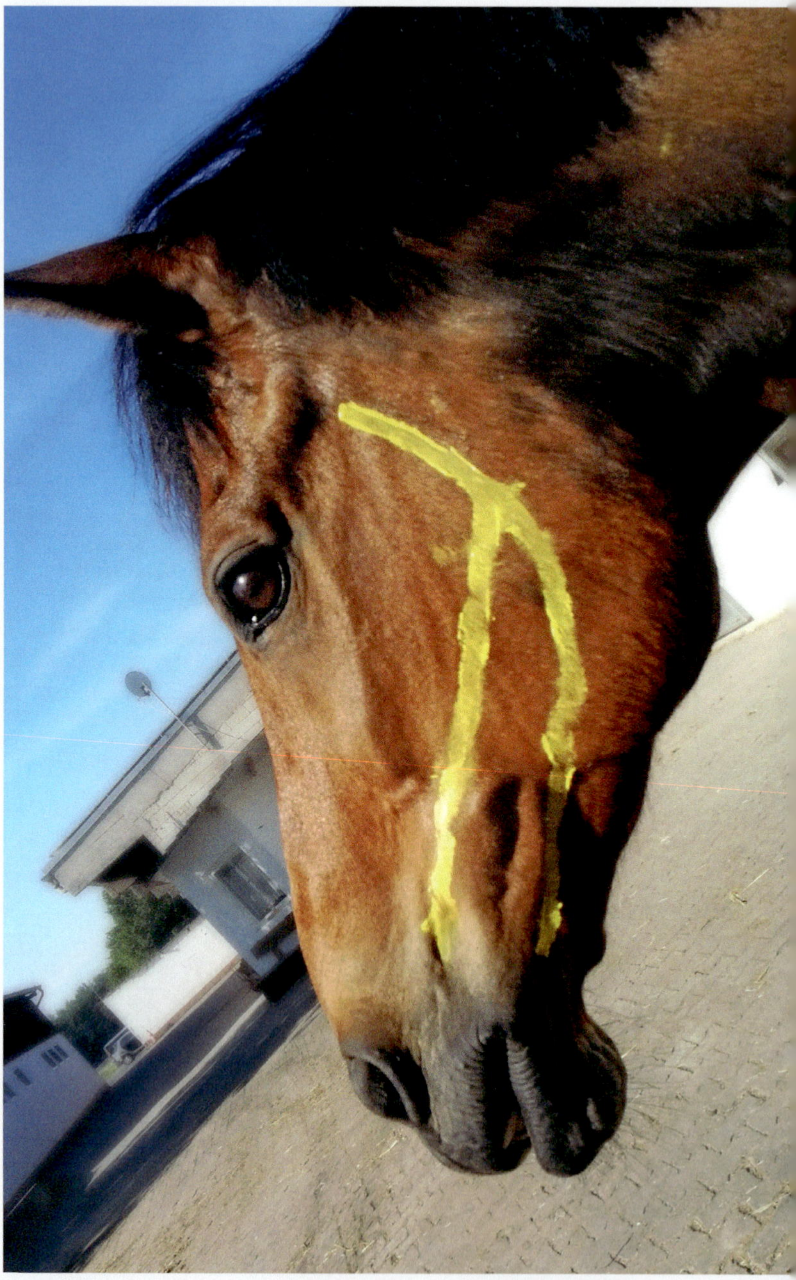

Schematische Zeichnung des Trigeminusnervs in dessen Verlauf bei Headshaking ein V-Tape aufgebracht werden kann (S. 81).

Die Basis wird spannungsfrei in Höhe des Kiefergelenks aufgebracht. Dann nimmt man den oberen der beiden Tapefinger, zieht die Trägerfolie ein Stück ab und modelliert diesen Finger im Verlauf des oberen Nervenastes an, mit der Spannung, mit der das Tape von der Folie kommt (Off-Paper-Stretch). Die sekundäre Basis wird spannungsfrei aufgeklebt. Mit dem zweiten Tapefinger verfährt man genauso und modelliert ihn im Verlauf des unteren Nervenastes an.

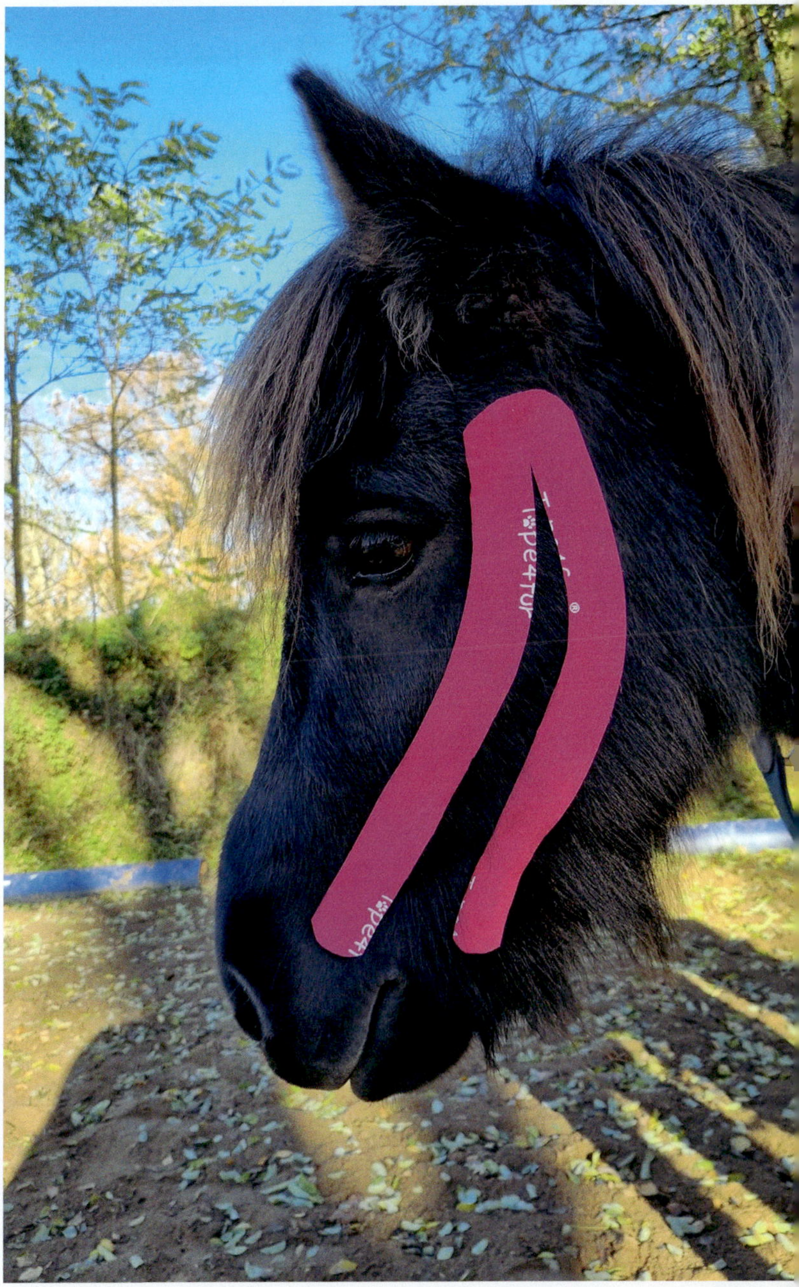

Das zweite V-Tape auf der anderen Seite des Kopfes wird genauso getapt.

Da die Gründe für Headshaking so vielfältig sind, ist die Ursachenforschung bei dem betroffenen Tier natürlich sehr wichtig. Je nach Auslöser spricht nicht jedes Pferd auf diese Tapinganlage gleich gut an und manchmal auch leider gar nicht. In vielen Fällen zeigt sich durchaus eine Linderung der Symptome.

3.25 Hornspalt

Beim Hornspalt handelt es sich, wie der Name schon sagt, um einen vertikalen oder horizontalen Riss oder Spalt im Hufhorn des Pferdes. Diese Spalten entstehen meistens aufgrund einer Instabilität des Hufapparates, bedingt durch Fehlstellungen sowie eine allgemein schlechte Hornqualität.

Um die Hornqualität zu verbessern und damit auf lange Sicht auch den Hornspalt zu verringern, kann man unterstützend ein Huftape kleben.

Die detaillierte Beschreibung für ein Huftape findet man im Kapitel 3.64 – »Schlechte Huf-/Hornqualität«.

3.26 Hüftgelenksarthrose

Zum Thema Arthrose gibt es am Anfang der Krankheitsbilder bereits ein allgemeines Kapitel mit vielen Informationen und auch Akupunkturpunkten, die man unterstützend mit Gittertapes behandeln kann.

Die Arthrose ist ein degenerativer Prozess, der alle Gelenke betreffen kann, unter anderem auch das Hüftgelenk. Zwar kennt man das eher von Hunden, da kommt die Erkrankung leider sehr häufig vor, aber auch Pferde können an Hüftgelenksarthrose leiden.

Damit einhergehend sind Schmerzen und Bewegungsunlust. Selbst die beste Tapinganlage kann leider an der Arthrose nichts verändern oder sie gar rückgängig machen. Begleitbeschwerden können durch eine Taping-Behandlung gelindert werden.

Bei Arthrose ist das Sterntape die beste Tapinganlage, da sie durch die Überlagerung der vier Tapestreifen auf dem Hüftgelenk den größten schmerzlindernden Effekt hat. Man benötigt dafür vier gleich lange I-Tapes mit abgerundeten Ecken. Sie werden alle mit der Inside-Out-Technik appliziert.

Beim ersten Streifen des Sterntapes die Trägerfolie mittig einreißen, das Tape von innen nach außen mittelgradig dehnen und diesen Wirkungsbereich am besten horizontal über dem Hüftgelenk aufkleben. Die Enden werden an beiden Seiten spannungsfrei und mit Back-up appliziert.

Den zweiten Streifen ebenfalls mit Inside-Out-Technik, aber nur mit leichtgradiger Spannung im rechten Winkel zum ersten Tapestreifen aufkleben, sodass sich ein »+« ergibt.

Das dritte I-Tape ebenfalls mit leichtgradiger Spannung aufkleben, schräg zum »+«. Das vierte I-Tape schräg in die entgegengesetzte Richtung tapen mit ganz geringer Spannung.

Wie im ersten Teil des Buches beschrieben, wird der Kleber durch Wärme/Reibung aktiviert.

Beim Sterntape bitte jeden einzelnen Streifen für sich warm reiben und nicht am Ende, wenn alle vier Tapestreifen aufgebracht sind. Dann läuft man leider Gefahr, dass man aufgrund der sternförmigen Anordnung an einem der Enden hängen bleibt und den Aufbau aus Versehen selber wieder abstreift!

Sterntape bei Hüftgelenksarthrose.

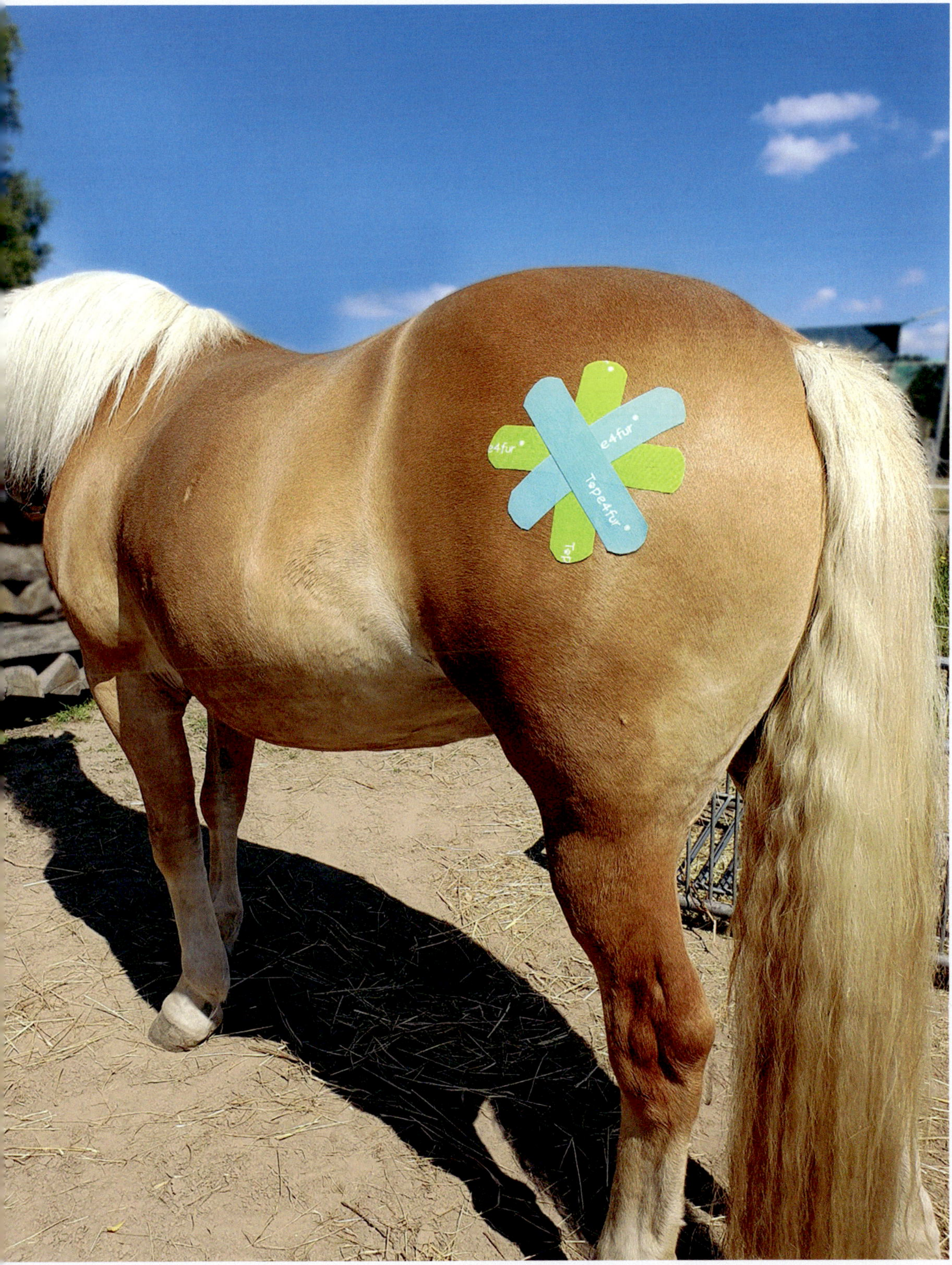
Tape4fur®

3.27
Hufrehe (Laminitis)

Hufrehe ist eine diffuse, aseptische Entzündung der Huflederhaut. Dabei kann sich die Hufkapsel von der Lederhaut ablösen, im schlimmsten Fall kommt es zu einem Ausschuhen des Hufbeines. Das heißt, dass das Hufbein nach unten rotiert und die Sohle durchbricht. Die akute Hufrehe ist somit ein Notfall und bedarf der sofortigen Behandlung durch einen Tierarzt. Dieser kann medikamentös eingreifen oder auch einen Rehegips anlegen.

Therapeutisch sind Blutegel sehr hilfreich. Vonseiten des Schmiedes bestehen diverse Möglichkeiten, den Huf zu bearbeiten; die Trachten kürzen oder erhöhen oder auch Keile verwenden, um nur ein paar Möglichkeiten zu nennen.

In chronischen Fällen, also bei Pferden und Ponys, die immer wieder zu Hufrehe neigen, kann man unterstützend zur eigentlichen Behandlung mit einer Kombination aus Lymph- und Huftape arbeiten.

Ob man erst das Lymphtape anlegt und dann das Huftape oder wie hier im Bild erst das Huftape und dann das Lymphtape ist unerheblich. Man kann auch nur eine der beiden Anlagen wählen oder sie alternierend tapen – mal Huftape, mal Lymphtape. Jedes Pferd ist anders und spricht auf die eine oder andere Therapie/Tapinganlage besser an.

Kombination aus Lymphtape und Huftape bei Hufrehe.

Huftape (hier gelb):

Hierfür wird ein I-Tape mit abgerundeten Ecken benötigt, welches mit der End-to-End-Technik geklebt wird.

Ungefähr 3 cm der Trägerfolie an einem Ende des Tapestreifens entfernen. Diese primäre Basis wird spannungsfrei, mittig auf dem Kronrand aufgebracht, entweder vorne oder seitlich auf dem Huf. Die obere Hälfte klebt dabei auf dem Fell, die untere auf dem Huf. Der Wirkungsbereich wird mit der Spannung, mit der das Tape von der Trägerfolie kommt, entlang des Kronrandes, rund um den Huf aufgeklebt. Die sekundäre Basis wird wieder spannungsfrei und überlappend mit der primären Basis aufgebracht.

Bei Pferden, die von der Hufwinkelung sehr flach sind, sollte man sich beim Tapen den Huf wie zum Hufeauskratzen von einem Helfer hochhalten lassen.

Als Alternative kann man bei Hufrehe auch Gittertapes nutzen.

Lymphtape:
Hier benötigt man mehrere Fächertapes, die mit der End-to-End-Technik gehandhabt werden. Trägerfolie am Übergang von Basis zu den Fingern einreißen und umknicken. Die primäre Basis des ersten Fächertapes unterhalb des Karpalgelenkes/Sprunggelenkes spannungsfrei aufbringen. Die Finger des Fächertapes werden mit der Spannung, mit der sie von der Trägerfolie kommen, in Richtung Huf aufgeklebt und dabei flächig über das Bein verteilt. Die Fingerenden des Fächertapes spannungsfrei tapen.

Um viel Abfluss zu schaffen, sollten wirklich mehrere Fächertapes in derselben Weise aufgeklebt werden. Allerdings sollte man die primäre Basis immer an einer anderen Stelle ansetzen, um möglichst viele verschiedene Abflussrichtungen zu ermöglichen. Die Finger der verschiedenen Fächertapes können sich, wie hier auf dem Bild zu sehen, überlagern und kreuzen.

Gittertapes:
Auch die kleine Gitterpflaster sind eine Möglichkeit, mit der man bei Hufrehe arbeiten kann. Dabei werden die Gittertapes rund um den Kronrand, die Fessel und die Fesselbeuge aufgebracht.

Gittertapes vorsichtig mit den Fingern oder einer Kunststoff-Pinzette von der Trägerfolie abziehen und im Bereich des Kronrandes, der Fessel und der Fesselbeuge entlangführen. Überall da aufbringen, wo sie sich von alleine an das Fell heranziehen.

3.28
Hufrollenentzündung (Podotrochlose)

Der Hufrollen-Komplex besteht aus dem Strahlbein, der tiefen Beugesehne und dem sich dazwischen befindlichen Schleimbeutel. Erfährt die Beugesehne zu viel Zug, wirkt sich das auch auf den Schleimbeutel aus, der dadurch einen unphysiologischen Druck erfährt, dabei kann es zu einer Entzündung desselben kommen. Im schlimmsten Fall reibt die tiefe Beugesehne auf dem Strahlbein, wenn dieses nicht mehr ausreichend von dem Schleimbeutel geschützt wird. Das wiederum kann zu einer Entzündung oder sogar Nekrose des Strahlbeines führen. Durch die rauere Oberfläche des Strahlbeines kann es dann im Umkehrschluss sogar zu einer Reizung der Sehne kommen.

Akute Schübe wechseln sich mit chronischen Phasen ab. Das Ganze ist schmerzhaft für das Pferd und führt zu wiederkehrenden Lahmheiten. Hufrollenentzündung ist nicht reversibel; man kann nur die Symptome und Begleitbeschwerden lindern.

Zur Unterstützung der Behandlung kommt eine kombinierte Tapinganlage zum Einsatz, bestehend aus einem entspannenden Muskel-Sehnentape für die tiefe Beugesehne/-muskulatur sowie ein einfaches Dekompressionstape für den Hufrollen-

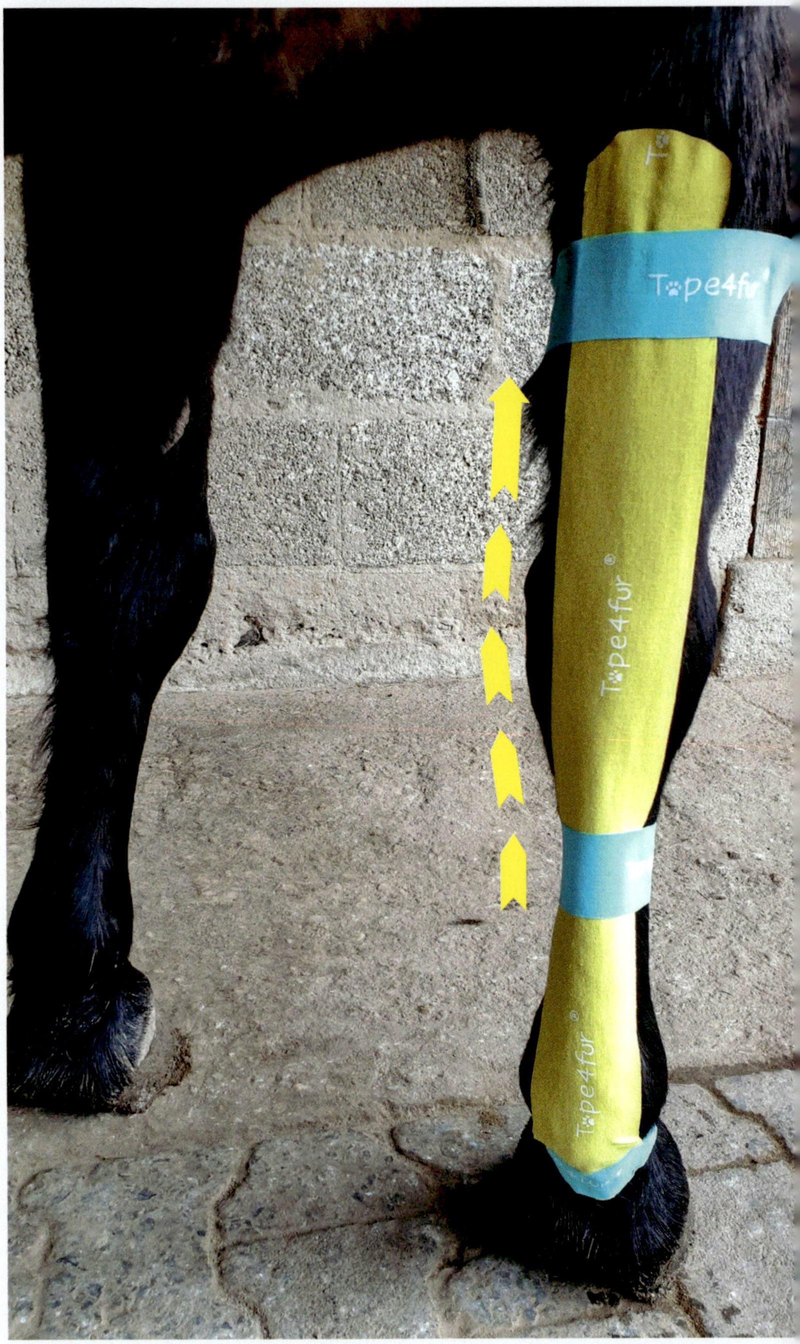

Kombiniertes Muskel-Sehnentape zur Entlastung der tiefen Beugesehne und -muskulatur mit multiplen Querankern.

schleimbeutel mit nur einem einzigen I-Tape. Da bei der Hufrollenentzündung, wie oben beschrieben, zu viel Zug/Druck auf den Schleimbeutel kommt, sollte man eben diesen Zug verringern.

Muskel-Sehnentape:

Diese Tapinganlage bringt man vom Huf in Richtung des Ellenbogens an. Hierfür benötigt man ein I-Tape mit abgerundeten Ecken, das mit der End-to-End-Technik aufgebracht wird.

Ungefähr 5 cm von einem Ende des Tapestreifens die Trägerfolie entfernen. Diese primäre Basis wird spannungsfrei in der Fesselbeuge angebracht. Dann tapt man sich mit leichtgradiger Spannung an der Beinrückseite aufwärts. Die sekundäre Basis wird spannungsfrei unterhalb des Ellenbogens aufgeklebt. Durch den Recoil zur primären Basis an der Fesselbeuge wird hier eine Dehnung der tiefen Beugesehne und des dazugehörigen Muskels unterstützt und somit der Zug an der Sehne und am Schleimbeutel verringert. Die Tapinganlage am besten mit mehreren spannungsfreien Querankern sichern.

Dekompressionstape:

Zur weiteren Entlastung des Hufrollenschleimbeutels kann man am Ballen ein weiteres I-Tape anbringen. Dieses wird mit der Inside-Out-Technik appliziert. Die Trägerfolie mittig einreißen und das Tape von innen nach außen leichtgradig dehnen und diesen Wirkungsbereich auf dem Ballen in Höhe des Kronrandes aufkleben. Die Enden werden beidseits rechts und links am Kronrand spannungsfrei aufgebracht.

Diese Anlage bitte nicht mit einem Huftape verwechseln! Im Gegensatz zum Huftape wird hier nur der an der Beinrückseite im Bereich des Schleimbeutels getapt, die sekundären Basen liegen seitlich am Kronrand und auf der Beinvorderseite befindet sich kein Tape. Ein weiterer Unterschied besteht darin, dass man die Inside-Out-Technik nutzt, deren Recoil zum Zentrum der Anlage geht und im Bereich des Schleimbeutels einen Anhebe-Effekt kreiert und somit eine Druckminderung.

Einfaches Dekompressionstape im Bereich des Hufrollenschleimbeutels.

3.29 Husten

Selbstverständlich gilt es zuerst die Ursachen für den Husten zu finden und abzustellen, sonst nutzt die beste Tapinganlage nichts!

Wenn also zum Beispiel staubiges Heu der Auslöser für den Husten ist, dann natürlich das Heu nassmachen ober noch besser, staubarmes Heu besorgen.

Wenn der Husten durch einen Infekt bedingt ist, dann sollte da der Tierarzt hinzugezogen werden und eventuell mit Medikamenten eingreifen.

Pferdebesitzer mit Husten geplagten Tieren kennen sich da meist sehr gut aus und wissen, was ihrem Pferd/Pony da am besten hilft.

Zusätzlich zu den diversen Behandlungsmöglichkeiten, kann man bei Husten und Atemwegsprobleme die Lunge unterstützend mit einem Dermatomtape für den Lungenbereich ansprechen. Wie diese Tapinganlage genau angebracht wird, wurde im Kapitel 3.11 – COPD ausführlich beschrieben und abgebildet.

3.30 Impfbeule

Das hat bestimmt schon der ein oder andere Pferdebesitzer mitgemacht: Das Pferd wurde geimpft und am nächsten Tag war die Stelle dick geschwollen. Meist im Halsbereich oder der vorderen Brustmuskulatur. In den meisten Fällen ist das vollkommen unbedenklich und nach ein paar Tagen wieder verschwunden. Sollte die Schwellung aber massiv sein und wenig bis keine Besserung zu verzeichnen sein, kann man unterstützend mit einem Hämatomtape arbeiten.

Wichtig bei allen Schwellungen: Es sollte keine heiße, entzündliche Schwellung sein. Wäre das der Fall, sollte das bitte erst einmal vom Tierarzt abgeklärt werden.

Für das Hämatomtape verwendet man mindestens ein Tape mit der Fächertechnik. Wie viel Fächertapes benötigt werden, kommt auf die Größe und den Umfang der Schwellung an. Im Bereich der Brustmuskulatur reichen meist zwei Fächertapes aus.

Bei der Fächertechnik für eine Schwellung gilt, dass die geschlossene Basis außerhalb der Schwellung aufgebracht wird, die Finger des Tapes zeigen zur Schwellung hin und bedecken diese. Die Trägerfolie des Tapes am Übergang zwischen primärer Basis und jedem einzelnen Finger einreißen und umknicken. Die Basis spannungsfrei und außerhalb der Schwellung aufbringen. In diesem Fall am besten im Bereich des Halsvenenwinkels auf der betroffenen Seite, vor dem Schulterblatt. Dann vom ersten Finger die Trägerfolie abziehen und beim Abziehen, die zehnprozentige Vordehnung des Tapes nutzen und mit dieser den Finger zur Schwellung hin und über die Schwellung aufbringen. Die Endbasis des Tapefingers wie üblich spannungsfrei aufkleben. Die anderen Finger des Fächertapes genauso aufbringen und dabei großflächig über die Impfbeule verteilen.

Weitere Fächertapes werden genauso aufgebracht, nur dass die Basen etwas versetzt zum ersten Tape neben dem Halsvenenwinkel aufgeklebt werden. Die Finger der verschiedenen Fächertapes können und dürfen sich im Bereich der Impfbeule überkreuzen.

Durch den Recoil des Tapes zur primären Basis wird ein Abfluss der gestauten Flüssigkeit in Richtung Halsvenenwinkel angeregt. Dort kann diese dann wieder resorbiert werden.

Kombination von zwei Fächertapes zu einem Lymphtape.

3.31 Insektenstich

Die meisten Insektenstiche verlaufen bei unseren Tieren eher unauffällig. Meistens bemerkt man sie aufgrund des Fells gar nicht. Dennoch gibt es immer mal wieder den ein oder anderen Insektenstich/-biss, der richtig, richtig dick wird, juckt und sich vielleicht auch entzündet.

Hämatomtape:

Bei extrem großen Schwellungen kann man sich mit einem Hämatomtape behelfen. Dazu werden mehrere Tapes mit der Fächertechnik über dem Insektenstich und der Schwellung aufgebracht. Die Trägerfolie zwischen der Basis und den Fin-

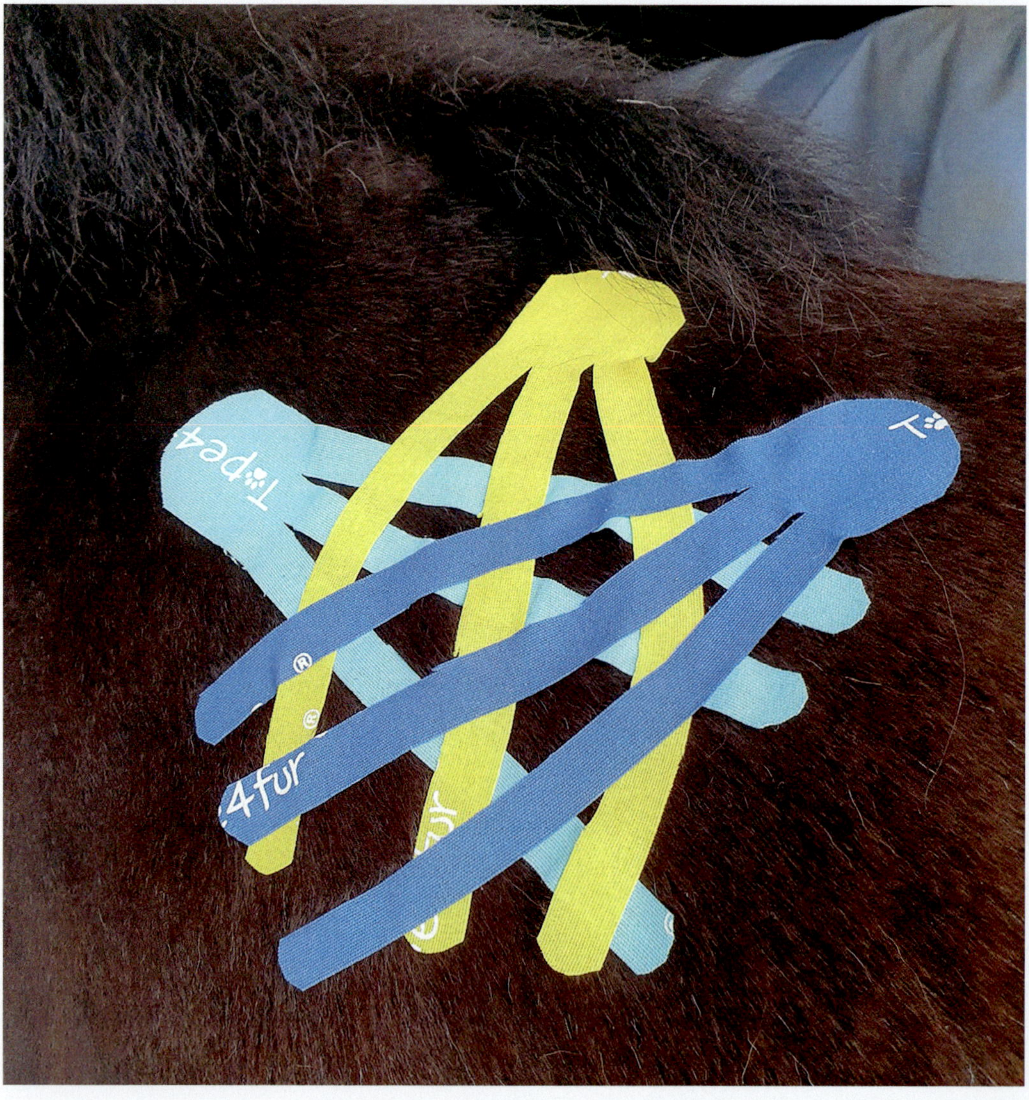

Bei großflächigen Schwellungen kombiniert man mehrer Fächertapes zu einem Hämatomtape. Bei kleineren Schwelgern des Fächertapes einreißen und umknicken. Die spannungsfreie Basis des ersten Fächertapes außerhalb der Schwellung aufbringen und die Finger mit der Spannung, mit der das Tape von der Trägerfolie kommt, zur Schwellung hin und über die Schwellung aufbringen. Die Enden der Finger werden spannungsfrei aufgebracht. Die multiplen Finger des Fächers werden großflächig über der Schwellung verteilt.

Mit weiteren Fächertapes genauso verfahren, nur dass die Basen an verschiedenen Stellen außerhalb der Schwellung sitzen und man sich aus unterschiedlichen Winkeln zum Insektenstich hin tapet. Durch den Recoil zur primären Basis ergeben sich somit mehrere Abflussrichtungen für die gestaute Flüssigkeit, diese wird dadurch schneller abtransportiert.

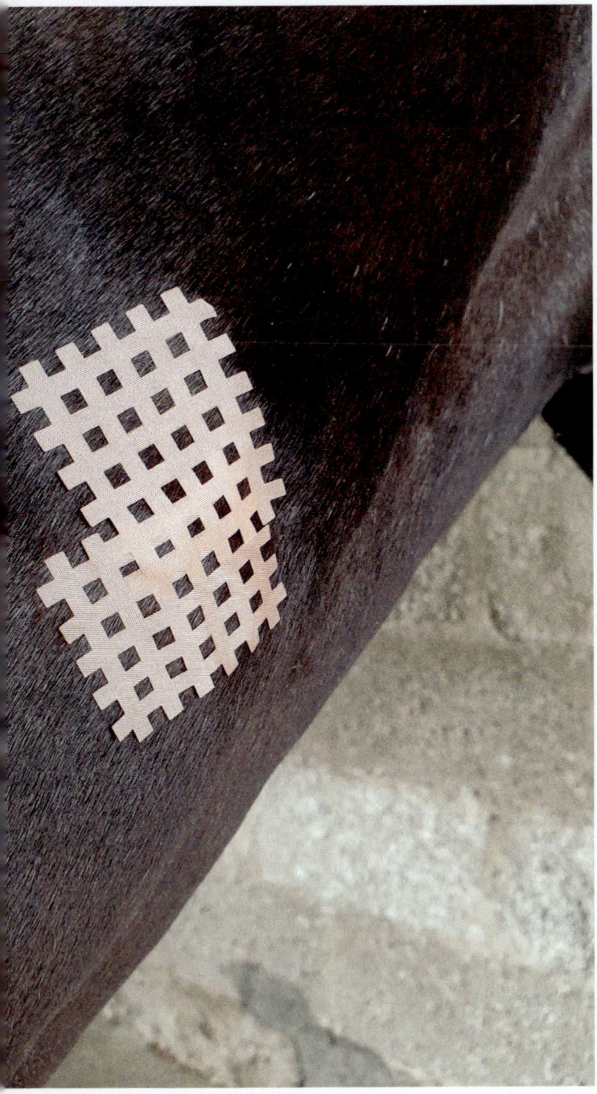

lungen sind Gittertapes eine gute Alternative.

Gittertapes:

Meistens sind die Schwellungen bei Insektenstichen nicht so riesig, da sind Gittertapes die bessere Alternative. Ruckzuck ist der Juckreiz weg, die Pferde hören auf, sich zu schubbern und die Schwellung geht zügig zurück. Auch im Humanbereich werden Gittertapes von vielen Menschen bei Insektenstichen genutzt!

Gittertapes vorsichtig mit den Fingern oder einer Kunststoff-Pinzette von der Trägerfolie abziehen und im Bereich des Insektenstiches entlangführen. Überall da aufbringen, wo sie sich von alleine an das Fell heranziehen.

3.32 Instabilität Karpalgelenk

Häufiges Stolpern oder Vorknicken im Karpalgelenk? Dies sind Zeichen für eine Instabilität im Karpalgelenk und können bei Pferden/Ponys in jedem Alter und aus unterschiedlichen Gründen auftreten. Kandidaten sind junge Pferde, die noch nicht so stabil sind, Reitpferde, die zu viel auf der Vorhand laufen oder ältere Pferde, bei denen die Muskelspannung nachlässt.

Auch hier kann man mit Kinesiologischem Tape unterstützend zu einem angepassten Training arbeiten, um dem Karpalgelenk mehr Stabilität und Halt zu geben.

Aufgrund der Anzahl der Gelenkreihen des Karpalgelenkes braucht man drei schmale I-Tapes und zwei mittelbreite I-Tapes. Alle mit abgerundeten Ecken, alle werden Inside-Out mit der Stabilisierungstechnik geklebt.

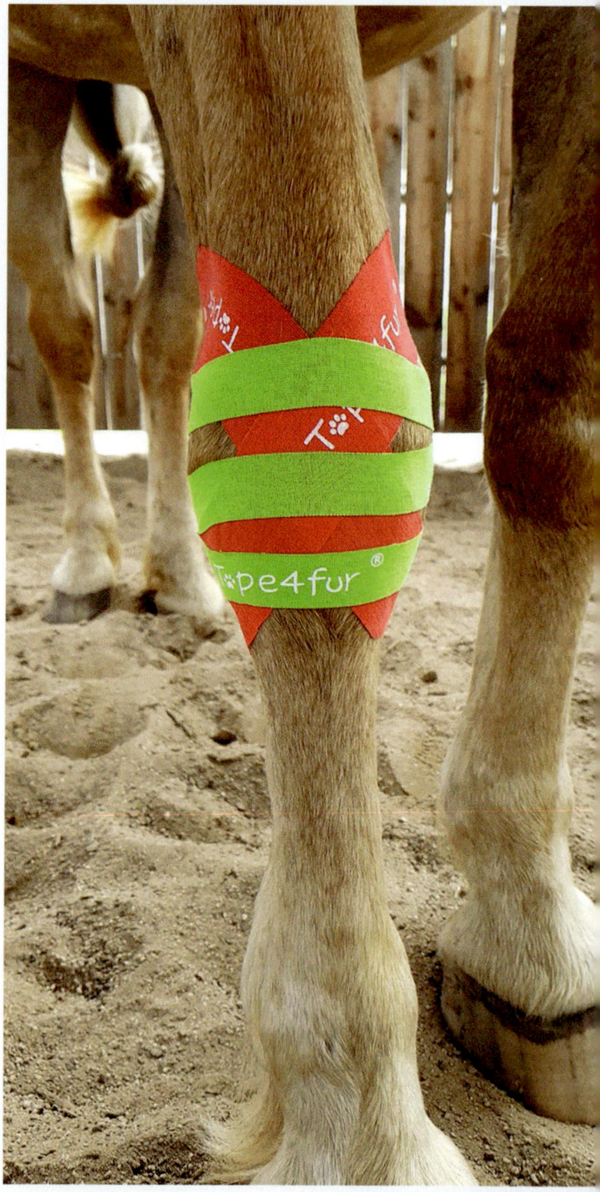

Stabilisierungstape für das Karpalgelenk.

Beim ersten Streifen die Trägerfolie mittig einreißen und diesen Wirkungsbereich mit leicht- bis mittelgradiger Spannung diagonal auf dem Karpalgelenk aufkleben. Diesen Wirkungsbereich SOFORT von einem Helfer mit den Händen fixieren lassen, damit kein primärer Recoil eintritt. Während der Helfer diesen Mittelteil des Tapestreifens fixiert, die Enden nacheinander auf beiden Seiten spannungsfrei und mit Back-up aufkleben. Danach kann der Helfer den Wirkungsbereich loslassen.

Der zweite Tapestreifen wird mit genau derselben Handhabung aufgebracht, aber diagonal in die entgegengesetzte Richtung, sodass sich ein »X« auf dem Karpalgelenk ergibt (hier im Bild in Rot). Auch hier Mittelteil fixieren, bis die Enden aufgeklebt sind!

Die Tapestreifen drei bis fünf (hier hellgrün) werden ebenfalls mit der Stabilisierungstechnik geklebt. Diese werden horizontal, entsprechend auf den drei Gelenkreihen des Karpalgelenkes appliziert. Bei allen drei Tapestreifen ebenso den Mittelteil des Tapestreifens fixieren, bis die Enden aufgebracht sind.

Durch das Unterdrücken des Recoils und den Erhalt der Spannung im Tape, gibt man dem Gewebe und Gelenk darunter mehr Stabilität.

3.33 Instabilität Knie

Häufige Ursache für Instabilität im Knie ist eine schwache oder atrophierte Muskulatur der Hinterhand. Diese kann man sehr gut mit Kinesiologischem Tape unterstützen. Eine ausführliche Beschreibung dazu findet man in dem Kapitel 3.3 – »Atrophierte oder schwache Hinterhandmuskulatur«.

Bei expliziten Problemen, die direkt das Knie betreffen und zu einer Instabilität führen, wie z.B. Patellafixation, Patellaluxation, lockere Kniebänder oder Kreuzbandprobleme, kann man auch ein Knieschlingentape nutzen.

Dafür benötigt man ein I-Tape mit abgerundeten Ecken, das mit der End-to-End-Technik aufgebracht wird. Gemessen wird dabei von der Mitte des Oberschenkels beginnend, einmal um den Kniegelenkspalt und die Kniekehle herum und wieder zum Ausgangspunkt zurück.

Ungefähr 5 cm von der Trägerfolie an einem Ende des Tapestreifens entfernen und diese primäre Basis spannungsfrei mittig auf dem Oberschenkel aufbringen. Diese Anfangsbasis bereits schräg vorwärts-abwärts in Richtung Kniegelenkspalt ausrichten. Seitlich am Oberschenkel die Trägerfolie mit der Spannung aufkleben, mit der das Tape von der Trägerfolie kommt (Off-Paper-Stretch). Vorne um den Kniegelenkspalt wird das Tape mit mittelgradiger Spannung appliziert. An der Oberschenkelinnenseite dann wieder mit dem Off-Paper-Stretch. Hinten um die Kniekehle dann erneut mit mittelgradiger Spannung und an der Außenseite des Oberschenkels wieder mit der Off-Paper-Spannung arbeiten. Das sekundäre Ende wird wie immer spannungsfrei geklebt UND überlappend auf der primären Basis aufgebracht.

Durch dieses geschlossene System und der vermehrten Spannung im Bereich von Kniegelenk und Kniekehle erhält das Pferd eine Art »Aufhängung« für die Gliedmaße und es gibt dem Tier mehr Halt und Stabilität.

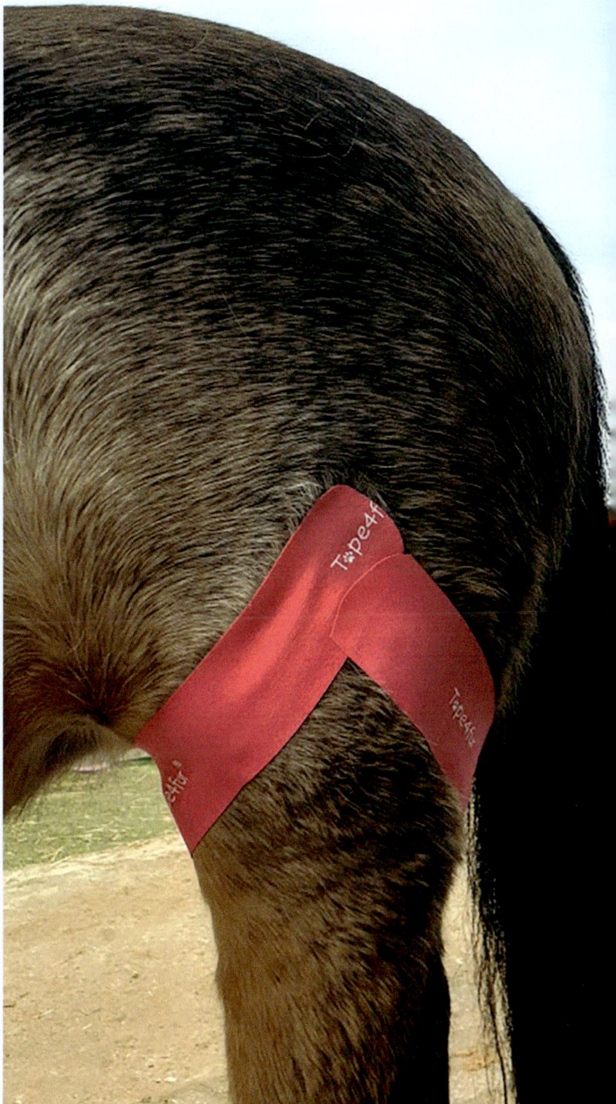

Schlingentape bei Instabilität im Knie.

3.34 Instabilität Sprunggelenk

Bei älteren Pferden oder auch bei schwach bemuskelten Pferden sieht man es häufig: Das Sprunggelenk wackelt beim Aufsetzen der Gliedmaße und ist instabil.

Sinnvoll ist da eine muskuläre Unterstützung der Hinterhand. Siehe auch dazu das Kapitel 3.3 – »Atrophierte oder schwache Hinterhandmuskulatur«. Dort ist dies ausführlich beschrieben. Zusätzlich zur Aktivierung der Hinterhand empfiehlt sich ein Stabilisierungstape für das Sprunggelenk. Dafür benötigt man vier I-Tapes mit abgerundeten Ecken, die mit der Inside-Out-Technik und Stabilisierungstechnik aufgebracht werden.

Beim ersten Streifen die Trägerfolie mittig einreißen und diesen Wirkungsbereich mit leicht- bis mittelgradiger Spannung schräg oberhalb des Fersenbeinhöckers aufsetzen und nach schräg-unten in Richtung Sprunggelenk aufkleben. Diesen Wirkungsbereich SOFORT von einem Helfer mit den Händen fixieren lassen, damit kein primärer Recoil eintritt. Während der Helfer diesen Mittelteil des Tapestreifens fixiert, werden die Enden auf beiden Seiten des Sprunggelenkes spannungsfrei aufgebracht. Danach kann der Helfer dann auch den Wirkungsbereich loslassen.

Der zweite Tapestreifen wird mit genau derselben Handhabung aufgebracht, aber unterhalb des Sprunggelenkes aufsetzen und dann schräg aufwärts ausrichten und applizieren. Auch hierbei den Wirkungsbereich fixieren, bis die Enden aufgeklebt sind!

Der dritte Streifen wird weiterhin mit der Stabilisierungstechnik geklebt. Diesen an der Außenseite des Sprunggelenkes senkrecht tapen und den vierten identisch an der Beininnenseite am Sprunggelenk kleben. Bei beiden Tapestreifen ebenso den Mittelteil des Tapestreifens fixieren, bis die Enden aufgebracht sind.

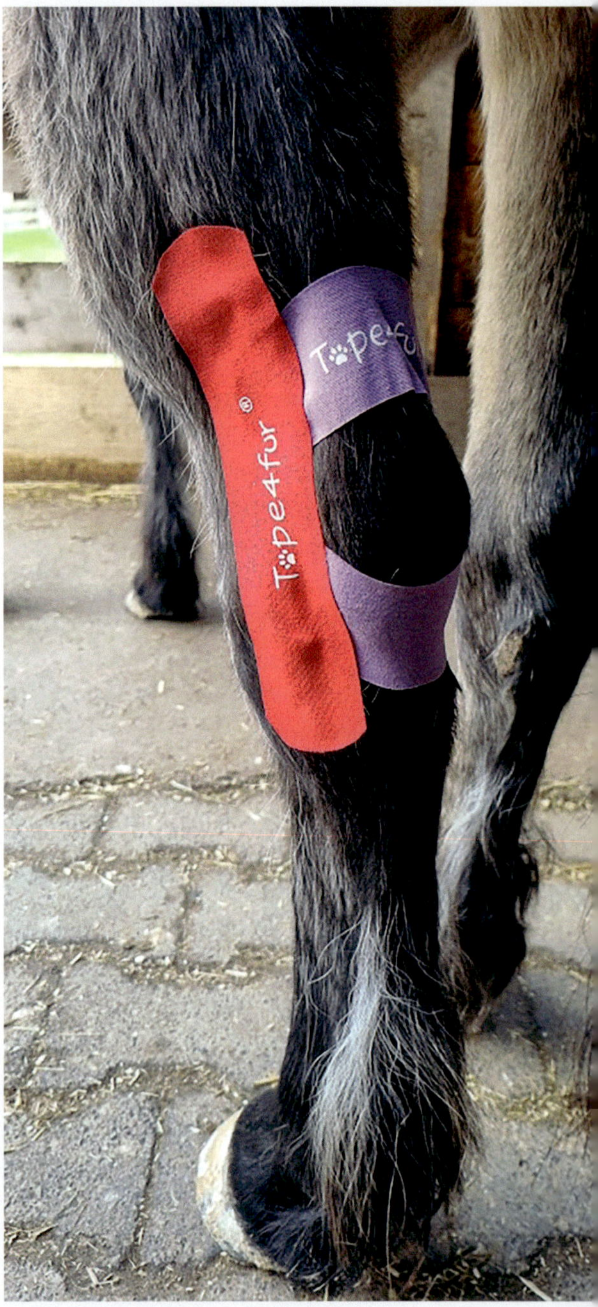

Stabilisierungstape für das Sprunggelenk.

Durch das Unterdrücken des Recoils und den Erhalt der Spannung im Tape, gibt man dem Gewebe und Gelenk darunter mehr Stabilität.

3.35 ISG-Blockaden

Das Ilio-Sacral-Gelenk! Leider viel zu häufig in aller Munde und leider viel zu häufig ein Problem bei unseren Reitpferden. Aufgrund der Übertragung der Energie der Hinterhand auf den Rumpf, gibt es im Bereich der Ilio-Sacral-Fugen oft Probleme. Wie der Begriff es schon beschreibt, sind die ISG-Fugen eben »nur« fugenartige, plane Gelenkflächen, die primär von Bändern gehalten werden. Dadurch kann es leider zu Blockierungen und auch Verkippungen in diesem Bereich kommen. Bei deutlichen Verkippungen und Fehlstellungen, die sich auf das Becken übertragen, kann man mit Korrekturtapes unterstützend arbeiten. Dies ist im Kapitel 3.7 – »Beckenschiefstand« beschrieben.

Bei immer wiederkehrenden Blockierungen in diesem Bereich kann man noch besser ein Stabilisierungstape für die Ilio-Sacral-Fugen nutzen. Wichtig ist, dass die Blockierung vorher gelöst wurde und das Sakrum in der korrekten Position steht. Im Anschluss daran wird dann das Stabilisierungstape geklebt. Aufgrund der spezifischen Stabilisierungstechnik und der Unterdrückung des Recoils gibt dies dem Sakrum und den Ilio-Sacral-Fugen mehr Halt und Stütze.

Dafür benötigt man vier I-Tapes mit abgerundeten Ecken, die mit der Inside-Out-Technik in der Stabilisierungstechnik aufgebracht werden.

Beim ersten Streifen die Trägerfolie mittig einreißen und diesen Wirkungsbereich mit leicht- bis mittelgradiger Spannung schräg über dem Sakrum aufkleben. Diesen Wirkungsbereich SOFORT von einem Helfer mit den Händen fixieren lassen, damit kein primärer Recoil eintritt. Während der Helfer diesen Mittelteil des Tapestreifens fixiert, werden die Enden auf beiden Seiten des Sprunggelenkes spannungsfrei aufgebracht. Danach kann der Helfer dann auch den Wirkungsbereich loslassen.

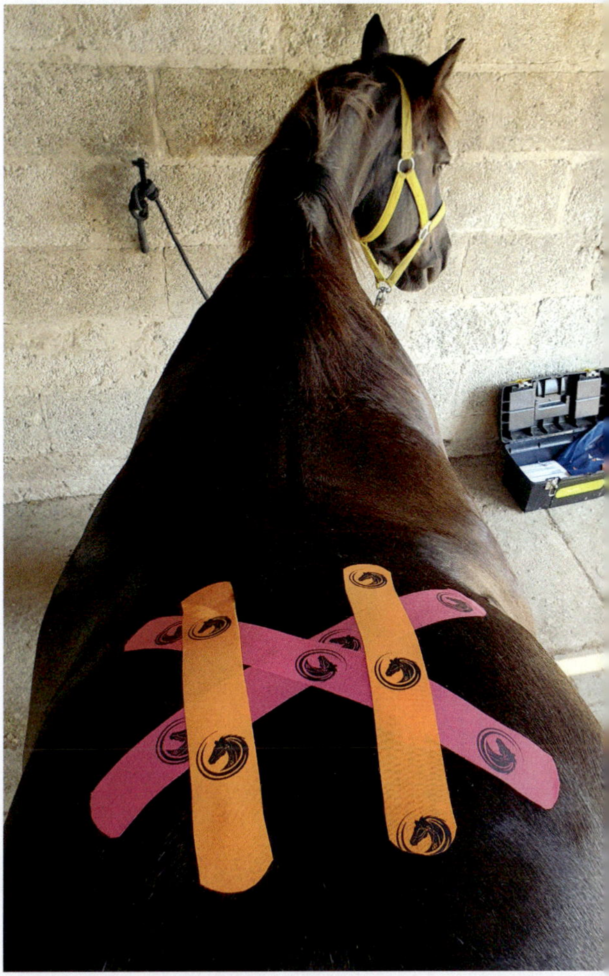

Stabilisierungstape im ISG-Bereich.

Der zweite Tapestreifen wird mit genau derselben Handhabung aufgebracht, aber schräg in die entgegengesetzte Richtung über dem Sakrum, sodass sich ein »X« ergibt. Auch hier Mittelteil fixieren, bis die Enden aufgeklebt sind!

Der dritte und vierte Tapestreifen wird weiterhin mit der Stabilisierungstechnik geklebt. Den dritten seitlich neben dem Sakrum gerade tapen, direkt über die Ilio-Sacral-Fuge, und den vierten identisch auf die gegenüberliegende ISG-Fuge kleben. Bei beiden Tapestreifen ebenso den Mittelteil fixieren, bis die Enden aufgebracht sind.

3.36
ISG-Verspannungen

Wie schon im Kapitel über die ISG-Blockierungen beschrieben, handelt es sich um plane Gelenkflächen, die von Bändern gehalten werden und die viel Spannung und Energie kompensieren müssen bei der Kraftübertragung von der Hinterhand auf den Rumpf. Spannungen sind deshalb hier in dem Bereich leider keine Seltenheit. Wenn man diesen Spannungen nicht entgegensteuert, kann es zu den vorgenannten Blockierungen führen. Soweit sollte man es am besten erst gar nicht kommen lassen. Um Verspannungen rund um das ISG zu lösen und den Druck aus dem Bereich zu nehmen, kommt hier das Sterntape zum Einsatz.

Durch die Überlagerung der vier Tapestreifen kommt es zu einer Potenzierung des Anhebe-Effektes und somit zu dem größten Raumgewinn im verspannten Bereich. Die Strukturen können sich wieder entspannen.

Für das Sterntape benötigt man vier I-Tapes mit abgerundeten Ecken, die mit der Inside-Out-Technik direkt über dem Sakrum und den Ilio-Sacral-Fugen zentriert aufgeklebt werden. Bitte die Tapestreifen lang genug schneiden, damit der Wirkungsbereich des Tapes den verspannten Bereich komplett abdeckt und die Endbasen außerhalb des Befundes liegen.

Trägerfolie beim ersten Tapestreifen mittig einreißen, von innen nach außen dehnen und diesen mit mittelgradiger Spannung entlang des Sakrums aufkleben. Die Enden spannungsfrei und mit Backup tapen. Das zweite I-Tape wird mit gleicher Vorgehensweise, aber nur mit leichtgradiger Spannung, im rechten Winkel dazu appliziert, sodass sich ein »+« ergibt. Den dritten Streifen ebenfalls mit leichtgradiger Spannung schräg aufkleben und den vierten Tapestreifen so, dass er gerade noch gespannt ist, schräg in die entgegengesetzte Richtung tapen.

Sterntape bei Verspannungen im Bereich des Sakrums und der ISG-Fugen.

K

3.37 Kalte Beine

Kalte Beine sind ein Indikator für einen gestörten Energiefluss in dieser Gliedmaße. Damit sind keine Beine gemeint, die mal ein bisschen kühl sind, sondern solche, die chronisch eiskalt sind, auch im Hochsommer. Es können alle vier Beine betroffen sein, aber auch nur einzelne.

Am Kronrand befinden sich die End-Punkte der Meridiane, die so genannten Ting-Punkte. Wenn man diese mit Kinesiologischem Tape oder Gittertapes stimuliert, kann man den Energiefluss der Meridiane anregen und somit energetisch stimulieren.

Wenn man alle Ting-Punkte einer Gliedmaße auf einmal ansprechen möchte, nutzt man am besten das Huftape.

Dafür benötigt man ein I-Tape mit abgerundeten Ecken, das mit der End-to-End-Technik entlang des Kronrades aufgebracht wird. Die genaue Beschreibung dafür findet man im Kapitel 3.64 – »Schlechte Huf/Hornqualität«.
Wenn man die Ting-Punkte gezielter ansprechen möchte, sind Gittertapes die bessere Wahl. Diese kann man direkt auf den einzelnen Ting-Punkten aufbringen.

Gittertapes vorsichtig mit den Fingern oder einer Kunststoff-Pinzette von der Trägerfolie abziehen und direkt auf die jeweiligen Akupunkturpunkten aufkleben.

Lage der Ting-Punkte an der Vorhand:

Herz 9 (He 9): An der Außenseite des Kronrandes, im hinteren Drittel
Dünndarm 1 (Dü 1): Mittig an der Außenseite des Kronrandes
Drei-Erwärmer 1 (3E 1): An der Außenseite des Kronrandes, im vorderen Drittel
Dickdarm 1 (Di 1): An der Innenseite des Kronrandes, zwei bis drei Querfinger neben der vorderen Beinmittellinie
Lunge 11 (Lu 11): An der Innenseite des Kronrandes, zwei bis drei Querfinger seitlich neben der hinteren Beinmittellinie
Pericard 9 (Pc 9): Mittig in einer Vertiefung auf der Beinrückseite am Kronrand der Vorhand

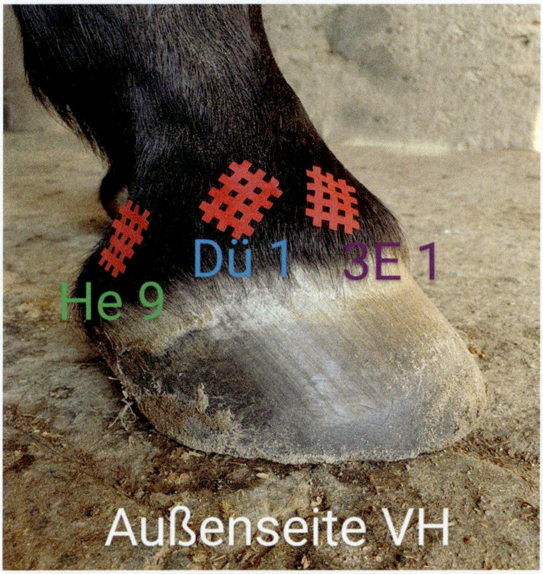

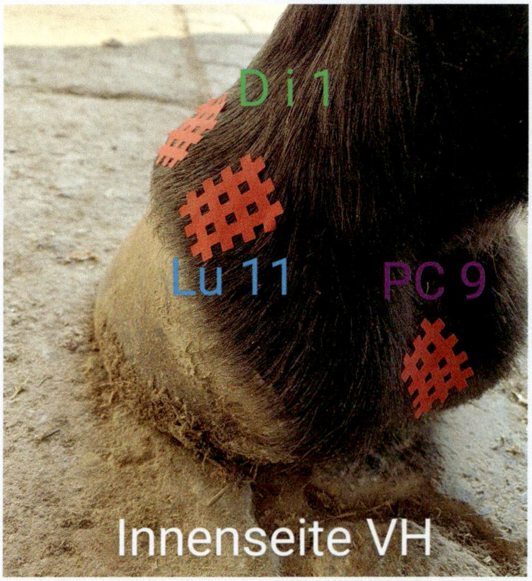

→

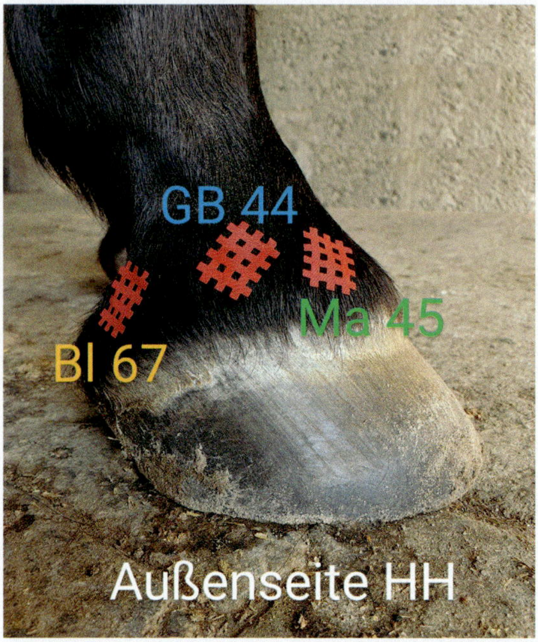

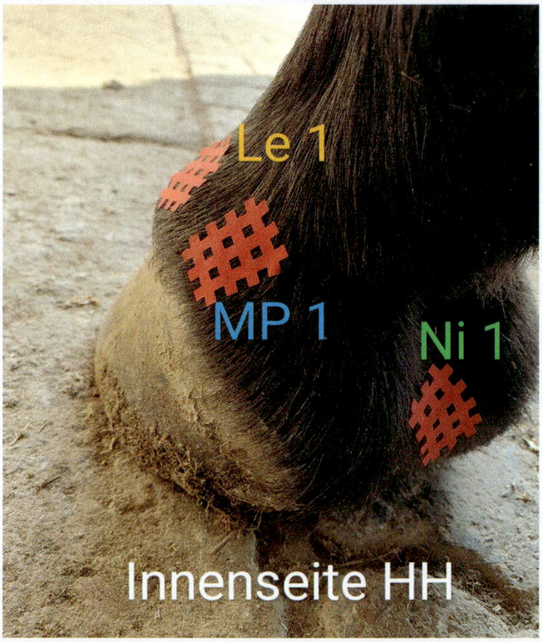

Lage der Ting-Punkte an der Hinterhand:

Blase 67: An der Außenseite des Kronrandes, im hinteren Drittel

Gallenblase 44: Mittig an der Außenseite des Kronrandes

Magen 45: An der Außenseite des Kronrandes, im vorderen Drittel

Leber 1: An der Innenseite des Kronrandes, im vorderen Drittel

Milz-Pankreas 1: Mittig an der Innenseite des Kronrandes

Niere 1: Mittig in einer Vertiefung auf der Beinrückseite am Kronrand

3.38 Karpalgelenksarthrose

Auch das ist keine Seltenheit bei Pferden: Arthrotische Veränderungen im Karpalgelenk. Sei es verursacht durch angeborene oder erworbene Fehlstellungen in der Gliedmaße oder durch Überlastung des Gelenks, wenn Pferde in ihrem Leben zu viel auf der Vorhand laufen oder zu viel springen. Und wie bei allen arthrotischen Veränderungen ist die beste Tapinganlage dafür das Sterntape, wie bereits im allgemeinen Kapitel 3.1 über Arthrose zu lesen ist.

Man benötigt dafür vier I-Tapes mit abgerundeten Ecken. Drei davon möglichst gleich lang. Der vierte, der senkrecht aufgeklebt wird, sollte etwas länger sein. Alle vier Tapestreifen werden mit der Inside-Out-Technik auf das Karpalgelenk von vorne aufgebracht.
Beim ersten Tapestreifen die Trägerfolie mittig einreißen und bis auf die Enden entfernen. Den Wirkungsbereich von innen nach außen dehnen und mit mittelgradiger Spannung horizontal gerade auf dem Karpalgelenk aufbringen.

Den zweiten Streifen mit gleicher Handhabung, aber etwas weniger Spannung schräg auf dem Karpalgelenk aufkleben. Den dritten Tapestreifen wieder mit etwas weniger Spannung schräg in die entgegengesetzte Richtung tapen.

Für den vierten Tapestreifen, der senkrecht aufgebracht wird, das Bein des Pferdes wie zum Hufeauskratzen von einem Helfer hochhalten lassen. In dieser angewinkelten Position das letzte I-Tape mit geringer Spannung und Inside-Out-Technik applizieren. Im angewinkelten Zustand das Tape warm reiben und dann erst das Bein wieder absetzen.

Durch die Überlagerung der vier Tapestreifen auf dem Karpalgelenk hat man den größtmöglichen Raumgewinn im Gewebe und dadurch auch die größte schmerzlindernde Wirkung.

Wie bei allen arthrotischen Veränderungen empfiehlt es sich, zusätzlich die Akupunkturpunkte Blase 11 und Lunge 7 mit Gittertapes zu versehen. Genaueres dazu findet sich im allgemeinen Kapitel über Arthrose 3.1.

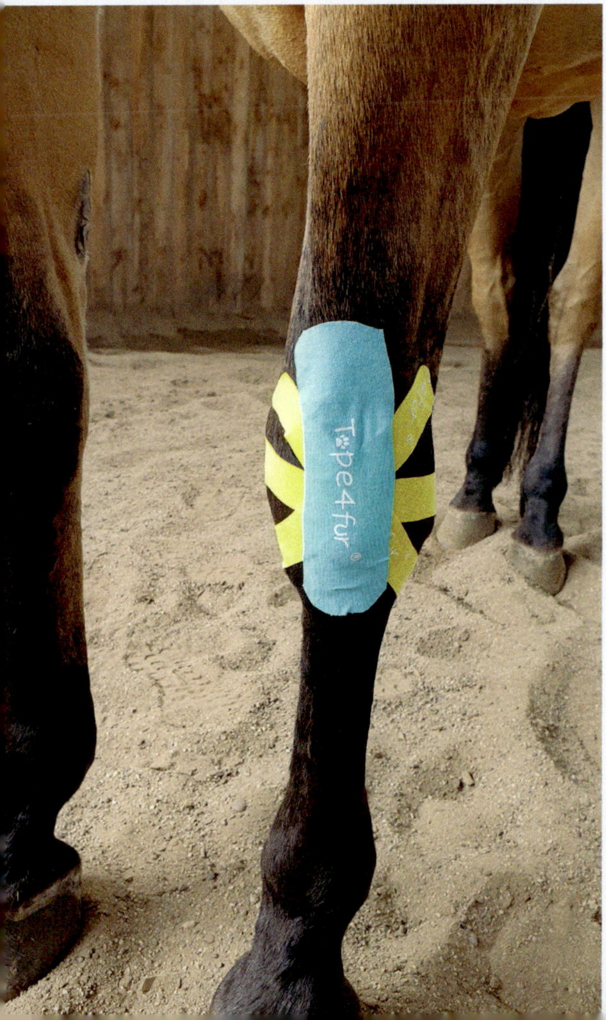

Sterntape bei Karpalgelenksarthrose.

3.39 Kastrationsnarbe

Jede Narbe kann Probleme bereiten, somit auch eine Kastrationsnarbe. Diese vielleicht sogar besonders, da sie an einer so ungünstigen Stelle liegt und eben aufgrund dieser Lage Auswirkungen haben kann auf das gesamte Becken und die Hintergliedmaße. Neben einer manuellen Narbenbehandlung und -entstörung wäre eine Tapinganlage hier toll.

Hier wurde bewusst das Wort »wäre« gewählt, da dieser Bereich extrem schwierig zu tapen ist. Das liegt an der anatomischen Lage und auch an der Haut. Zum einen hat der Wallach in dem Bereich kein Fell und Tapes, die extra für die Haftung auf Fell entwickelt sind, sollte man möglichst nicht auf die nackte Haut kleben, da sie einfach viel zu stark haften. Zum anderen ist in dieser Körperregion der Hautfettanteil extrem hoch, da das Tier ja trotzdem eine Isolationsschicht braucht. Dieses erhöhte Hautfett macht die Haftung für das Tape sehr schwierig.

Man kann sich mit normalem Babypuder und einem Mikrofasertuch etwas behelfen. Den Bereich gut mit Babypuder abreiben und dann gründlich mit einem Mikrofasertuch nachwischen. Das hilft, den Hautfettanteil zu reduzieren, wodurch das Tape deutlich besser haftet.

Aber auch mit dieser Vorbereitung ist ein Tape an dieser Stelle nur sehr schwer zu kleben. Zumal wenn die Narbe ohnehin schon Probleme macht. Da wird der Wallach nicht begeistert sein, wenn man auch noch mit den Tapes herumhantiert.

Eine Alternative wären hier auch wieder Gittertapes. Diese vorsichtig mit den Fingern oder einer Kunststoff-Pinzette von der Trägerfolie abziehen und im Bereich der Kastrationsnarbe entlangführen. Überall da aufbringen, wo sie sich von alleine an das Fell/die Haut heranziehen. Auch bei der Nutzung sollte der Bereich mit Babypuder und Mikrofasertuch gründlich vorgereinigt werden, um den Hautfettanteil zu reduzieren.

WICHTIG: Keine Gittertapes direkt auf der frischen Narbe aufkleben, solange diese nicht komplett von außen verheilt ist.

Allerdings gibt es eine Möglichkeit, wie man indirekt die Kastrationsnarbe mit einem Tape ansprechen kann. Und zwar mit einem Sterntape auf dem ISG-Bereich. Siehe dazu das Fallbeispiel 3.36 – »ISG-Verspannungen«. Jahrelange Tapingerfahrung und unzählige Sterntapes haben ganz oft zu dem Ergebnis geführt, dass Wallache mit Problemen an der Kastrationsnarbe durch dieses Tape eine Entlastung erfahren haben. Ihr Becken wurde mobiler und ihre Hinterhand wieder aktiver.

3.40 Kehlkopfpfeifen

Der Kehlkopf gehört mit zum Atmungssystem des Pferdes. Er ist beteiligt an der Erzeugung von Lauten beim Wiehern sowie an der Regulierung der Atmung während körperlicher Aktivität. Der Kehlkopf besteht aus verschiedenen Knorpelteilen, die durch Muskeln und Bänder miteinander verbunden sind. In den meisten Fällen wird das Kehlkopfpfeifen beim Pferd durch eine Lähmung des linken Stimmbandes verursacht und dieses »schlackert« beim Einatmen im Luftzug. Dabei entsteht das typische pfeifende Geräusch. Die Lähmung wird hervorgerufen durch eine Schädigung des Stimmbandnervs.

Diese Nervenschädigung kann man leider nicht ungeschehen oder rückgängig machen. Wenn das Kehlkopfpfeifen dem Pferd erhebliche

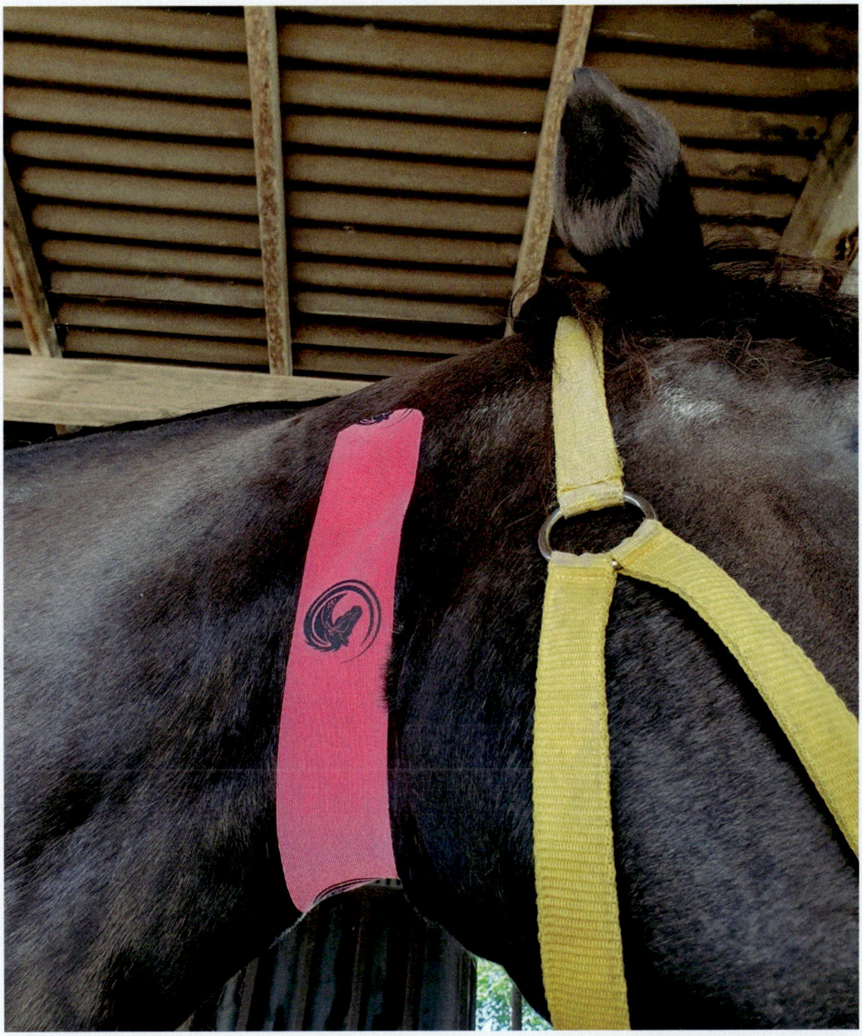

Stabilisierungstape für den Kehlkopfbereich.

Probleme bereitet, kann man mit einer Operation die Kehlkopfbänder straffen lassen.

Um ein bisschen Entlastung vom Kehlkopfpfeifen zu erreichen, kann man ein Stabilisierungstape unterhalb der Ganasche an der Halsunterseite anbringen. Dafür benötigt man ein I-Tape mit abgerundeten Ecken, das mit der Stabilisierungstechnik und Inside-Out-Technik aufgebracht wird. Gemessen wird von der einen Ganasche zur anderen.
Die Trägerfolie mittig einreißen und bis auf ca. 5 cm an beiden Ende entfernen. Diesen Wirkungsbereich leicht- bis mittelgradig von innen nach außen dehnen und von unten am Hals anbringen, die Seiten laufen dabei an den Ganaschen links und rechts aufwärts. Diesen Wirkungsbereich SOFORT von einem Helfer auf beiden Seiten fixieren lassen, um den primären Recoil zu unterdrücken und dadurch das Gewebe zu stützen. Während der Helfer das Tape fixiert, die Enden des Tapes rechts und links spannungsfrei und mit Back-up tapen. Danach kann der Helfer die Fixierung wieder lösen.

3.41 Kiefergelenksblockade

Kleines Sterntape für das Kiefergelenk. Da der Bereich nicht sehr groß ist, kann man auch gut ein Gittertape nutzen (S.103).

Kiefergelenksblockaden können aus diversen Gründen entstehen. Eine der häufigsten Ursachen ist das Tragen eines Maulgatters während der Zahnbehandlung. Dadurch wird das Kiefergelenk unnatürlich und relativ lange komprimiert. Viele Pferde haben nach dem Zahnarzttermin Probleme mit den Kiefergelenken und somit auch mit dem Kauen.

Andere Gründe sind Zahnprobleme, da das Pferd versucht, den Zahnschmerzen auszuweichen und daher beim Kauen eine Ausweichbewegung im Kiefergelenk macht. Aber leider kann auch das Reiten mit harter Hand zu einer derartigen Problematik führen. Und ebenso leider auch Stress ... Da geht es unseren Vierbeinern genauso wie uns Menschen. Wer Stress hat, beißt die Zähne unnatürlich hart aufeinander, und bei längerfristiger Stresssituation, zum Beispiel unliebsame Boxennachbarn, kommt es irgendwann zu den Kiefergelenksproblemen.

Sterntape:

Auch hier kommt das Sterntape zum Einsatz. Da der Bereich allerdings sehr klein ist, ausnahmsweise in einer kleineren Varianten mit nur zwei I-Tapes mit abgerundeten Ecken. Beide I-Tapes werden mit der Inside-Out-Technik appliziert.

Trägerfolie des ersten Tapestreifens für den »Ministern« mittig einreißen, von innen nach außen dehnen und mit mittelgradiger Spannung horizontal auf den Kiefergelenkspalt aufkleben. Die Enden wie üblich spannungsfrei tapen. Der zweite Streifen wird mit leichtgradiger Spannung im rechten Winkel dazu, senkrecht zum Kiefergelenkspalt appliziert. Mit den beiden Streifen hat man den kleinen Bereich schon vollständig abgedeckt, daher verzichtet man in diesem Fall auf das dritte und vierte I-Tape.

Gittertapes:
Wem das zu klein und zu fummelig ist, kann sich in diesem Fall auch gut mit Gittertapes behelfen. Ein großes Gittertape vorsichtig mit den Fingern oder einer Kunststoff-Pinzette von der Trägerfolie abziehen und im Bereich des Kiefergelenks entlangführen und da aufbringen, wo es sich von alleine an das Fell heranzieht. Der Punkt liegt oftmals nicht direkt auf dem Gelenk, sondern ein Stück davor am Übergang zur Kaumuskulatur! Vermutlich ist da die Spannung im Gewebe am größten. Das Gittertape findet aufgrund der statischen Aufladung den richtigen Punkt. Wenn man sich aber nicht sicher ist, dann bringt man das große waffelförmige Gitterpflaster direkt auf dem Kiefergelenk auf, wie hier im Bild zu sehen ist.

Für Gittertapes genauso wie für das kleine Sterntape gilt natürlich, dass sie auf beiden Seiten aufgebracht werden, wenn beide Kiefergelenke Probleme bereiten.

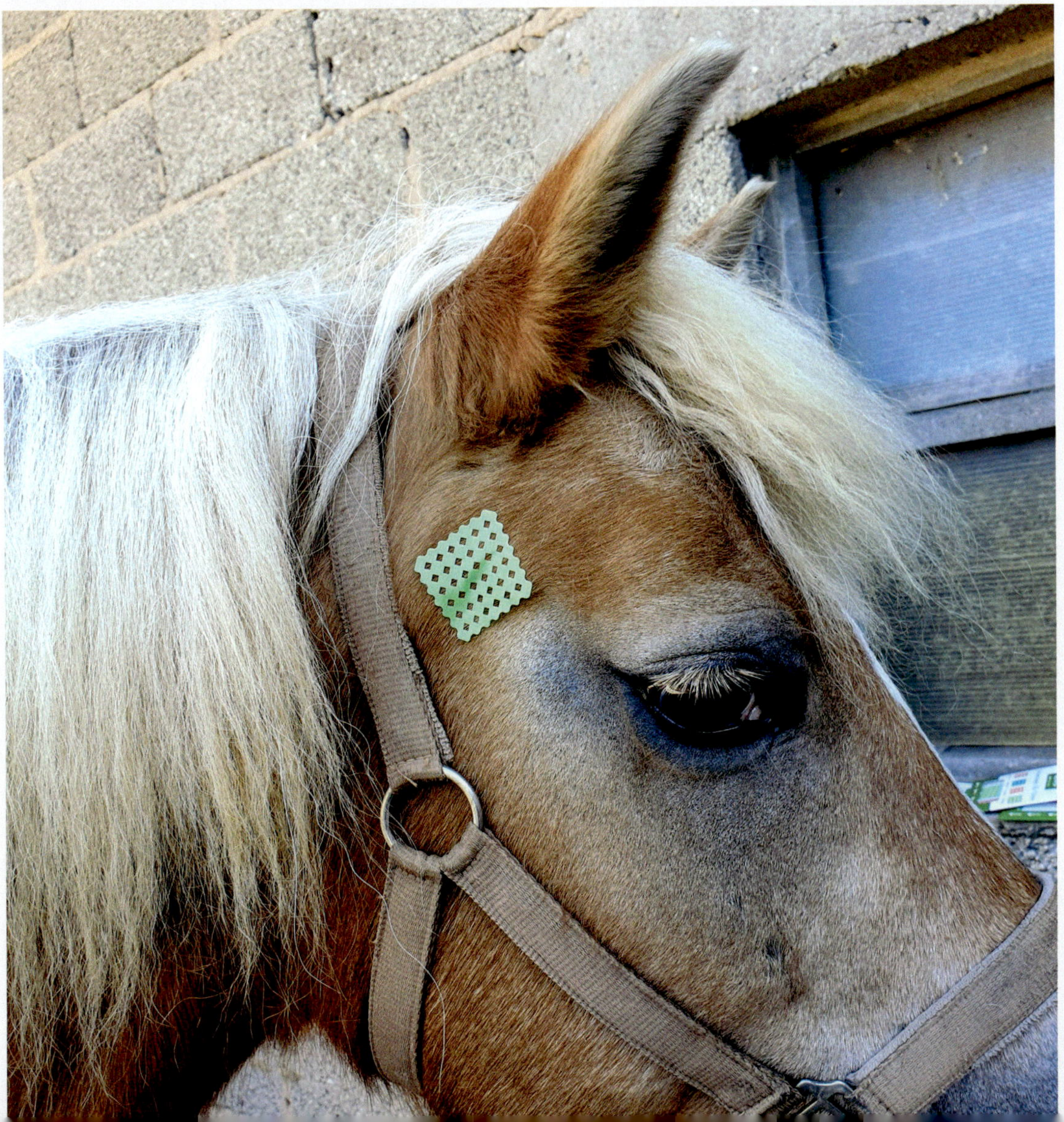

3.42 Kissing Spines

Kissing Spines oder wie diese Erkrankung in der deutschen Übersetzung genannt wird »küssende Dornfortsätze«. Das ist eine degenerative Erkrankung der Pferdewirbelsäule. Dabei stehen die Dornfortsätze der Wirbel zu dicht beieinander, was dazu führen kann, dass sich diese berühren oder überkreuzen. Da die Knochen dabei in Kontakt treten, kommt es zu Reibung, dadurch zu Knochenhautentzündungen sowie knöchernen Veränderungen und somit natürlich auch zu massiven Schmerzen.

Als Ursachen kommen angeborene Fehlstellungen sowie erworbene Fehlhaltungen in Frage, aber vor allem schlechtes Training mit schlechtem Equipment, wodurch die Rückenmuskulatur nicht optimal oder gar nicht ausgebildet ist und das Pferd in ein Hohlkreuz fällt.

Je nach Ausprägung sind Pferde mit Kissing Spines durchaus reitbar, allerdings bedarf es eines guten Trainingsplans. Wichtig ist hierbei die Aktivierung der Bauchmuskeln, die ein Aufwölben des Rückens unterstützen.

Neben dem korrekten Training und angepasstem Equipment kann man den Rücken und/oder die Bauchmuskeln unterstützen.

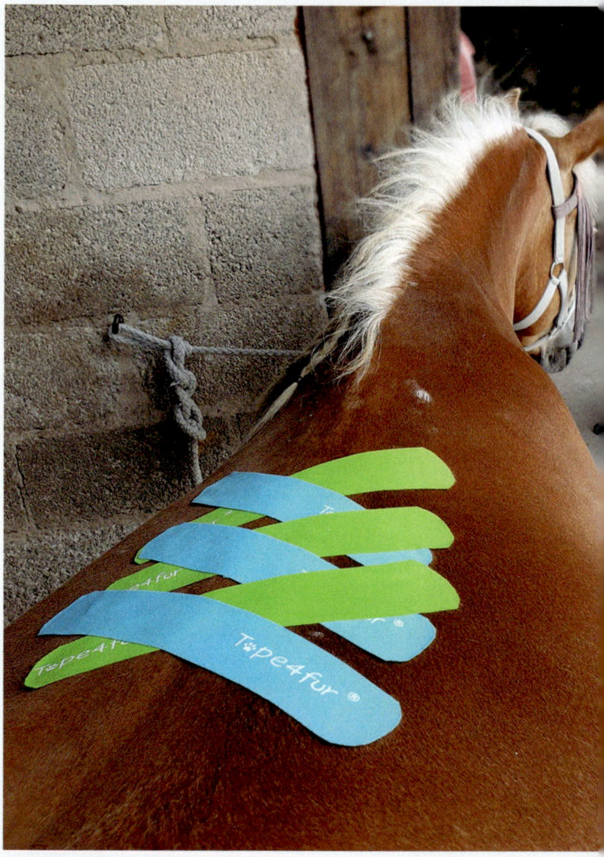

Dekompressionstapes im Bereich der betroffenen Wirbel bei Kissing Spines.

Rücken:

Wenn es nur ein sehr punktuelles Problem ist, könnte man mit einem Sterntape arbeiten. Aber da Kissing Spines in den meisten Fällen mehrere Dornfortsätze, Wirbel und Wirbelgelenke hintereinander betrifft, müsste man mehrere Sterne nebeneinander aufbringen, wodurch es etwas durcheinander und unübersichtlich würde. Deshalb nutzt man in diesem Fall eine abgespeckte Variante des Sterntapes mit jeweils nur zwei I-Tapes. Davon aber zwei oder drei Stück hintereinander, je nachdem, wie viele Segmente betroffen sind. Man benötigt mehrere I-Tapes mit abgerundeten Ecken. Diese werden alle mit der Inside-Out-Technik aufgeklebt. Beim ersten Tapestreifen die Trägerfolie mittig einreißen und mit leichtgradigem Zug schräg zur Wirbelsäule über dem betroffenen Dornfortsatz aufbringen. Die Enden auf beiden Seiten spannungsfrei tapen. Mit dem zweiten Streifen verfährt man genauso, aber in die andere Richtung geneigt, sodass sich ein »X« über dem Dornfortsatz ergibt. Genau so verfährt man mit den restlichen Tapestreifen entlang des betroffenen Bereiches, sodass man mehrere »X« aneinanderreiht. Durch den Anhebe-Effekt wird hier eine Entlastung im schmerzhaften Bereich geschaffen.

Bauch:
Hier werden aktivierende Muskeltapes appliziert, um die Bauchmuskeln zur Kontraktion anzuregen und dadurch indirekt die Aufwölbung des Rückens zu unterstützen.

Dafür benötigt man vier I-Tapes mit abgerundeten Ecken und nutzt bei allen die End-to-End-Technik. Beim ersten Tapestreifen die Trägerfolie an einem Ende ca. 5 cm entfernen und diese primäre Basis spannungsfrei in Höhe der Gurtlage, parallel zur Bauchmittellinie aufbringen. Trägerfolie nun bis auf die letzte 5 cm vom Tape abziehen und diesen Wirkungsbereich mit leichtgradiger Spannung parallel zur Bauchmittellinie aufbringen. Die sekundäre Basis spannungsfrei und mit Back-up in Höhe des Bauchnabels aufbringen. Der zweite Tapestreifen wird genauso auf der anderen Bauchseite aufgebracht.

Beim dritten und vierten Tapestreifen (hier im Bild in Orange) tapt man diagonal mit der End-to-End-Technik. Die Basis wird spannungsfrei ellenbogennah geklebt, der Wirkungsbereich mit leichtgradiger Spannung schräg zur gegenüberliegenden Seite aufgebracht, die sekundäre Basis wird dort wieder spannungsfrei und mit Back-up appliziert. Mit dem vierten Tapestreifen verfährt man auf dieselbe Weise, beginnt aber in Höhe des gegenüberliegenden Ellenbogens, sodass sich am Ende ein »X« auf dem Bauch ergibt.

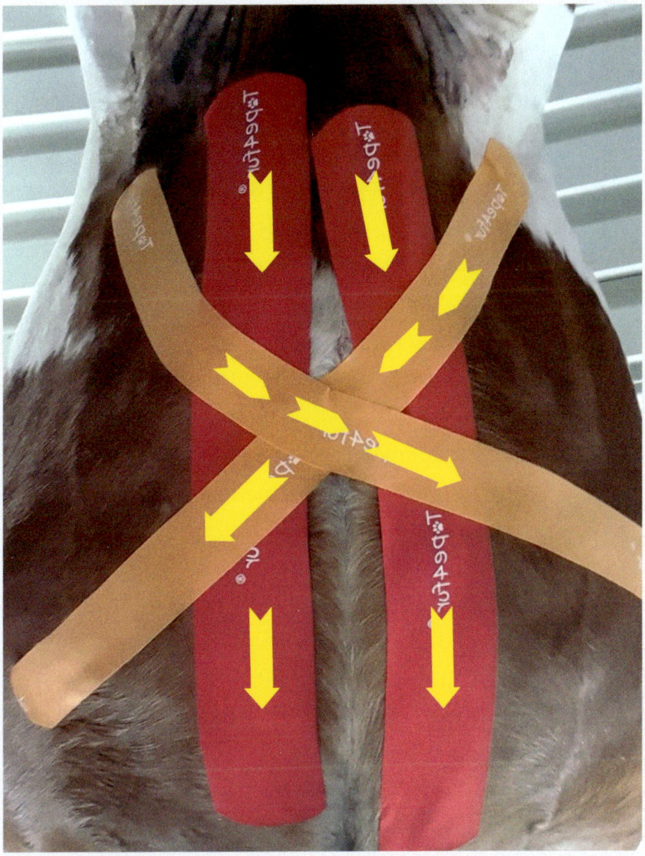

Muskeltapes zur Aktivierung der Bauchmuskulatur.

Sicherheitshinweis: *Das Tapen an der Bauchunterseite ist eine kleine akrobatische Herausforderung, da man schon fast unter dem Pferd herumkrabbeln muss. Deshalb bitte dabei sehr auf die eigene Sicherheit achten. Falls das Pferd kitzelig ist oder viele Fliegen unterwegs sind und das Pferd daher dazu neigt, mit den Beinen/Hufen unter den Bauch zu treten, sollte man vielleicht davon absehen. Oder man bittet eine zweite Person ein Bein des Pferdes (am besten Hinterbein) anzuheben, solange man unter dem Bauch des Pferdes mit dem Tape hantiert.*

3.43 Koliknarbe

Auch hier gilt das, was für alle Narben gilt: Eine Narbe muss von außen komplett verheilt, Grind von alleine abgefallen, Fäden und Ähnliches vom Tierarzt wieder entfernt worden sein!

Wenn diese Voraussetzungen gegeben sind und die Narbe dem Pferd noch Probleme bereitet oder spannt, kann man hier ein großflächiges Narbentape kleben.

Dafür benötigt man multiple ca. 10 cm lange I-Tapes (am besten in zwei verschiedenen Farben), deren Ecken ausnahmsweise mal nicht abgerundet sein müssen und die mit der Inside-Out-Technik auf die Narbe aufgeklebt werden.

Den ersten Tapestreifen mittig einreißen und schräg auf ein Ende der Narbe mit leichtgradiger Dehnung aufbringen. Die Enden wie üblich spannungsfrei tapen. Den zweiten Tapestreifen genauso aufkleben, aber schräg in die entgegengesetzte Richtung, sodass sich an dem Ende der Narbe ein »X« ergibt.

Entlang der Narbe bringt man immer weiter diese »X« auf, bis zum anderen Ende der Narbe. Das Ganze sieht dann aus wie ein Gitterzaun.
Da die Enden der Tapestreifen nicht abgerundet wurden, wird nun parallel zur Narbe rechts und links jeweils ein »Pseudoanker« aufgebracht. Pseudoanker heißen sie deshalb, weil sie zwar die Enden der eckigen Tapestreifen abdecken und damit sichern, aber diese Anker werden ausnahmsweise mal mit leichter Spannung appliziert. Dadurch erfährt die Narbe auch noch einen leichten Impuls in die Parallelrichtung.

Dafür benötigt man zwei I-Tapes mit abgerundeten Ecken, die ebenfalls mit der End-to-End-Technikgeklebt werden. Jeweils auf jeder Bauchseite ein I-Tape, das die Enden des eigentlichen Narbentapes bedeckt. Dadurch bekommt die Narbe noch einen Impuls in der Parallelrichtung.

Fotos und eine noch ausführlichere Beschreibung für ein Narbentaping findet man im Kapitel 3.53 – »Narben«.

Sicherheitshinweis: *Das Tapen an der Bauchunterseite ist eine kleine akrobatische Herausforderung, da man schon fast unter dem Pferd herumkrabbeln muss. Deshalb bitte dabei auf die eigene Sicherheit achten. Falls das Pferd kitzelig ist oder viele Fliegen unterwegs sind und das Pferd daher dazu neigt, mit den Beinen/Hufen unter den Bauch zu treten, sollte man vielleicht davon absehen. Oder man bittet eine zweite Person, das Bein des Pferdes (am besten Hinterbein) hochzuhalten, solange man unter dem Bauch des Pferdes mit dem Tape arbeitet.*

3.44 Kotwasser

Mit dem Kotwasser verhält es sich ein bisschen so wie mit der Kastrationsnarbe: so wirklich kann man es eigentlich nicht tapen. Zumal es sich hier auch eher um ein organisches/systemisches/internistisches Problem handelt.

Die Ursachen für Kotwasser können vielfältig sein und sind bis heute noch nicht vollständig geklärt. Und jedes Pferd spricht dabei auch auf eine ganz andere Behandlung an. Manche Pferde sprechen leider auch auf gar keine Behandlung an.

Auch hier (eben wie bei der Kastrationsnarbe) konnte in vielen Jahren Tapingpraxis eine interessante Beobachtung gemacht werden: Pferden, die unter anderem an Kotwasser litten, wurde aus

Dermatomtape für den Darmbereich.

unterschiedlichen Gründen ein Sterntape auf den ISG-Bereich aufgeklebt. Bei einigen Tieren kam dann nach ein paar Tagen das Feedback der Besitzer, dass das Pferd nicht nur besser laufen würde, sondern dass auch die Kotwasserproblematik weniger geworden wäre.

Vor diesem Hintergrund ist es bei Kotwasser durchaus eine Möglichkeit, ein Sterntape wie im Kapitel 3.36 – »ISG-Verspannungen« beschrieben, zu applizieren und zu beobachten, ob sich dadurch etwas verbessert. Einigen Pferden hat es wie gesagt durchaus geholfen.

Eine Alternative bietet ein Dermatomtape für den Darmbereich vom 13. Brustwirbel bis zum 2. Schweifwirbel. Wenn man sich mit dem Abzählen der Wirbel nicht ganz sicher ist, beginnt man am besten mittig in der Sattellage und arbeitet sich an der Wirbelsäule entlang bis hinter das Sakrum.

Dermatome sind oberflächliche Hautareale, die über Nervenverbindungen mit innenliegenden Organen verbunden sind. Stimuliert man also das Hautareal mit dem Kinesiologischen Tape, wird darüber reflektorisch über die Nervenbahnen auch das gekoppelte Organ mit stimuliert. Das Hautareal findet sich auf beiden Seiten des Rumpfes und muss daher auch auf beiden Seiten getapt werden.

→

→

3.44 Kotwasser

Für diese Tapinganlage benötigt man mehrere lange I-Tapes mit abgerundeten Ecken, die alle mit der End-to-End-Technik aufgeklebt werden.

Man fängt mit dem ersten Tapestreifen in Höhe des 13. Brustwirbels an. Ungefähr 5 cm von der Trägerfolie an einem Ende des Tapestreifens entfernen und diese primäre Basis spannungsfrei und mit Back-up mittig in der Rückenmuskulatur aufbringen. Mit der Spannung, mit der das Tape von der Trägerfolie kommt, tapt man gerade nach unten bis zur Bauchmittellinie. Dort bringt man die sekundäre Basis spannungsfrei und mit Back-up auf.

Dann lässt man circa eine Tapebreite (5 cm) frei und klebt den nächsten Tapestreifen genauso und parallel zum ersten. Ab dem 4. Lendenwirbel und dem Flankenwirbel bringt man die Tapestreifen auf der Hinterhand bis in Höhe des Knies an. Je nach Größe des Tieres werden fünf bis sechs Tapestreifen auf einer Seite des Rumpfes aufgeklebt.

Um ein geschlossenes System über dem gesamten Dermatombereich zu erhalten, werden nun noch die primären Basen der senkrechten Streifen alle mit einem weiteren Tapestreifen verbunden. Auch dieser wird mit der End-to-End-Technik geklebt. Die primäre Basis wird am vordersten Tapestreifen (oder kurz davor) spannungsfrei aufgebracht. Dann verläuft der Wirkungsbereich mit der Spannung, mit der das Tape von der Trägerfolie kommt, entlang der Rückenmuskulatur bis zum hintersten Tapestreifen und deckt dabei alle primären Basen der senkrechten Tapes ab. Die sekundäre Basis wird nach dem letzten Tapestreifen wieder spannungsfrei und mit Back-up getapt.

Die ganze Tapinganlage wird auf der anderen Körperseite des Pferdes genauso identisch geklebt.

3.45 Koppen

Koppen hat keine bekannten physischen Ursachen. Es ist vielmehr eine Verhaltensstörung und das Pferd versucht damit Stress abzubauen.

Idealerweise sollte man die Stress auslösenden Faktoren beseitigen. Das Kinesiologische Tape ist in dem Fall wirklich nur dafür gedacht, um die Folgebeschwerden zu lindern, die durch das Koppen verursacht werden. Verspannungen in der Halsmuskulatur sowie fasziale Verklebungen am Kopf und Probleme am Schlundkopf können unter anderem Folgen des Koppens sein.

Halsmuskulatur:
Beim Koppen spannt das Pferd immer und immer wieder die Unterhalsmuskulatur an, um die Luft einzusaugen. Dadurch kann es in diesem Bereich über die Zeit zu deutlichen Verspannungen im Unterhals kommen. Am meisten betroffen ist der Brustbein-Kopf-Muskel (M. sternomandibularis). Dementsprechend kann man hier mit einem entspannenden Muskeltape vom Ansatz zu Ursprung arbeiten. Der Recoil geht dabei Richtung Muskelansatz und somit in die Dehnungsrichtung des Muskels.

Das Muskeltape wird auf beiden Halsseiten aufgebracht und daher braucht man zwei gleichlange I-Tapes mit abgerundeten Ecken, beide werden mit der End-to-End-Technik geklebt. Während man das Tape auf der rechten Halsseite aufbringt, sollte der Hals auf die linke Seite vorgedehnt sein, so weit wie es dem Pferd möglich ist. Auf der anderen Halsseite entsprechend umgekehrt.

Ungefähr 5 cm von der Trägerfolie an einem Ende des Tapestreifens entfernen und diese primäre Basis spannungsfrei möglichst kopfnah in der Ganasche aufkleben. Der Wirkungsbereich wird mit leichtgradiger Spannung (unter Dehnung des Halses auf die gegenüberliegende Seite) entlang

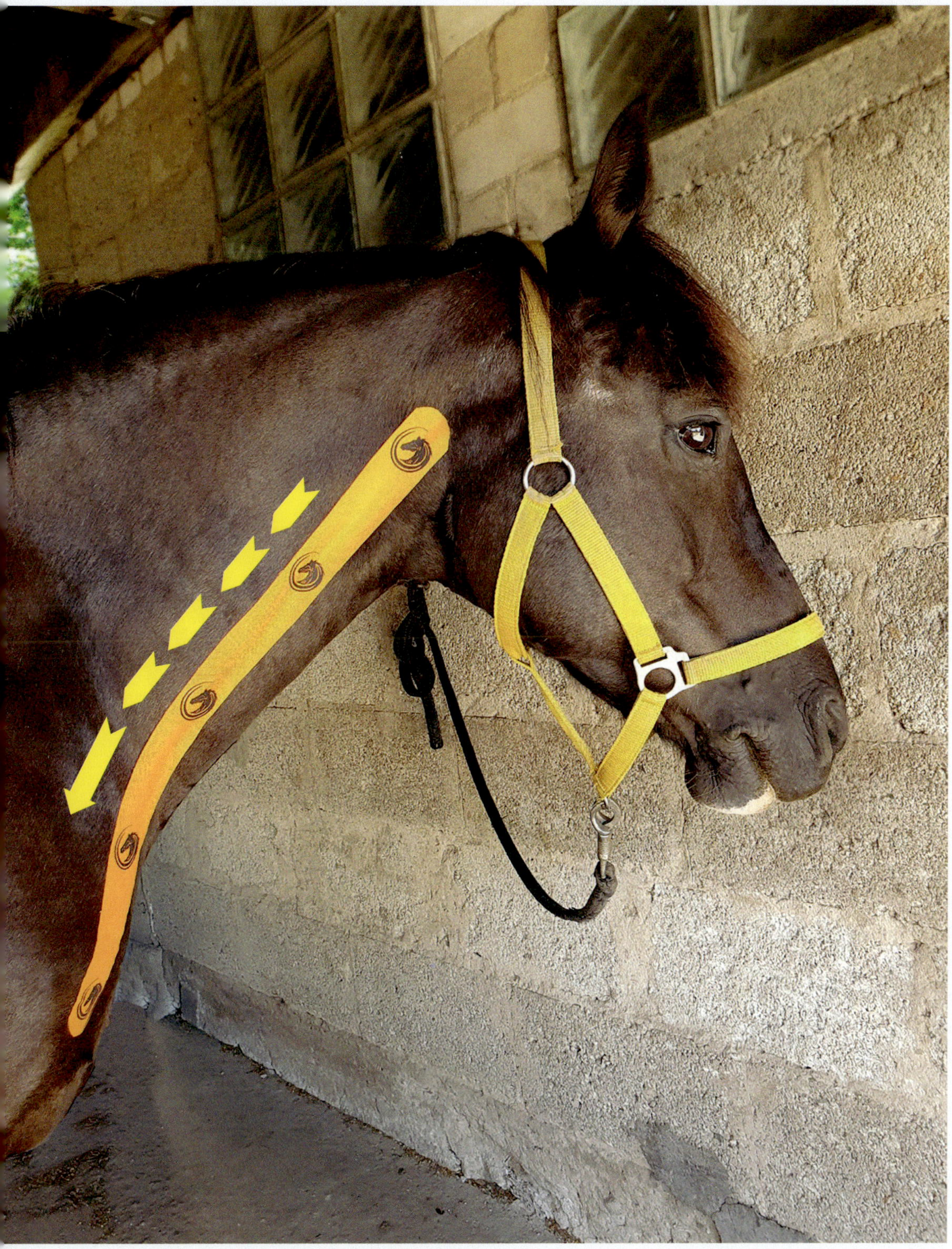

Entspannendes Muskeltape für die Unterhalsmuskulatur.

der Drosselrinne appliziert und das sekundäre Ende dann in Höhe des Schultergelenkes wie üblich spannungsfrei und mit Back-up aufgebracht.

Schädelfaszien:
Aufgrund der ständigen Wiederholungen und der immer gleichen Bewegungen, kann es auch zu unnatürlichen Spannungen in den Schädelfaszien kommen. Hier empfiehlt sich ein Faszientape. Dieses kann je nach Ausprägung sehr unterschiedlich aussehen.

In dem nebenstehenden Bild wurden auf beiden Seiten am Kopf mehre Fächertapes mit der Spannungstechnik getapt. Dabei wird die Basis des Fächertapes immer spannungsfrei geklebt. Der erste Tapefinger verläuft in die Richtung, in die die Faszie gut verschiebbar ist, und es werden ca. 2 cm mit mittelgradiger Spannung aufgebracht und dann ca. 2 cm spannungsfrei, dann wieder 2 cm mit mittelgradiger Spannung und wieder 2 cm ohne Spannung usw. Die Endbasis des Fingertapes wird spannungsfrei geklebt. Mit allen weiteren Fingern des Fächertapes genauso verfahren. Je nach Ausprägung des Befundes werden weitere Fächertapes mit der gleichen Technik aufgebracht. Etwas genauer ist diese Technik im ersten Teil des Buches bei den Techniken unter »Spannungstechnik« erklärt.

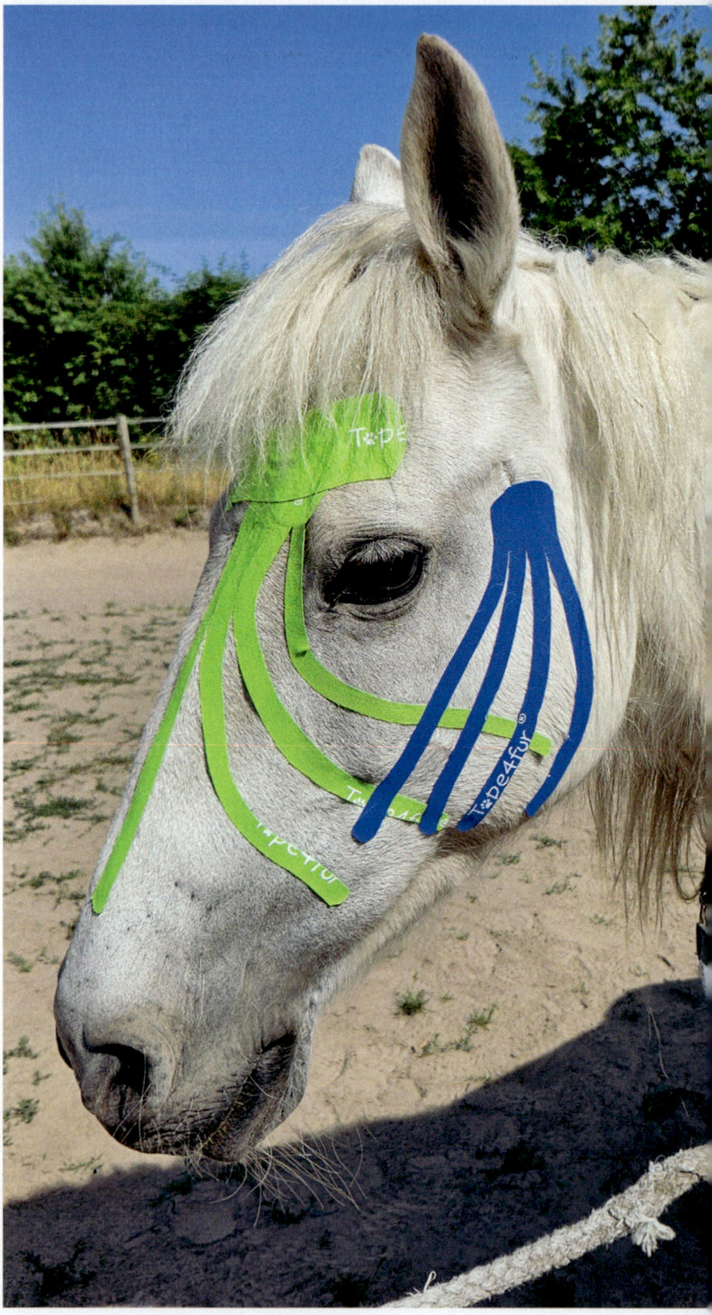

Multiple Faszientapes für die Schädelfaszie.

Schlundkopf:

Durch das ständige An- und Abspannen der Halsmuskulatur wird der Schlundkopf immer wieder geöffnet und die Luft gelangt in die Speiseröhre. Der Schlundkopf ist praktisch der Übergang zwischen Mundhöhle und Speiseröhre. Da dieser dadurch auch ständig unter Stress steht, empfiehlt sich hier ein einfaches Dekompressionstape mit der Inside-Out-Technik. Dies besteht aus nur einem I-Tape mit abgerundeten Ecken. Trägerfolie mittig einreißen und diese bis auf ca. 5 cm an beiden Enden entfernen. Tape mit flachen Fingern fassen, von innen nach außen leichtgradig dehnen und von unten nach oben an der Halsunterseite direkt hinter dem Unterkiefer aufkleben. Die Enden werden auf beiden Seiten des Halses spannungsfrei und mit Back-up appliziert.

Dekompressionstape im Bereich des Schlundkopfes.

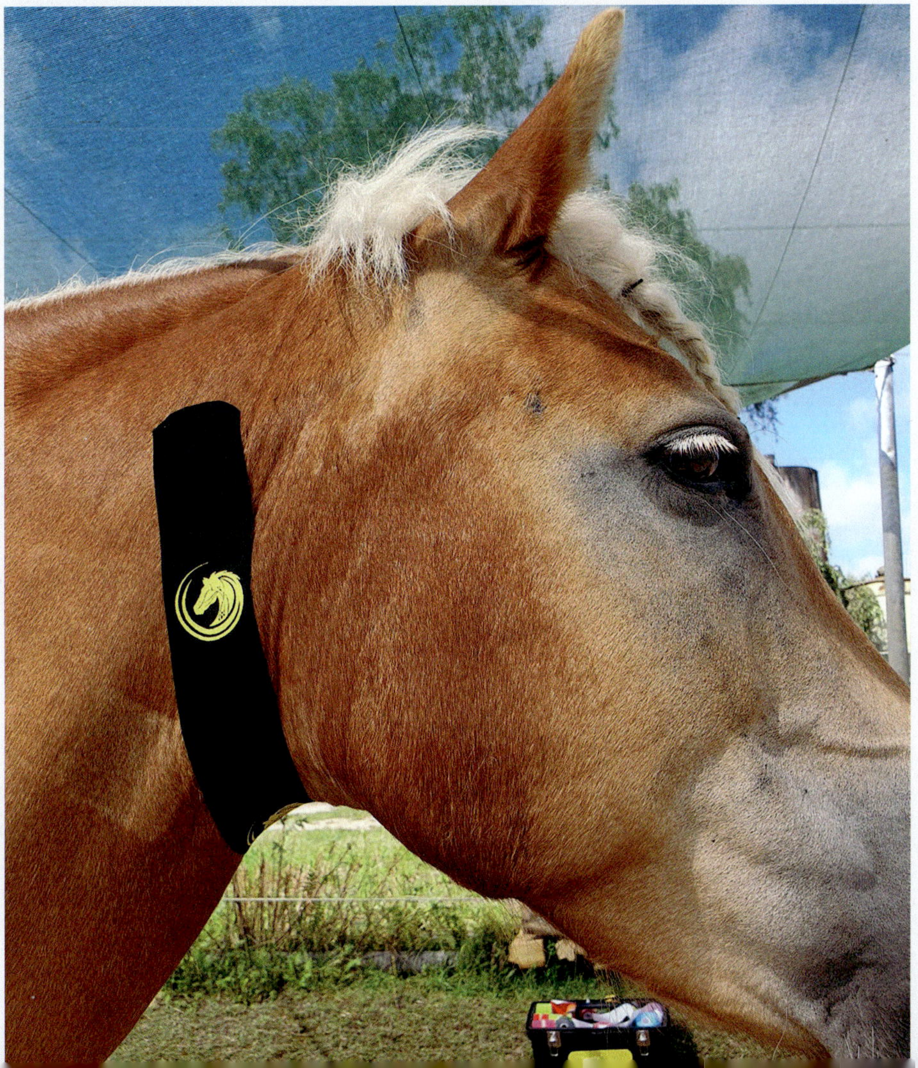

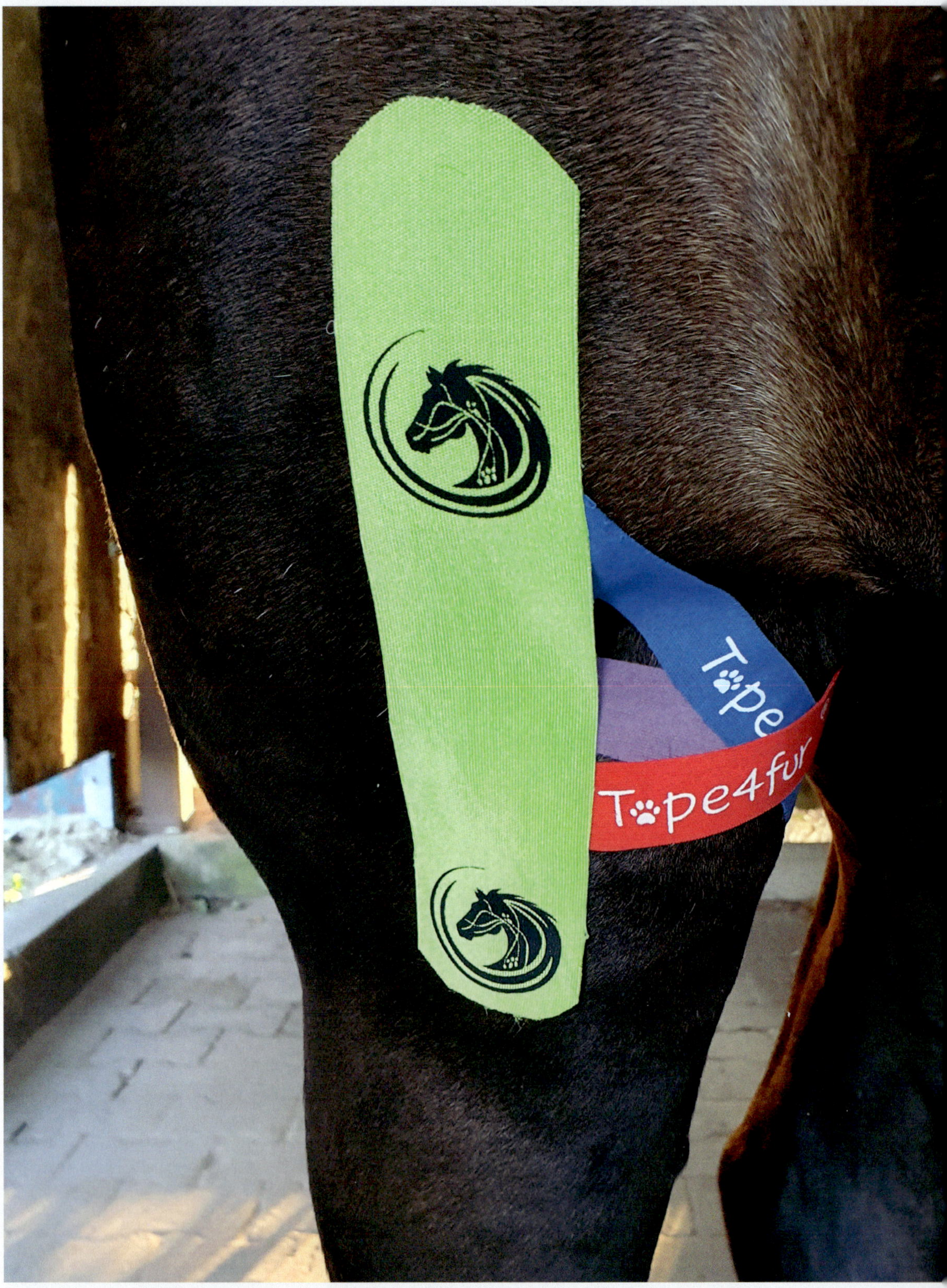

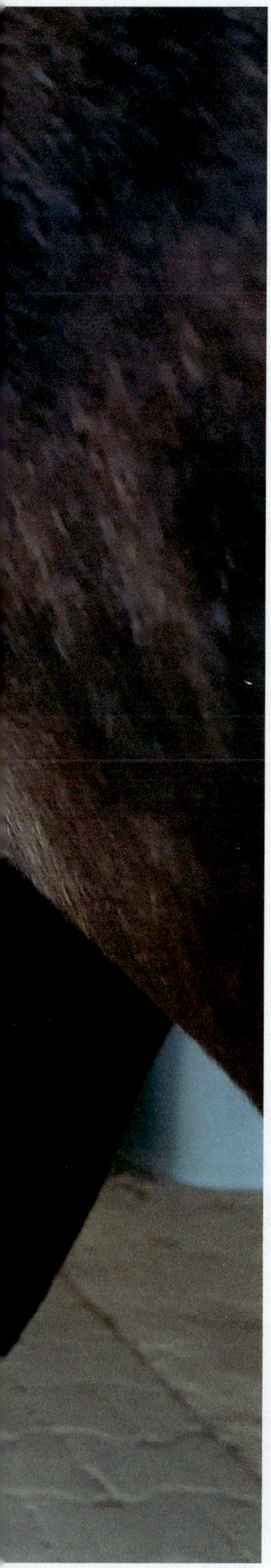

3.46 Kreuzbandriss

Eigentlich kennt man es eher von Hunden, aber auch bei Pferden kommen Kreuzbandverletzungen, -anrisse oder -risse vor. Bei einem vollständigen Riss ist in den meisten Fällen ein operativer Eingriff nötig. Bei Anrissen oder Zerrungen kann man mit Schonung, Ruhe und Physiotherapie inklusive Taping unterstützend arbeiten.

Eine sehr gute Möglichkeit ist das Knieschlingentape, wie es im Kapitel 3.33 – »Instabilität Knie« beschrieben ist.

Eine weitere etwas gezieltere Möglichkeit ist ein Stabilisierungstape im Bereich des Kniegelenkspaltes und der Kreuzbänder.

Dafür muss man auch an der Beininnenseite tapen, was aber aufgrund des wenigen Fells und des hohen Hautfettanteils oftmals schwierig ist. Hier ist es hilfreich, die Oberschenkelinnenseite vor dem Tapen gründlich mit Babypuder abzureiben und mit einem Mikrofasertuch nachzuwischen. Dies reduziert den Hautfettgehalt und das Tape haftet deutlich besser.

Für das Stabilisierungstape benötigt man 5 I-Tapes mit abgerundeten Ecken, die alle mit der Stabilisierungstechnik und Inside-Out aufgebracht werden.

Stabilisierungstape im Bereich des Kniegelenkspaltes.

Beim dem ersten Tapestreifen die Trägerfolie mittig einreißen und bis auf beide Enden entfernen. Diesen Wirkungsbereich auf leicht- bis mittelgradige Spannung bringen und horizontal auf dem Kniegelenkspalt aufbringen. Diesen Bereich des Tapes SOFORT mit der freien Hand oder von einem Helfer mit den Händen fixieren lassen, um den primären Recoil zu unterdrücken.

Während der Mittelbereich fixiert wird, beide Enden des Tapestreifens spannungsfrei und mit Back-up aufkleben. Danach kann man die Fixierung des Wirkungsbereiches wieder lösen.

All weiteren Tapestreifen werden mit derselben Vorgehensweise unter Fixierung des Wirkungsbereiches appliziert!

Der zweite Tapestreifen wird diagonal über dem Kniegelenkspalt aufgebracht, der dritte Tapestreifen ebenfalls diagonal, aber in die entgegengesetzte Richtung geneigt. Der vierte und fünfte Tapestreifen wird an der Beinaußenseite bzw. Beininnenseite in Höhe des Kniegelenkspaltes senkrecht aufgeklebt.

Durch die Unterdrückung des Recoils und das Erhalten der Spannung im Tapestreifen gibt man dem Gelenk darunter mehr Stabilität.

3.47 Kreuzverschlag

Kreuzverschlag entsteht, wenn das Pferd zu viel glucosehaltiges Futter zu sich nimmt, sich dann zuwenig bewegt und daher die Glucose nicht richtig abgebaut und verstoffwechselt wird. Es kommt zu einer Stoffwechselstörung und als Folge davon zu einer massiven Übersäuerung der Muskulatur. Dies führt zu einer Entzündung der Rückenmuskulatur, die für das Pferd extrem schmerzhaft ist.

Neben einer tierärztlichen Versorgung kann man das Pferd mit einem entspannenden Muskeltape der langen Rückenmuskulatur unterstützen.

Muskeltape für den langen Rückenmuskel.

Dafür benötigt man zwei I-Tapes mit abgerundeten Ecken, die mit der End-to-End-Technik aufgebracht werden.

Während des Ausmessens des Tapes und auch während des Tapens den langen Rückenmuskel so gut es geht vordehnen. Dafür die Nase des Pferdes soweit wie möglich in Richtung Boden führen.

Beim ersten Tapestreifen die Trägerfolie an einem Ende einreißen, ungefähr 5 cm entfernen und diese primäre Basis spannungsfrei hinter dem Schulterblatt aufbringen. Trägerfolie bis ca. 5 cm vor dem anderen abziehen und den Wirkungsbereich mit leichtgradiger Spannung im Verlauf des langen Rückenmuskels parallel zur Wirbelsäule tapen und die sekundäre Basis spannungsfrei und mit Back-up am höchsten Punkt der Kruppe aufkleben. Auf der anderen Rückenseite den zweiten Tapestreifen auf die gleiche Art und Weise anbringen.

Falls noch zusätzlich Spannung im Bereich des Sakrums und der ISG-Fugen vorliegt, kann man zusätzlich noch ein Sterntape in diesem Bereich anbringen. Die Beschreibung dafür findet man im Kapitel 3.36 – »ISG-Verspannungen«.

3.48 Kuhhessige/fassbeinige Fehlstellung

Kuhessig und fassbeinig beschreiben meist angeborene Fehlstellungen der Hintergliedmaße. Kuhessigkeit sieht man bedeutend häufiger (siehe Skizze) deshalb wird dies hier als primäres Beispiel erklärt. Bei dieser Stellung sind die Knie und auch die Hüftgelenke vermehrt nach außen rotiert, was zur Folge hat, dass die Sprunggelenke nach innen rotieren und das Pferd von hinten aussieht, als hätte es X-Beine.

Diese Fehlstellung kann mit fortschreitendem Alter auch zu Spat führen.

Wenn man dieser Fehlstellung entgegenwirken möchte, kann man unterstützend (mit extrem viel physiotherapeutischer Arbeit) ein Korrekturtape nutzen. Am effektivsten ist dieses Korrekturtape, je jünger das Pferd ist und solange es sich noch im Wachstum befindet.

Für das Korrekturtape benötigt man ein I-Tape mit abgerundeten Ecken, das mit der End-to-End-Technik aufgebracht wird.

Da das Tape mit der primären Basis an der Oberschenkelinnenseite beginnt, empfiehlt es

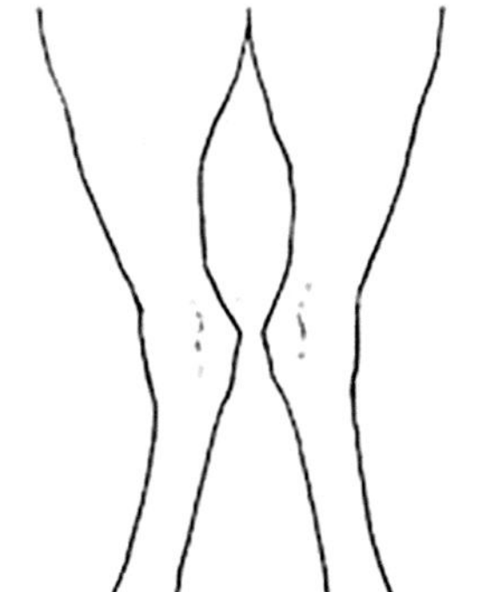

Schematische Darstellung einer kuhhessigen Fehlstellung der Hinterhand.

➔

3.48 Kuhhessige/fassbeinige Fehlstellung

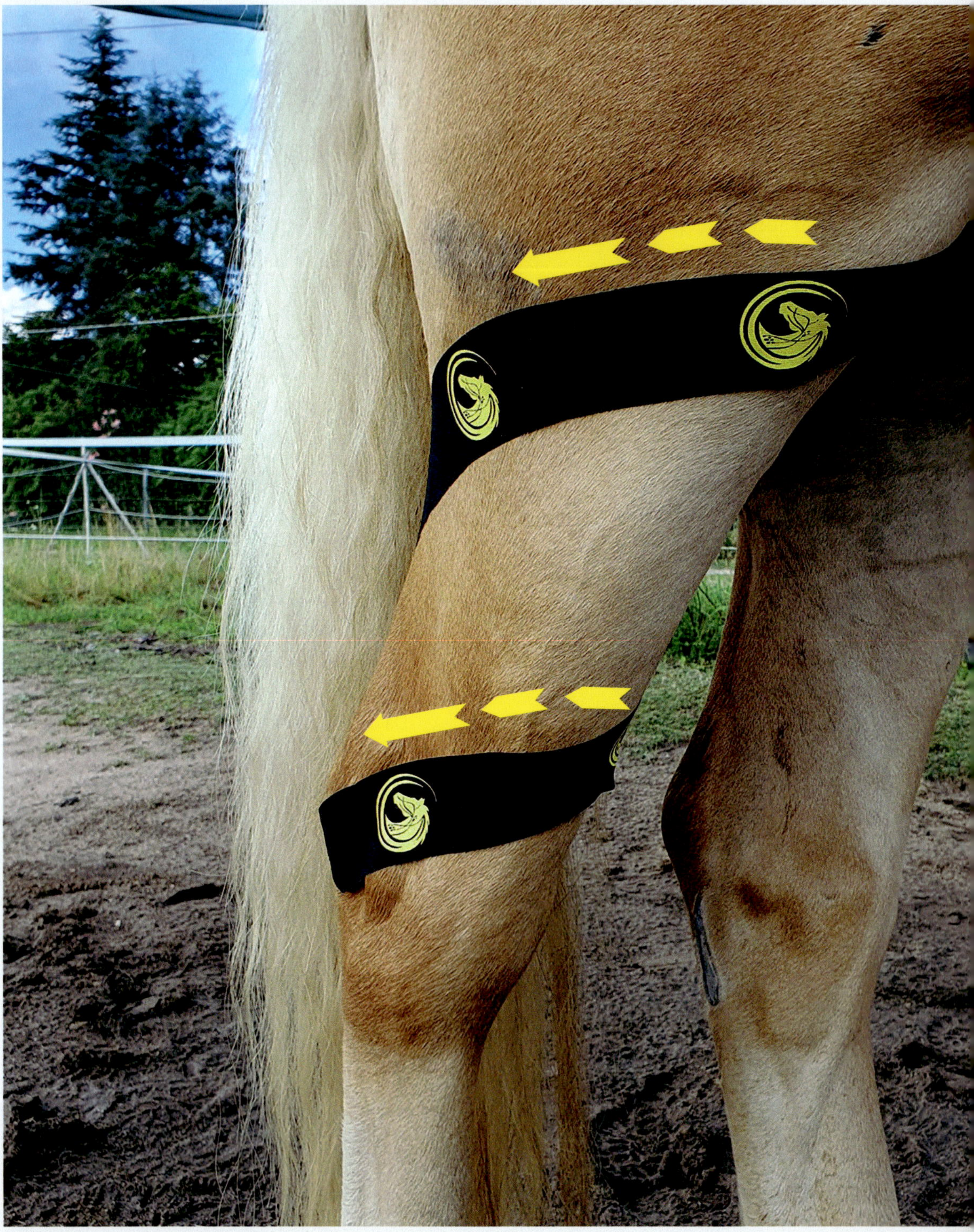

sich, diesen Bereich vorher mit Babypuder abzureiben und mit einem Mikrofasertuch nachzuwischen, um den Hautfettgehalt zu reduzieren und somit eine bessere Haftung für das Tape zu gewährleisten.

Ungefähr 5 cm der Trägerfolie von einem Ende des Tapestreifens entfernen und diese primäre Basis spannungsfrei an der Oberschenkelinnenseite aufbringen. Nun mit mittelgradigem Zug spiralförmig nach außen um das Bein herum tapen. Die sekundäre Basis wird spannungsfrei auf der Außenseite des Sprunggelenkes mit Back-up aufgeklebt.

Durch die Zugrichtung (Recoil) des Tapes zur primären Basis wird hier eine Korrektur angeregt, bei der sich Hüfte und Knie wieder mehr nach innen rotieren und sich dadurch das Sprunggelenk wieder weiter nach außen dreht bzw. gerader steht.

Da meistens beide Gliedmaßen betroffen sind, sollte die Tapinganlage auch an beiden Beinen getapt werden.

Das Gegenstück zur kuhhessigen Fehlstellung ist die o-beinige Fassbeinigkeit. Da die Fehlstellung genau umgekehrt ist zur Kuhhessigkeit, erfolgt die Tapinganlage entsprechend genauso umgekehrt. Man beginnt außen am Oberschenkel und tapet sich dann spiralförmig um das Knie herum nach innen bis zum Sprunggelenk, wo es an der Innenseite enden sollte.

Korrekturtape bei kuhessiger Stellung.

3.49 Magenprobleme

Magenprobleme sind auch bei Pferden nicht selten und können vielfältiger Art sein. Nach tierärztlicher Abklärung kann man unterstützend zur eigentlichen Behandlung den Magen mit einem Dermatomtape für das Magendermatom zusätzlich stimulieren.

Dermatome sind oberflächliche Hautareale, die über Nervenverbindungen mit innenliegenden Organen verbunden sind. Stimuliert man also das Hautareal mit dem Kinesiologischen Tape, wird darüber reflektorisch über die Nervenbahnen auch das gekoppelte Organ mit stimuliert. Das Dermatom findet sich auf beiden Seiten des Rumpfes und muss daher auch auf beiden Seiten getapt werden.

Das Magendermatom liegt zwischen dem 10. und 18. Brustwirbel. Also von der Hinterkante des Schulterblattes bis zur letzten Rippe. Sollte man sich nicht ganz sicher sein, kann man die Tapinganlage im Zweifelsfall auch gerne etwas größer anlegen.
Für diese Tapinganlage benötigt man mehrere lange I-Tapes mit abgerundeten Ecken, die alle mit der End-to-End-Technik aufgeklebt werden.

Man setzt in Höhe des 10. Brustwirbel, hinter dem Schulterblatt an. Ungefähr 5 cm von der Trägerfolie an einem Ende des ersten Tapestreifens entfernen und diese primäre Basis spannungsfrei und mit Back-up mittig auf der Rückenmuskulatur aufbringen. Mit der Spannung, mit der das Tape von der Trägerfolie kommt, bringt man den Wirkungsbereich senkrecht, gerade herunter bis zur Bauchmittellinie hin auf. Dort appliziert man die sekundäre Basis spannungsfrei und mit Back-up. Dann lässt man eine Tapebreite (ca. 5 cm) frei und klebt den nächsten Tapestreifen genauso und parallel zum ersten. Je nach Größe des Tieres werden ca. fünf bis sechs Tapestreifen auf einer Seite

3.49 Magenprobleme

Dermatomtape für das Magendermatom in Pink und Schwarz.

des Rumpfes benötigt. Der hinterste Tapestreifen sollte die letzte Rippe noch abdecken.

Um ein geschlossenes System über den gesamten Dermatombereich zu erhalten, werden nun noch die primären Basen alle mit einem weiteren Tapestreifen verbunden (hier schwarz). Auch dieser wird mit der End-to-End-Technik geklebt. Die primäre Basis am vordersten, senkrechten Tapestreifen (oder kurz davor) spannungsfrei aufbringen. Dann mit der Spannung, mit der das Tape von der Trägerfolie kommt, entlang der Rückenmuskulatur bis zum hintersten Tapestreifen aufkleben. Die sekundäre Basis dann wieder spannungsfrei und mit Back-up tapen.

Das Ganze wird auf der gegenüberliegenden Körperseite identisch getapt.

(Der hier mit abgebildete grüne Tapestreifen ist ein Muskeltape für den M. brachiocephalicus und steht in keinem Zusammenhang mit dem Dermatomtape!)

3.50 Meniskusschaden

Ähnlich wie beim Kreuzbandriss ist dies eine Erkrankung, die viel häufiger mit Hunden assoziiert wird. Dennoch kommen auch bei Pferden Meniskusschäden oder -risse vor.

Für eine allgemeine Stabilisierung des Knies empfiehlt sich ein Knieschlingentape wie im Kapitel 3.33 – »Instabilität Knie« ausführlich beschrieben wird.

Für eine gezieltere Stabilisierung des Knies sollte ein Stabilisierungstape geklebt werden. Die genaue Beschreibung dafür findet sich im Kapitel 3.46 – »Kreuzbandriss«.

3.51 Muskelfaserriss

Viele Pferdebesitzer haben es bestimmt schon mal gesehen: eine »Delle« in der Muskulatur. Dabei handelt es sich um eine Verletzung innerhalb der Fasern eines Muskels, die nicht korrekt verheilt ist.

Häufig sieht man dies an der Hinterbackenmuskulatur oder in der Halsmuskulatur, aber es kann auch jeden anderen Muskel betreffen. Diese Muskelfaserrisse entstehen häufig durch Biss- oder Trittverletzungen. In den meisten Fällen sind sie auch gar nicht weiter schlimm, da die benachbarten Muskelfasern die Funktion mit übernehmen.

Bei einem ausgeprägten Befund und wenn es dem Pferd Probleme bereitet, kann man hier mit einem Sterntape oder einem Narbentape unterstützend arbeiten. Ja, richtig gelesen! Ein Narbentape kann hier helfen, denn bei einem

Muskelfaserrisse stellen sich oftmals als Dellen in der ansonsten glatten Muskulatur dar.

3.51 Muskelfaserriss

Muskelfaserriss handelt es sich um eine Narbe innerhalb des Muskels. Eine weitere gute Möglichkeit sind bei Narben auch die Nutzung von Gittertapes.

Sterntape:
Bei sehr großflächigen Dellen ist das Sterntape die bessere Wahl. Hierfür benötigt man vier gleich lange I-Tapes mit abgerundeten Ecken. Die Tapestreifen müssen so lang sein, dass der Wirkungsbereich die Senke abdeckt und die Basen außerhalb der Vertiefung liegen.

Alle vier I-Tapes werden mit der Inside-Out-Technik appliziert. Trägerfolie mittig einreißen, Wirkungsbereich über der Vertiefung zentrieren und aufkleben und dann die Enden beidseits spannungsfrei applizieren. Den ersten Streifen des Sterntapes mit mittelgradiger Spannung horizontal aufkleben. Der zweite wird mit leichtgradiger Spannung im rechten Winkel dazu appliziert. Den dritten ebenfalls mit leichtgradiger Spannung schräg aufkleben und den vierten Tapestreifen so, dass er gerade noch gespannt ist, schräg in die entgegengesetzte Richtung tapen.
Durch die Überlagerung der vier Tapestreifen über der »Delle«, potenziert sich in dem Bereich der Anhebe-Effekt und man hat einen extrem großen Raumgewinn.

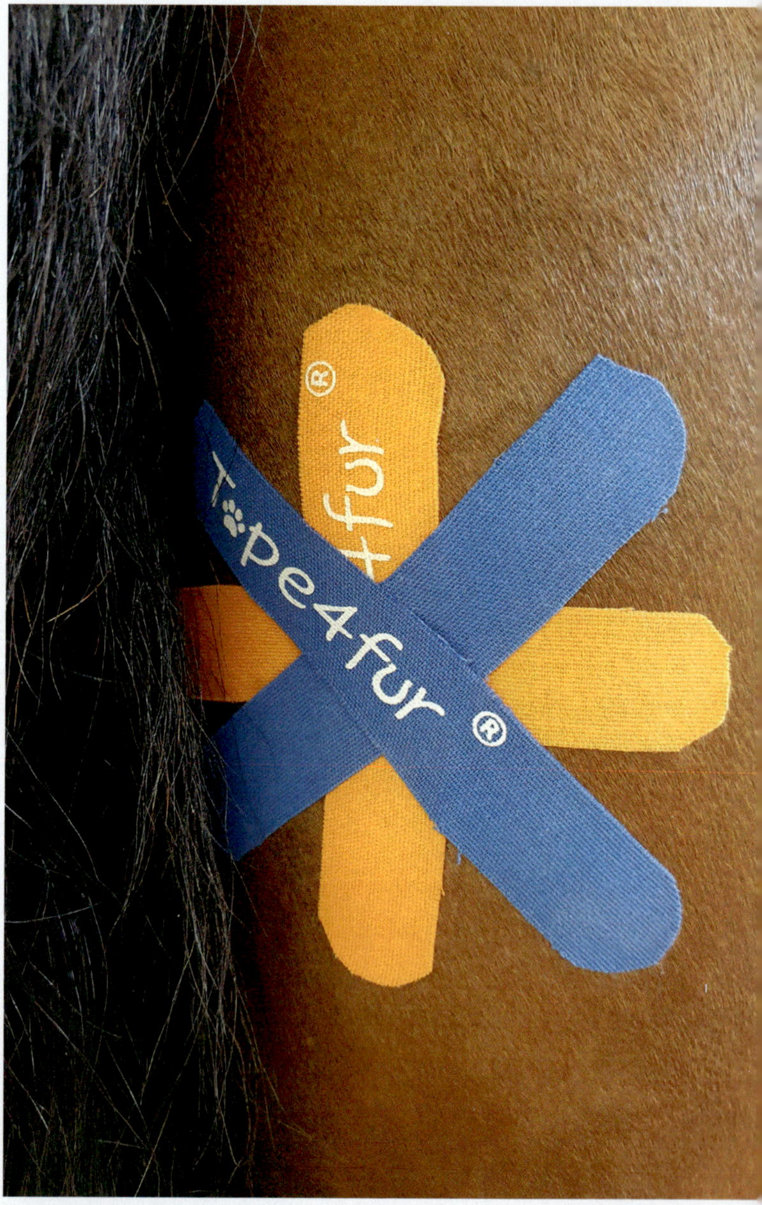

Wahlweise kann man für einen Muskelfaserriss ein Sterntape nutzen oder auch ein Narbentape (S. 121), da es sich um eine Narbe innerhalb des Muskels handelt.

Narbentape:

Bei eher kleinen Muskelfaserrissen oder eher länglichen Vertiefungen ist das Narbentape die bessere Variante.

Dafür benötigt man multiple I-Tapes (am besten in zwei verschiedenen Farben), deren Ecken ausnahmsweise mal nicht abgerundet sein müssen und die mit der Inside-Out-Technik auf die Narbe aufgeklebt werden.

Zusätzlich braucht man für die Pseudoanker zwei I-Tapes mit abgerundeten Ecken, die ebenfalls mit der Inside-Out-Technik aufgebracht werden.

Fotos und eine detaillierte Beschreibung für ein Narbentaping finden sich im Kapitel 3.53 – »Narben«.

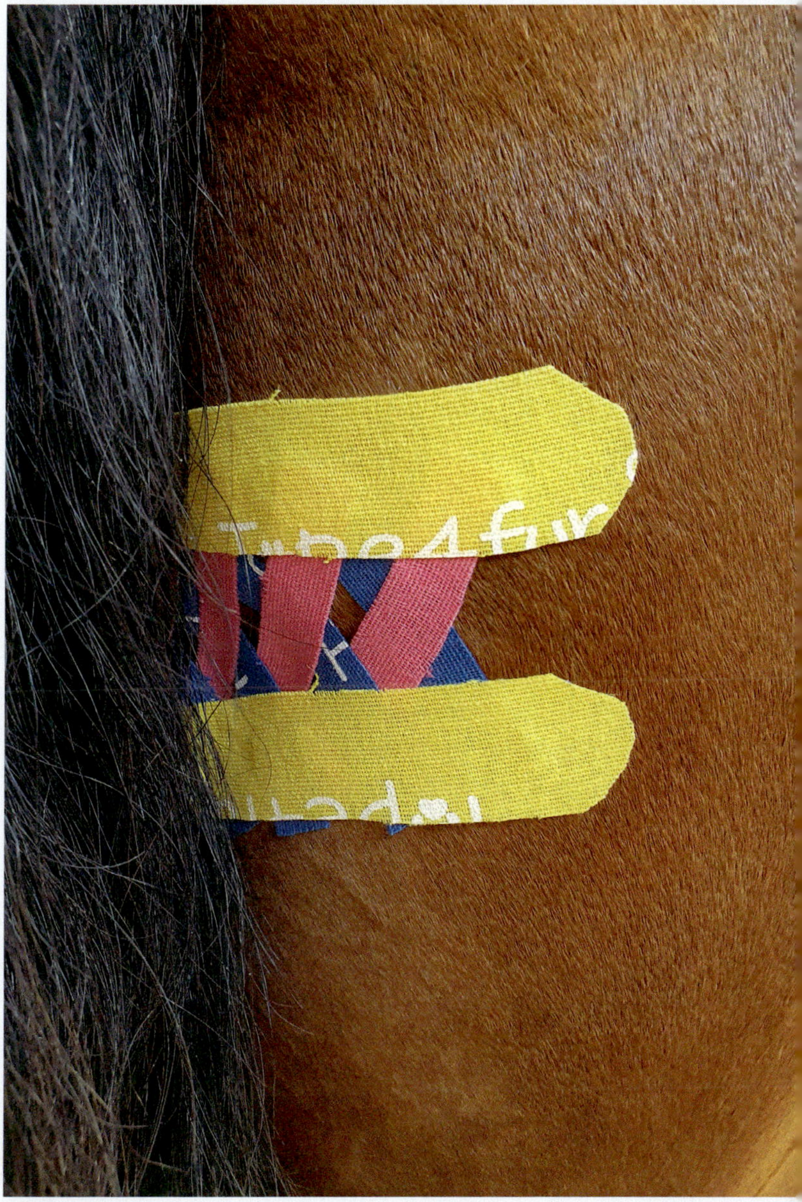

Gittertapes:

Wenn die Muskelfaserrisse sehr klein sind oder in einem Bereich liegen, der anatomisch nicht gut zugänglich ist, kann man sich auch mit Gittertapes behelfen.

Gittertapes vorsichtig mit den Fingern oder einer Kunststoff-Pinzette von der Trägerfolie abziehen und über sowie um den Bereich des Muskelfaserrisses entlangführen und überall da aufbringen, wo sie sich von alleine an das Fell heranziehen.

3.52 Nackenbandprobleme

Das Nackenband beim Pferd beginnt am Hinterhauptsbein und läuft gerade entlang des Mähnenkammes bis zum vierten Brustwirbel. Dort geht es dann über in das Rückenband.

Zur Funktion des Nackenbandes gehört die Aufrechthaltung der normalen Kopf- und Halsposition sowie das Heben und Senken des Kopfes. Es entlastet dabei die Muskulatur des Halses, vor allem die kurzen Kopf-Hals Muskeln rund ums Hinterhauptsbein sowie den ersten und zweiten Halswirbel.

Aufgrund von falschem Reiten, vor allem mit falschem Knick im Nackenbereich, kommt es zu einer Überdehnung des Nackenbandes sowie der umgebenden Muskulatur. Um eine sinnvolle Therapie und Tapinganlage zu gewährleisten, sind daher auch die Reitweise und das Training umzustellen!

Leider kann man das Nackenband aufgrund des Mähnenkammes nicht direkt tapen. Selbst wenn man die Mähne abschneiden würde, zu einer extrem kurzen Stehmähne, würde das Tape darauf nicht vernünftig halten. Das wäre ungefähr so, als würde man ein Pflaster auf eine Haarbürste kleben. Aus diesem Grund kann man das Nackenband nur indirekt über Muskeltapes für die kurzen Hals-Kopf-Muskeln an beiden Seiten des Mähnenkamms erreichen.

Man benötigt dafür zwei I-Tapes mit abgerundeten Ecken, die beide mit der End-to-End-Technikaufgeklebt werden.

Trägerfolie von einem Ende des Tapes entfernen und diese primäre Basis in Höhe des zweiten Halswirbels spannungsfrei aufbringen. Den Wirkungsbereich mit leichtgradiger Spannung parallel zum Mähnenkamm in Richtung Genick tapen und dann das sekundäre Ende spannungsfrei und mit Back-up zwischen Mähne und Ohr anbringen.

Muskeltape oder Gittertapes für die kurzen Hals-Kopf-Muskel

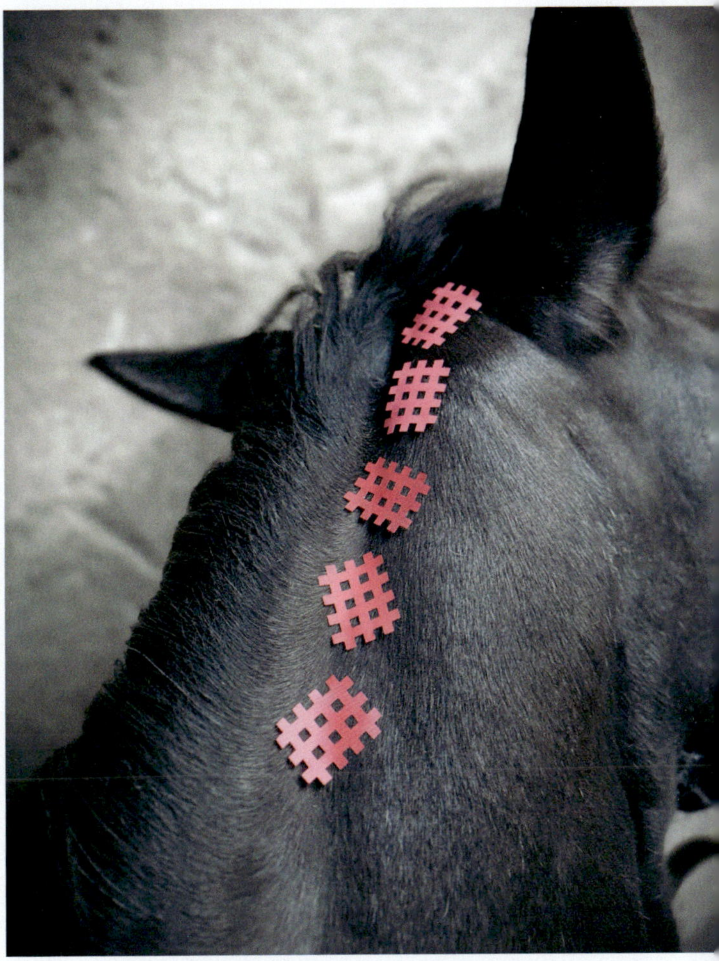

Auf der anderen Seite genauso mit dem zweiten Streifen verfahren. Dies aktiviert die kurzen Hals-Kopf-Muskeln und wirkt somit einer Überdehnung von Muskeln und Nackenband entgegen.

Bei Pferden, die in diesem Bereich aufgrund der Problematik überempfindlich sind und sich nicht gerne anfassen lassen wollen, sind Gittertapes eine gute Alternative.

Gittertapes vorsichtig mit den Fingern oder einer Kunststoff-Pinzette von der Trägerfolie abziehen und vorsichtig über den Bereich der kurzen Hals-Kopf-Muskeln auf beiden Seiten des Mähnenkammes entlangführen und überall da aufbringen, wo sie sich von alleine an das Fell heranziehen.

Aufbringen eines Narbentapes in Form eines »Jägerzaunes« und ein fertiges Narbentape (S. 125) mit den Pseudoankern.

3.53
Narben

Narben sind in vielen Fällen Störfelder. Entweder behindern sie den Energiefluss oder je nach Lage auch den Bewegungsradius, wenn das Narbengewebe sehr starr und unelastisch ist und dann auch noch auf einem Gelenk liegt.

Es wurde schon in den Kapiteln »Kastrationsnarbe«, »Koliknarbe« und auch »Muskelfaserriss« über Narbentaping berichtet. Wie man ein Narbentape klebt, ist unerheblich davon, ob es eine glatte Operationsnarbe ist oder eine unregelmäßige Narbe von einer Koppelverletzung. Wichtig ist immer, dass die Narbe von außen komplett verheilt und geschlossen ist. Wenn die Wunde geklammert oder genäht war, muss das alles auch wieder vom Tierarzt entfernt worden sein. Wenn das der Fall ist, kann man mit dem Taping der Narbe loslegen.

Je frischer eine Narbe ist, desto schneller sieht man dabei auch eine Verbesserung. Bei sehr alten Narben kann das mitunter auch schon mal Monate dauern und vielfache Wiederholungen der Tapinganlage benötigen.

Narbentape:

Für ein Narbentape braucht man multiple I-Tapes (am besten in zwei verschiedenen Farben), deren Ecken ausnahmsweise mal nicht abgerundet sein müssen und die mit der Inside-Out-Technik auf die Narbe aufgeklebt werden.

Die Trägerfolie des ersten Tapestreifens mittig einreißen, von innen nach außen leichtgradig dehnen und schräg auf einem Ende der Narbe aufbringen. Beide Enden des Tapestreifens spannungsfrei tapen. Den zweiten Tapestreifen genauso aufkleben, aber schräg in die entgegengesetzte Richtung. sodass sich an diesem Ende der Narbe ein »X« ergibt.

Entlang der Narbe bringt man dann immer weiter diese »X« auf, bis zum anderen Ende der Narbe. Das Ganze sieht dann aus wie ein Gitterzaun. Durch die vielen kleinen Tapestreifen erfährt das starre Narbengewebe ganz viele Impulse aus verschiedenen Richtungen, dies hilft, das Gewebe wieder zu mobilisieren.

Die beiden unterschiedlichen Farben sind in diesem Fall hilfreich, damit man immer bei dem X-Muster bleibt und nicht irgendwann vor lauter Tapestreifen die Richtung verliert. Bei zwei unterschiedlichen Farben fällt es sofort auf, wenn das Muster nicht mehr stimmt! Mann kann sich einfach merken, dass die gleiche Farbe immer parallel zueinander sein muss. Wie hier im Bild immer Blau parallel zu Blau und Grün immer parallel zu Grün ist.

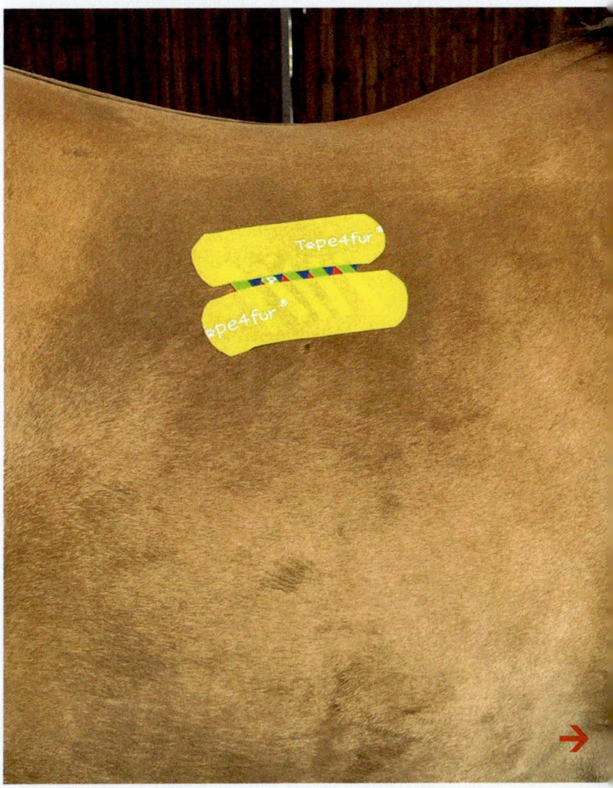

→

3.53 Narben

Da die Enden der kleinen Tapestreifen ja nicht abgerundet wurden, wird nun auf beiden Seiten parallel zur Narbe jeweils ein »Pseudoanker« aufgebracht. Pseudoanker heißt er deshalb, weil er zwar die eckigen Enden der kleinen Tapestreifen abdeckt und damit sichert, aber dieser Anker wird ausnahmsweise mal mit leichter Spannung aufgebracht. Dadurch erfährt die Narbe auch noch einen leichten Impuls in der Parallelrichtung.

Für die Pseudoanker benötigt man zwei I-Tapes mit abgerundeten Ecken, die ebenfalls mit der Inside-Out-Technik aufgebracht werden. Tapestreifen mittig einreißen, von innen nach außen dehnen und an der Oberkante des Narbentapes aufbringen, sodass die Enden alle abgedeckt sind. Die Enden des Pseudoankers spannungsfrei und mit Back-up tapen. Mit dem zweiten Pseudoanker genauso an der Unterkante des Narbentapes verfahren.

Gittertapes:
Bei sehr kleinen oder punktuellen Narben, z.B. nach einem endoskopischen Eingriff oder auch wenn die Narbe in einem anatomisch schlecht zugänglichen Bereich liegt, sind Gittertapes die bessere Alternative.

Gittertapes vorsichtig mit den Fingern oder einer Kunststoff-Pinzette von der Trägerfolie abziehen, dicht am Fell entlang über den Bereich der Narbe führen und überall da aufbringen, wo sie sich von alleine an das Fell heranziehen. Das kann mitunter auch mal neben der Narbe sein, wenn dort die größere Störung im Gewebe vorliegt!

O

3.54 Osteochondrose

Bei der Osteochondrose handelt es sich um eine genetische und erblich bedingte Krankheit. Es kommt dabei zu einer Störung im Verknöcherungsprozess der Gelenke während des Wachstums. Dies führt zur Bildung kleiner Knorpelschuppen bzw. Chips, die sich vom Knorpel ablösen. Je nach Lage können diesen Knorpel-/Knochenchips massive Probleme bereiten und müssen operativ entfernt werden.

Präventiv (oder auch postoperativ) kann man diese Chips je nach Lage mit einem kleinen Sterntape oder mit Gittertapes behandeln. Ausführlicher ist dies im Kapitel 3.19 – »Gelenkchips« beschrieben.

3.55 Patellafixation (verhakte Kniescheibe)

Die Patellafixation kann zwei verschiedene Auslöser haben. Entweder ist eine extreme Kontraktion des vierköpfigen Oberschenkelmuskels (M. quadriceps femoris) der Auslöser, der dadurch die Kniescheibe (Patella) nach oben zieht und dort fixiert.

Die zweite Möglichkeit ist eine zu flache Rollfurche des Oberschenkelknochens und vor allem ein abgeflachter seitlicher Rollkamm. Dadurch wird die Patella nicht an der richtigen Stelle gehalten und rutscht nach außen seitlich weg und fixiert dort.

Beide Varianten kann man mit der gleichen Anlage tapen. Dafür wird ein I-Tape mit abgerundeten Enden benötigt, das mit der End-to-End-Technik aufgebracht wird.

Da bei dieser Tapinganlage ein größerer Bereich an der Innenseite des Oberschenkel getapt wird, sollte man diesen Bereich vorher mit Baby-

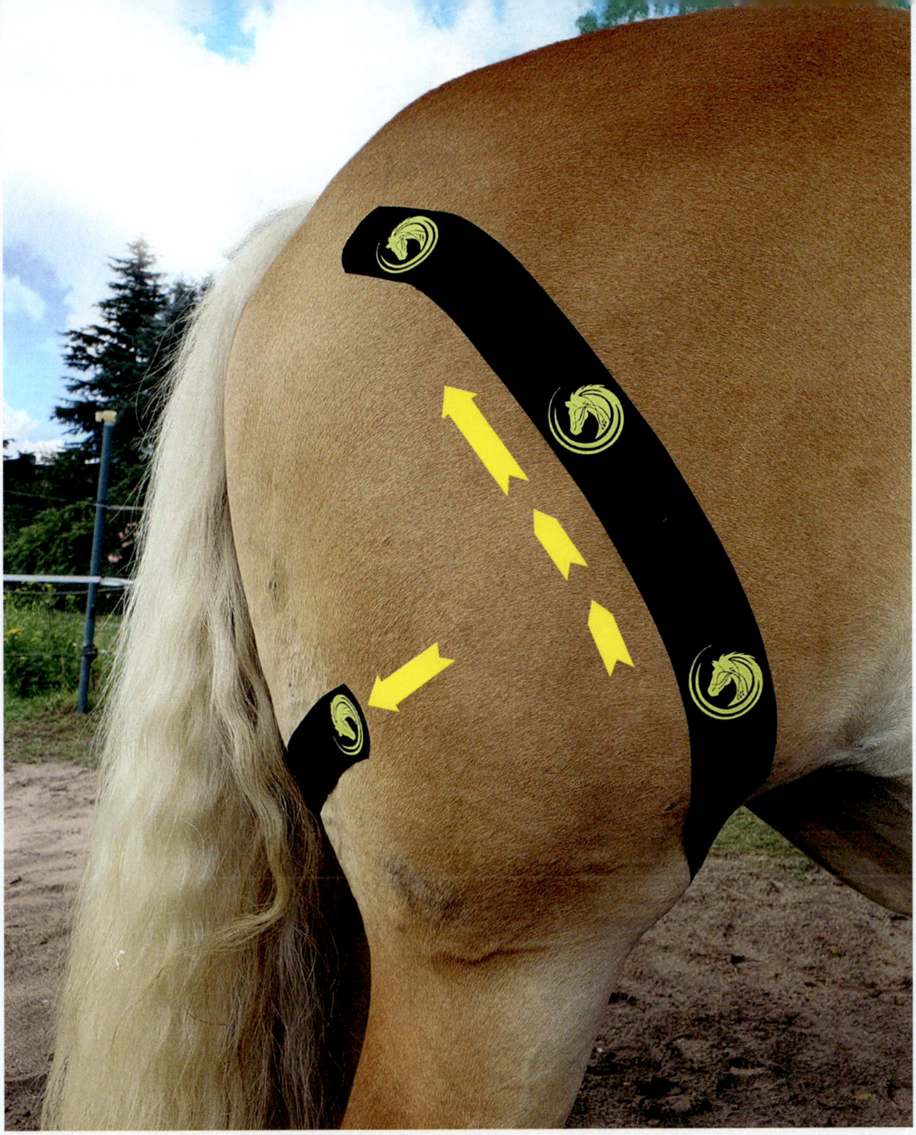

Kombination aus entspannendem Muskeltape und Korrekturtape bei Patellafixation.

puder abreiben und dann mit einem Mikrofasertuch gut nachwischen. Dies reduziert, wie wir wissen, den Hautfettanteil und das Tape haftet besser innen am Oberschenkel.

Die primäre Basis wird spannungsfrei in Höhe der Kniekehle auf der Außenseite des Oberschenkels aufgeklebt. Dann klebt man den ersten Abschnitt des Tapestreifens spannungsfrei hinten um die Kniekehle und der Oberschenkelinnenseite herum. Dieser Abschnitt dient ebenfalls noch als Anker. Vorne um den Kniegelenkspalt wird das Tape mit mittelgradiger Spannung aufgebracht. Danach verläuft der Wirkungsbereich schräg aufwärts mit leichtgradiger Spannung, dem vierköpfigen Oberschenkelmuskel folgend bis zum Hüftgelenk. Die sekundäre Basis wird spannungsfrei und mit Back-up im Bereich des Hüftgelenkes aufgebracht.

Dies ist eine Kombination aus Korrektur- und Muskeltape. Der mittelgradige Recoil im Bereich des Kniekehlgelenkspaltes zieht die Patella wieder nach medial und der leichtgradige Recoil im Verlauf des vierköpfigen Oberschenkelmuskels unterstützt dessen Dehnung und Entspannung.

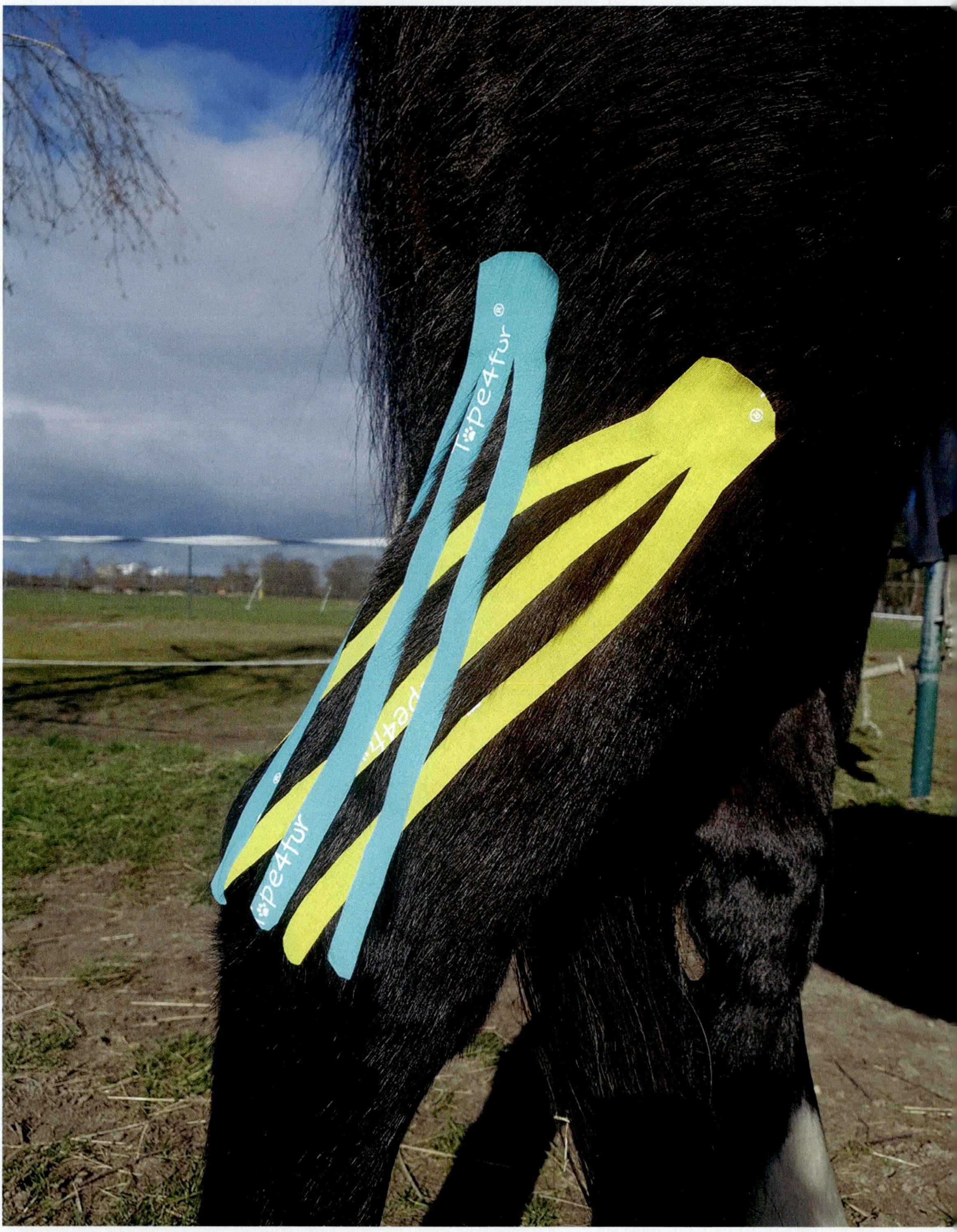

Kombination zweier Fächertapes für ein Lymphtape bei einer Piephacke.

3.56 Piephacke

Bei einer Piephacke handelt es sich um eine Entzündung des Schleimbeutels am Fersenbeinhöcker des Sprunggelenkes. Grund für diese Schleimbeutelentzündung kann unter anderem ein Tritt eines anderen Pferdes sein oder auch wiederholtes Treten gegen die Boxenwand.

Solange die Schwellung weich und verschiebbar ist, kann man hier sehr gut mit einem Lymphtape unterstützend arbeiten. Ältere Piephacken können mit der Zeit sehr hart werden und auch verkapseln. Dann ist eine Tapinganlage ziemlich sinnlos, denn durch die Kapsel tritt auch keine Flüssigkeit mehr durch.

Je nach Ausprägung und Größe der Piephacke braucht man dafür mindestens ein Fächertape, das mit der End-to-End-Technik aufgeklebt wird. Bei den Fächertapes gilt generell, die Trägerfolie am Übergang von der primären Basis zu den Fingern einzureißen und umzuknicken, damit man sie dann beim Tapen besser zu fassen kriegt.

Primäre Basis des Fächertapes spannungsfrei in Höhe von Kniekehle oder Kniegelenkspalt aufbringen. Mit einem der äußeren Tapefinger beginnen und diesen mit der Spannung, mit der das Tape von der Trägerfolie kommt (Off-Paper-Stretch), in Richtung der Schwellung am Fersenbeinhöcker hin aufbringen. Das Ende des Tapefingers spannungsfrei und mit Back-up applizieren. Mit den restlichen Fingern genauso verfahren und dabei alle Finger großflächig über der Schwellung verteilen.

Weitere Fächertapes werden identisch geklebt, aber dabei die primäre Basis versetzt aufbringen und dann zur Piephacke hin tapen. Das Ganze am besten auf der Beinaußenseite und der Beininnenseite tapen.

Durch den Recoil des Tapes zur primären Basis wird der gestauten Flüssigkeit eine Abflussrichtung gezeigt. Zusätzlich werden durch den Anhebe-Effekt die Gefäße geweitet, sodass die Flüssigkeit besser abtransportiert werden kann.

Alternativ kann man hier auch Gittertapes auf dem Bereich der Schwellung aufkleben. Gittertapes vorsichtig mit den Fingern oder einer Kunststoff-Pinzette von der Trägerfolie abziehen und über den Bereich der Schwellung entlangführen und überall da aufbringen, wo sie sich von alleine an das Fell heranziehen.

3.57 PSSM (Polysaccharid Speicher Myopathie)

Bei PSSM handelt es sich um eine angeborene genetisch bedingte Muskelerkrankung. Es kommt zu übermäßiger Speicherung von langkettigen Zuckermolekülen (Polysacchariden) in den Muskelzellen. Dies führt zu einer Funktionsstörung der Muskelzellen. Die betroffenen Pferde zeigen häufig ähnliche Symptome wie bei einem Kreuzverschlag, nämlich extrem schmerzhafte Rückenverspannungen.

Da PSSM genetisch bedingt ist, kann man mit dem Tape nur die Begleiterscheinungen lindern und setzt dabei mit einem entspannenden Muskeltape auf beiden Seiten des Rückens an. Eine ausführliche Beschreibung dazu findet man im Kapitel 3.47 – »Kreuzverschlag«.

3.58
Radialislähmung

Der Radialisnerv entspringt dem Plexus brachialis. Dies ist ein Nervengefl echt, welches vor der ersten Rippe bzw. vor dem Schulterblatt liegt. Er verläuft über das Schulterblatt, geht an der Hinterkante des Buggelenkes entlang, weiter an der Innenseite des Oberarmes und läuft dann auf der Beinvorderseite entlang und endet mittig in Höhe der Speiche des Unterarmes (hier im Bild in Lila eingezeichnet).

Durch Trittverletzungen von anderen Pferden, aber auch durch ein massives Anpralltrauma, z. B. Anstoßen an eine Boxentür, kann dieser Nerv geschädigt werden. Dies führt zu massiver Lahmheit der betroff enen Vorhand sowie zu einem hochgradigen Abbau der Schulter- und Vorhandmuskulatur. Um dem Muskelabbau entgegenzuwirken sollten aktivierende Muskeltapes angebracht werden. Diese sind im Kapitel 3.72 – »Sweeny shoulder« beschrieben.

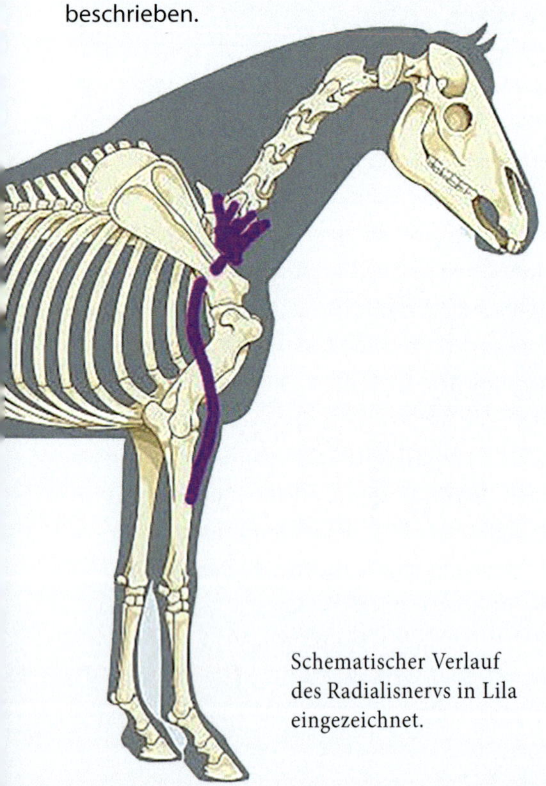

Schematischer Verlauf des Radialisnervs in Lila eingezeichnet.

Die wichtigste Tapinganlage aber für den Radialisnerv selber ist eine Kombination aus Sterntape für den Plexus brachialis (wo der Nerv entspringt) und Nerventape für den Verlauf des Radialisnervs. Durch das Sterntape schaff t man viel Platz für das geschädigte Gewebe und durch das Nerventape spricht man ganz gezielt den Nerv an.

Sterntape

Hierfür benötigt man vier gleich lange I-Tapes mit abgerundeten Ecken, die alle mit der Inside-Out-Technik aufgebracht werden. Es ist hilfreich, wenn man bei der Anlage des Sterntapes den Hals etwas auf die gegenüberliegende Seite vordehnt.

Beim ersten Tapestreifen die Trägerfolie mittig einreißen, das Tape von innen nach außen dehnen und mit mittelgradiger Spannung auf dem Plexus brachialis zentrieren und aufbringen. Die Enden werden beide spannungsfrei und mit Back-up geklebt. Der zweite Tapestreifen wird genauso aufgebracht, aber im rechten Winkel zum ersten Streifen und mit leichtgradiger Spannung, sodass sich ein »+« ergibt. Den dritten Tapestreifen auch mit leichtgradiger Spannung schräg zum ersten Streifen tapen und das vierte I-Tape schräg in die entgegengesetzte Richtung aufbringen, sodass es gerade noch gespannt ist.

Nerventape

Man benötigt ein I-Tape mit abgerundeten Ecken, das mit der End-to-End-Technik aufgebracht wird. Ungefähr 2–3 cm der Trägerfolie an einem Ende des Tapestreifens entfernen und diese primäre Basis spannungsfrei direkt an der Hinterkante des Sterntapes aufkleben. Der Wirkungsbereich des Tapestreifens wird mit der Spannung, mit der das Tape von der Trägerfolie kommt, im Verlauf des Radialisnervs getapt, wie zuvor beschrieben. Die sekundäre Basis wird spannungsfrei und mit Back-up auf der Vorderseite des Unterarmes appliziert.

Sterntape am Ursprungsort des Nervs und Nerventape im Verlauf des N. radialis.

R

3.59 Rossestörung

Die Rosse der Stute ist hormonell gesteuert. Bei hormonellen Störungen kann es somit zu Problemen während der Rosse kommen, wie zum Beispiel einer dauerhaften Rossigkeit. Am besten lässt man das durch den Tierarzt untersuchen und dann eventuell mit Hormongabe regulieren.

Dazu kann man aber auch mit dem Tape arbeiten. Auch bei Stuten, die während des normalen Rossezeitraumes sehr unausgeglichen werden oder wenn in der Zeit Rittigkeitsprobleme auftreten, hat sich ein beidseitiges Dermatomtape für den Urogenitalbereich bewährt.

Dermatome sind oberflächliche Hautareale, die über Nervenverbindungen mit innenliegenden Organen verbunden sind. Stimuliert man das Hautareal mit dem Kinesiologischen Tape, wird dadurch reflektorisch über die Nervenbahnen auch das gekoppelte Organ mit stimuliert. Das Dermatom findet sich auf beiden Seiten des Rumpfes und muss aus diesem Grund auch auf beiden Seiten getapt werden.

Das Dermatom für den Urogenitalbereich liegt zwischen dem 2. Lendenwirbel und dem 3. Schweifwirbel. Für das Dermatomtaping benötigt man multiple I-Tapes mit abgerundeten Ecken, die alle mit der End-to-End-Technik getapt werden.

Man setzt in Höhe des 2. Lendenwirbel, ca. eine Handbreit neben der Rückenmittelinie an. Ungefähr 5 cm von der Trägerfolie an einem Ende des ersten Tapestreifens entfernen und dort die primäre Basis spannungsfrei aufbringen. Mit der Spannung, mit der das Tape von der Trägerfolie kommt, tapt man gerade nach unten bis zur Bauchmittellinie. Dort wird die sekundäre Basis spannungsfrei und mit Back-up aufgeklebt.

Dann lässt man ca. eine Tapebreite (5 cm) frei und setzt den nächsten Tapestreifen in identischer Weise parallel zum ersten I-Tape.

Dermatomtape im Bereich des Urogenitalbereiches.

→

3.59 Rossestörung

Je nach Größe des Tieres werden ca. fünf bis sechs Tapestreifen auf einer Seite des Rumpfes aufgeklebt. Die I-Tapes, die dann auf der Hinterhand angebracht werden, gehen etwa bis in Höhe des Knies. Der hinterste Tapestreifen sollte in Höhe der Schweifrübe liegen.

Um ein geschlossenes System über dem gesamten Dermatombereich zu erhalten, werden nun noch die primären Basen alle mit einem weiteren Tapestreifen verbunden (hier schwarz). Auch dieser wird mit der End-to-End-Technik geklebt. Die primäre Basis wird am vordersten Tapestreifen (oder kurz davor) spannungsfrei aufgebracht. Dann mit der Spannung, mit der das Tape von der Trägerfolie kommt, entlang der Rücken- und Kruppenmuskulatur bis zum hintersten Tapestreifen applizieren. Die sekundäre Basis dann wieder spannungsfrei tapen.

Das Ganze wird auf der anderen Körperseite identisch aufgeklebt.

3.60 Rückenwirbelblockierung

Da muss man wohl nicht mehr viel dazu sagen. Jeder Pferdebesitzer, jeder Reiter und jeder Therapeut kennt es. Es ist unerheblich, ob das Pferd viel, wenig oder gar nicht geritten wird. Jedes Pferd kann sich einen oder mehrere Wirbel im Rücken blockieren. Da reicht es manchmal schon, wenn ausgiebig auf der Koppel herumgetobt wird und es das Pferd dabei zerreißt. Es muss gar nicht vom schlechten Reiten oder unpassendem Sattel kommen, wobei das natürlich auch nicht gerade förderlich ist.

Wenn die Blockierung gelöst wurde und man dem Bereich noch zusätzlich etwas Halt geben möchte, ist hier das Stabilisierungstape die Tapinganlage der Wahl.

Einzelne Wirbelblockierung:

Ist nur ein Wirbel betroffen, benötigt man dafür vier I-Tapes mit abgerundeten Ecken, die mit der Inside-Out-Technik in Stabilisierungstechnik aufgebracht werden.

Beim ersten Streifen die Trägerfolie mittig einreißen und diesen Wirkungsbereich von innen nach außen leicht- bis mittelgradig dehnen und schräg über dem betroffenen Wirbelgelenk aufbringen. Diesen Wirkungsbreich SOFORT von einem Helfer mit den Händen fixieren lassen, damit kein primärer Recoil eintritt. Während der Helfer diesen Mittelteil des Tapestreifens fixiert, werden die Enden auf beiden Seiten spannungsfrei aufgebracht. Danach kann der Helfer dann auch den Wirkungsbereich loslassen.

Der zweite Tapestreifen wird mit genau derselben Handhabung aufgebracht, aber schräg in die entgegengesetzte Richtung über dem Wirbelgelenk, sodass sich ein »X« ergibt. Auch hier Mittelteil fixieren bis die Enden aufgeklebt sind.

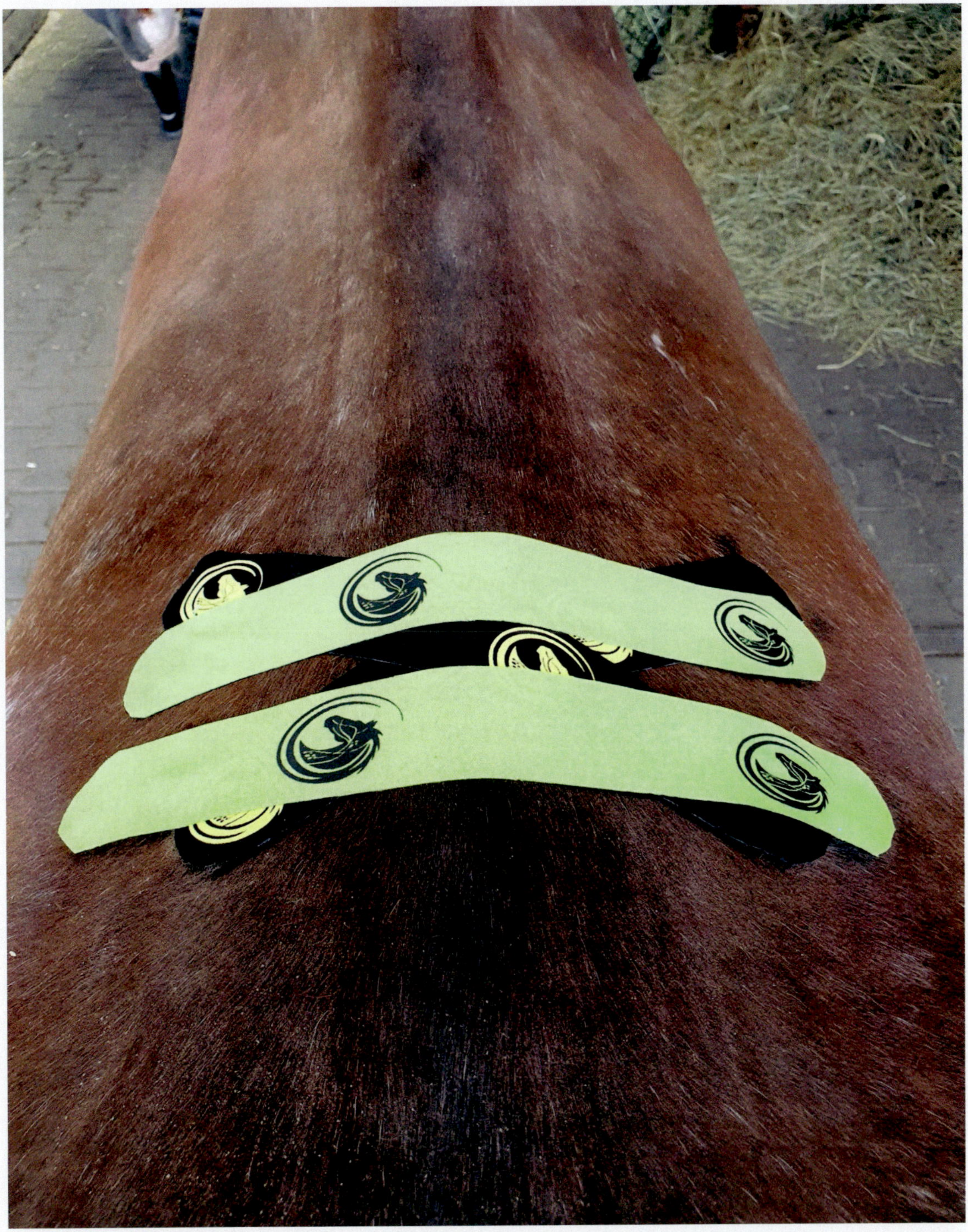

Stabilisierungstape im Lendenbereich bei einer einzelnen Blockierung.

3.60 Rückenwirbelblockierung

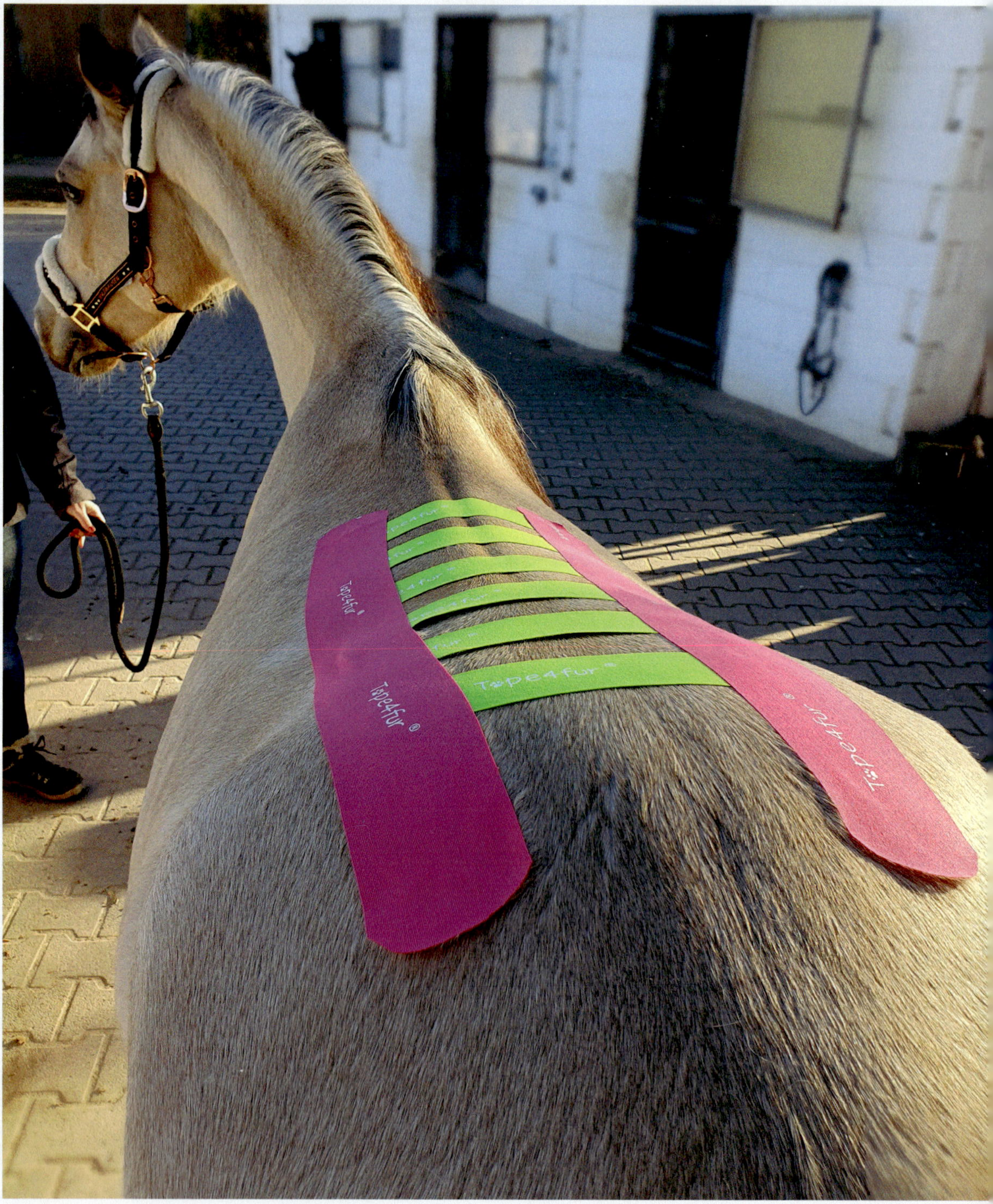

Stabilisierungstape bei Mehrfach-Blockierungen in dem Brust- und Lendenwirbelbereich.

Mit dem dritten Streifen verfährt man genauso wie mit den ersten beiden, nur dass dieser in der Querrichtung gerade über dem vorderen Wirbel appliziert wird, der an diesem Gelenk beteiligt ist. Ebenso Mittelteil des Tapestreifens fixieren, bis die Enden aufgebracht sind.

Mit dem vierten und letzten Streifen verfährt man auch wieder in dieser Art und Weise. Dieser wird in der Querrichtung gerade über dem hinteren Wirbel appliziert, der an diesem Gelenk beteiligt ist. Hier auch den Mittelteil des Tapestreifens fixieren bis die Enden aufgebracht sind.

Mehrsegmentale Blockierung:

Oftmals liegen diese Blockierungen im Rücken mehrsegmental vor, das heißt, mehrere Wirbel hintereinander sind davon betroffen. Da wäre es sehr schwierig, mehrere Stabilisierungstapes hintereinander anzubringen. Man käme sich mit den verschiedenen Tapestreifen schnell ins Gehege. Deshalb nutzt man eher das »Strickleiter«-Tape. Dies ist eine Kombination aus mehreren einfachen Stabilisierungstapes für die betroffenen Segmente sowie einem Muskeltape für den langen Rückenmuskel, da dieser in den meisten Fällen dann auch recht verspannt ist.

Man benötigt dafür mehrere kurze I-Tapes mit abgerundeten Ecken, entsprechend der Anzahl der blockierten Wirbel sowie zwei lange I-Tapes für die Muskulatur. Die kurzen Tapestreifen werden alle mit der zuvor beschriebenen Stabilisierungstechnik aufgebracht. Die langen Tapestreifen werden mit der End-to-End-Technik geklebt.

Stabilisierungstapes:

Beim ersten Streifen der Stabilisierungstapes (hier grün) die Trägerfolie mittig einreißen und diesen Wirkungsbereich von innen nach außen dehnen und mit leicht- bis mittelgradiger Spannung gerade/quer über dem betroffenen Rückenwirbel aufbringen. Diesen Wirkungsbereich SOFORT von einem Helfer mit den Händen fixieren lassen, damit kein primärer Recoil eintritt. Während der Helfer diesen Mittelteil des Tapestreifens fixiert, werden die Enden auf beiden Seiten spannungsfrei aufgebracht. Danach kann der Helfer dann auch den Wirkungsbereich loslassen.

Je nach Anzahl der blockierten Wirbel werden entsprechend viele I-Tapes mit der gleichen Vorgehensweise hintereinander auf die betroffenen Segmente aufgebracht.

Durch das Unterdrücken des Recoils und den Erhalt der Spannung gibt man den Wirbeln mehr Stabilität.

Muskeltape:

Für die verspannte Rückenmuskulatur wird dann ein entspannendes Rückentape beidseits aufgebracht. Den Rückenmuskel dabei so gut es geht vordehnen, indem man die Pferdenase zum Boden herabführt (eventuell solange Heu fressen oder grasen lassen).

Trägerfolie an einem Ende einreißen und ungefähr 5 cm entfernen und diese primäre Basis spannungsfrei hinter dem Schulterblatt aufbringen. Trägerfolie bis ca. 5 cm vor dem anderen Ende abziehen und den Wirkungsbereich mit leichtgradiger Spannung im Verlauf des langen Rückenmuskels parallel zur Wirbelsäule tapen, die sekundäre Basis spannungsfrei und mit Back-up am höchsten Punkt der Kruppe aufkleben. Die Enden der querverlaufenden Stabilisierungstapes werden dabei vom Muskeltape abgedeckt.

Auf der anderen Rückenseite den zweiten Tapestreifen auf dieselbe Art und Weise anbringen und die anderen Enden der Stabilisierungstapes abdecken. Danach kann/darf das Pferd den Kopf wieder nach oben nehmen.

3.61 Satteldruck

Schlecht sitzende Sättel, aber auch extrem dreck- bzw. schweißverkrustete Satteldecken können zu Druckstellen am Rücken des Pferdes führen. Diese Ursachen sind selbstverständlich zu beheben, sonst nutzt die beste Tapinganlage nichts.

Meistens finden sich die Druckstellen seitlich im Bereich des Widerristes oder aber auch an der Hinterkante des Sattels, wo dieser zu fest aufliegt. Um viel Platz für das komprimierte Gewebe zu schaffen, kommt hier das Sterntape zum Einsatz. Durch die Überlagerung mehrerer Tapestreifen potenziert sich der Anhebe-Effekt und es kommt zum größtmöglichen Raumgewinn in dem betroffenen Bereich.

Wichtig: *Sollten bereits offene Scheuerstellen entstanden sein, müssen diese erst wieder von außen abgeheilt sein, bevor das Tape aufgebracht wird!*
Für das Sterntape benötigt man vier gleich lange I-Tapes mit abgerundeten Ecken, die alle mit der Inside-Out-Technik aufgebracht werden.

Beim ersten Tapestreifen die Trägerfolie mittig einreißen, das Tape von innen nach außen dehnen und mit mittelgradiger Spannung auf die Druckstelle horizontal zentrieren und aufbringen. Die Enden werden beide spannungsfrei und mit Back-up geklebt. Der zweite Tapestreifen wird mit leichtgradiger Spannung genauso aufgebracht, aber im rechten Winkel zum ersten Streifen, sodass sich ein »+« ergibt. Den dritten Tapestreifen auch mit leichtgradiger Spannung schräg zum ersten Streifen tapen, das vierte I-Tape schräg in die entgegengesetzte Richtung und so, dass es gerade noch gespannt ist.

Bei mehreren Druckstellen wird auf jede Stelle ein Sterntape geklebt.

Sind die Stellen noch sehr klein, kann man alternativ auch Gittertapes nutzen. Gittertapes vorsichtig mit den Fingern oder einer Kunststoff-Pinzette von der Trägerfolie abziehen, über und um den Bereich der Druckstelle entlangführen und überall da aufbringen, wo sie sich von alleine an das Fell heranziehen.

Sterntape zur Entlastung von Druckstellen.

3.62 Schale

Unter Schale versteht man beim Pferd eine knöcherne Zubildung im Bereich des Fesselbeins, des Krongelenks, des Kronbeins oder des Hufgelenks. Es handelt sich dabei um eine Form der Arthrose. Je nach Lage des Befundes unterteilt man Schale in zwei Gruppen. Von der hohen Schale spricht man, wenn die arthrotischen Veränderungen zwischen Fesselbein und Kronbein liegen. Befinden sich die Knochenzubildungen zwischen Kronbein und Hufbein, spricht man von einer tiefen Schale.

Die Erkrankung kann sowohl an den Vordergliedmaßen als auch an den Hintergliedmaßen auftreten, deutlich häufiger sind jedoch die Vorderbeine betroffen. Als Auslöser können Traumata (wiederholtes Anschlagen mit den Beinen in der Box) sowie starke Überlastung (Sprünge, Stopps oder Wendungen) in Frage kommen.

Die tiefe Schale kann man mit dem Tape nicht wirklich erreichen, da der Bereich schon zu tief in der Hornkapsel liegt.

Für die hohe Schale ist ein einfaches Dekompressionstape die beste Tapingvariante. Dafür benötigt man ein I-Tape mit abgerundeten Ecken, das mit der Inside-Out-Technik aufgeklebt wird. Es verläuft vorne entlang des Kronrandes.

Die Trägerfolie des Tapestreifen mittig einreißen, das Tape von innen nach außen dehnen und mit mittelgradiger Spannung horizontal von vorne auf den Kronrand zentrieren und aufbringen. Die Enden werden beide spannungsfrei und mit Back-up geklebt. Dabei sollten ca. zweidrittel des Tapes auf dem Fell liegen und nur das untere Drittel auf dem Huf. Im Gegensatz zum Huftape wird hier nur der vordere Bereich des Beines/Hufes getapt und die Endbasen liegen seitlich innen und außen am Kronrand.

Sollten mehrere Hufe betroffen sein, dann wird das einfache Dekompressionstape auf alle betroffenen Hufe geklebt.

Hinweis: *Der Huf muss trocken sein. Man sollte sich beim Tapen am besten auf der Stallgasse befinden und nicht in der Einstreu der Box oder im sandigen Reitplatzboden, da man da schnell Gefahr läuft, dass sich Sand und/oder Einstreu auf der Kleberfläche des Tapes verfangen und damit die Haftung beeinträchtigen.*

Eine gute Alternative zum Dekompressionstape sind Gittertapes. Diese vorsichtig mit den Fingern oder einer Kunststoff-Pinzette von der Trägerfolie abziehen, über den Bereich des vorderen Kronrandes entlangführen und überall da aufbringen, wo sie sich von alleine an das Fell heranziehen.

Dekompressionstape im Bereich des Kronrandes.

3.63 Schlauchödem

Schwellungen rund um den Schlauch sind leider keine Seltenheit. Solange sie durch Stiche oder kleinere Verletzungen (auch nach Kastrationen) verursacht sind, nutzt man hier ein Hämatomtape. Liegen als Ursache Leber-, Nieren- oder Tumorerkrankungen vor, ist vom Tapen abzusehen, da durch die durchblutungs- und kreislaufanregende Wirkung des Tapes das tumoröse Geschehen noch angeregt werden kann. Dies wäre wenig wünschenswert.

Achtung: *Der Bereich an der Bauchunterseite und vor allem rund um die Schlauchtasche hat wenig Fell, dafür aber einen sehr hohen Hautfettgehalt. Dieser beeinträchtigt die Haftung des Tapes. Deshalb sollte man diesen Bereich vor dem Tapen gründlich mit Babypuder und einem Mikrofasertuch abreiben. Das reduziert den Hautfettgehalt und verbessert die Haftung des Tapes.*

Als Tapinganlage für ein Schlauchödem nutzt man ein Hämatomtape mit mehreren Fächertapes,

Kombination zweier Fächertapes zu einem Lymphtape.

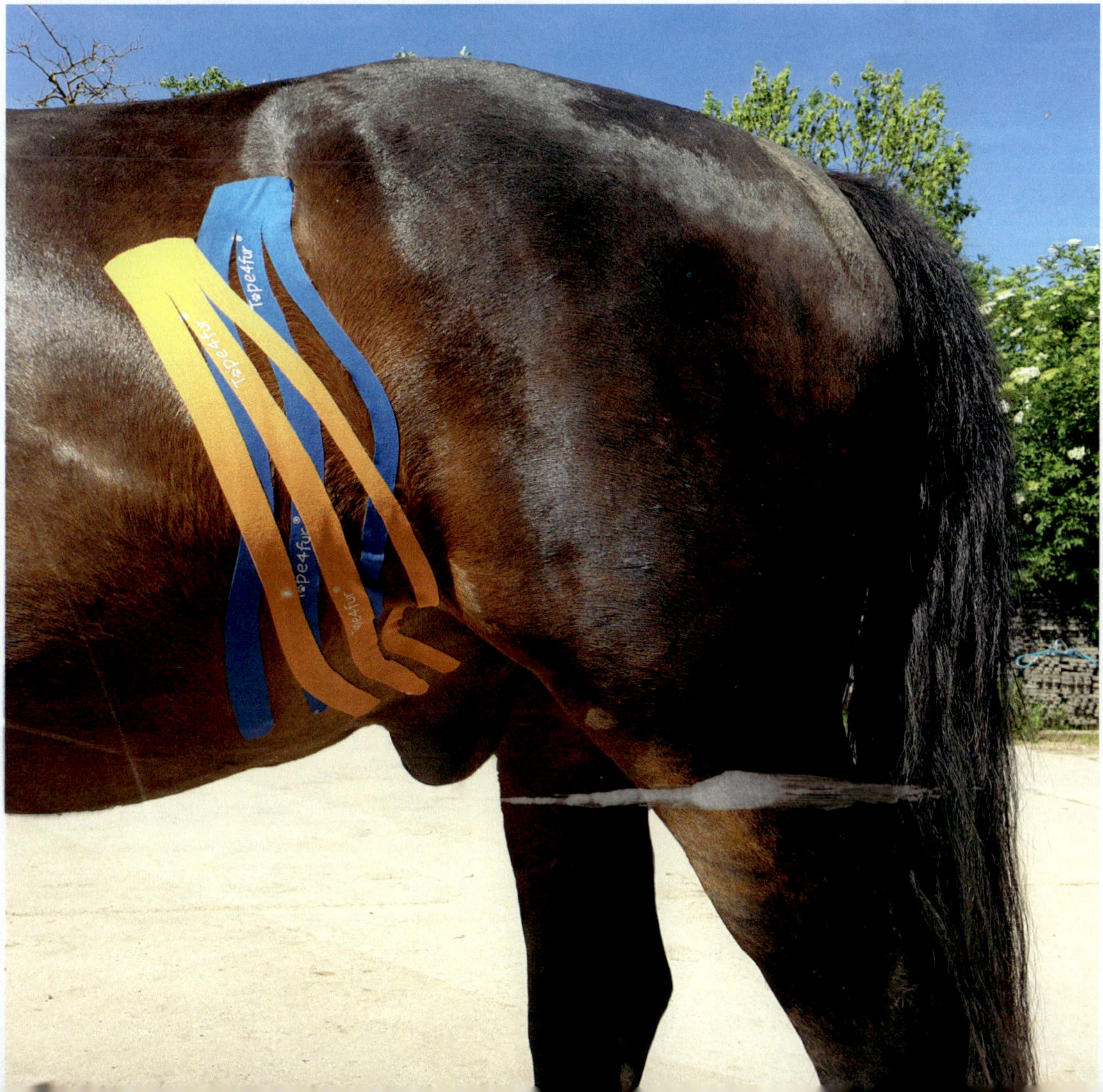

→

die mit der End-to-End-Technik aufgebracht werden. Bei Fächertapes immer die Trägerfolie zwischen der primären Basis und Fingern einreißen und umknicken, damit man diese beim Aufbringen besser greifen kann.

Trägerfolie von der Basis entfernen und diese spannungsfrei in Höhe des Schaltlymphknotens vor dem Hüfthöcker aufbringen. Die Finger des Fächertapes nacheinander mit der Spannung, mit der sie von der Trägerfolie kommen, über dem Rumpf verteilen und nach unten zur Schlauchtasche hin aufbringen. Die sekundären Basen aller Tapefinger werden spannungsfrei und mit Back-up geklebt. Bei sehr umfangreicher Schwellung kann man auch noch weitere Fächertapes aufbringen. Dabei die primären Basen leicht versetzen zum ersten Fächertape und die Finger der Fächer können sich überkreuzen. Durch den Recoil des Tapes wird der gestauten Flüssigkeit rund um die Schlauchtasche eine Abflussrichtung vorgegeben. Dadurch wird die Reduktion der Schwellung unterstützt.

Das Hämatomtape mit den Fächertapes wird auf der anderen Seite des Rumpfes identisch appliziert.

3.64 Schlechte Huf-/Hornqualität

Die Hornzellen werden im Kronrand gebildet. Wenn man das Wachstum bzw. die Qualität der Hornzellen anregen möchte, ist ein Huftaping optimal. Durch das Tape wird die Durchblutung angeregt und dadurch werden mehr Nährstoffe, Mineralstoffe und Sauerstoff in die Region gebracht. Alles, was bei der Zellbildung gebraucht wird.

Für das Huftape benötigt man ein I-Tape mit abgerundeten Ecken, das mit der End-to-End-Technik aufgeklebt wird. Es verläuft entlang des Kronrandes.

Ungefähr 3 cm von der Trägerfolie des Tapestreifens an einem Ende entfernen und diese primäre Basis spannungsfrei, mittig auf dem Kronrand aufbringen, entweder vorne oder seitlich auf dem Huf. Die obere Hälfte klebt dabei auf dem Fell, die untere auf dem Huf. Der Wirkungsbereich wird mit der Spannung, mit der das Tape von der Trägerfolie kommt, entlang des Kronrandes einmal rund um den Huf aufgeklebt. Die sekundäre Basis wieder spannungsfrei und überlappend mit der primären Basis tapen.

Sollten mehrere Hufe betroffen sein, dann wird das Huftape bei allen Hufen genutzt. Wichtig: Es ist hier ganz klar nicht mit einer einmaligen Tapinganlage getan! Der Huf braucht ca. ein Jahr, bis er einmal von oben nach unten durchgewachsen ist. Und solange sollte man das Huftaping auch in regelmäßigen Abständen (einmal pro Woche für ca. 3–4 Tage) wiederholen. Aufgrund der regelmäßigen Wiederholung sollte man darauf achten, die Basis immer mal wieder an eine andere Stelle zu kleben (mal vorne, mal außen, mal innen). Dieser Abschnitt des Tapes ist spannungsfrei, dadurch wird da auch etwas weniger die Durchblutung angeregt, als im eigentlichen Wirkungsbereich. Wenn man die Basis also immer an derselben Stelle tapt,

Du hast die Hufe schön, du hast die Hufe schön ... Unterstützung des Hornzellwachstums mit Huftapes.

→

läuft man Gefahr, dass man dadurch ungewollt einen Abschnitt im Kronrand weniger anregt als den Rest und in dem Bereich das Horn dann auch nicht so gut wächst/aussieht wie der restliche Bereich!

Hinweis: *Der Huf muss trocken sein und man sollte sich zum Tapen, wie hier auf dem Bild, auf der Stallgasse befinden und nicht in der Einstreu der Box oder im sandigen Reitplatzboden, da man da schnell Gefahr läuft, das sich Sand und/oder Einstreu auf der Kleberfläche des Tape verfangen und diese dadurch verunreinigen. Und sollte ein Pferd deutlich flacher im Huf gewinkelt sein, als auf diesem Bild, dann sollte man sich von einer zweiten Person während des Tapens den Huf hochhalten lassen, wie zum Hufe auskratzen.*

Akupunkturpunkt:

Zusätzlich gibt es noch einen Akupunkturpunkt für den Huf, den man eigentlich für alle Probleme rund um den Huf nutzen kann, auch für schlechte Hornqualität. Er wird in der Akupunktur auch als die Meisterpunkt des Hufes bezeichnet.

An der Vorhand ist es Pericard 9 und an der Hinterhand ist es Niere 1. Die Lage ist aber bei beiden Punkten identisch: mittig in einer Vertiefung auf der Beinrückseite am Kronrand der Vorhand bzw. der Hinterhand.

Gittertape vorsichtig mit den Fingern oder einer Kunststoff-Pinzette von der Trägerfolie abziehen und direkt auf dem Akupunkturpunkt der betroffenen Gliedmaße aufbringen.

Für alle Probleme rund um den Huf: Gittertape auf dem Akupunkturpunkt Perikard 9 (VH) bzw. Niere 1 (HH).

3.65 Schleimbeutelentzündung (Bursitis)

Eine Bursitis ist eine akute oder chronische Entzündung eines Schleimbeutels. Die Ursache ist meist unbekannt, allerdings können wiederholte oder akute Traumata aber auch Infektionen ein Auslöser sein. Symptome sind Druck- sowie Bewegungsschmerzen und natürlich die offensichtliche Schwellung.

Achtung: *Wie bei allen Schwellungen, die man tapen möchte, sollte es eine kalte Schwellung sein. Sollte ein entzündlicher Prozess vorliegen und die Schwellung ist heiß, bitte vom Taping absehen, da man dann Gefahr läuft, durch die Kreislauf/Durchblutung anregende Wirkung des Tapes den Infekt noch weit zu verteilen.*

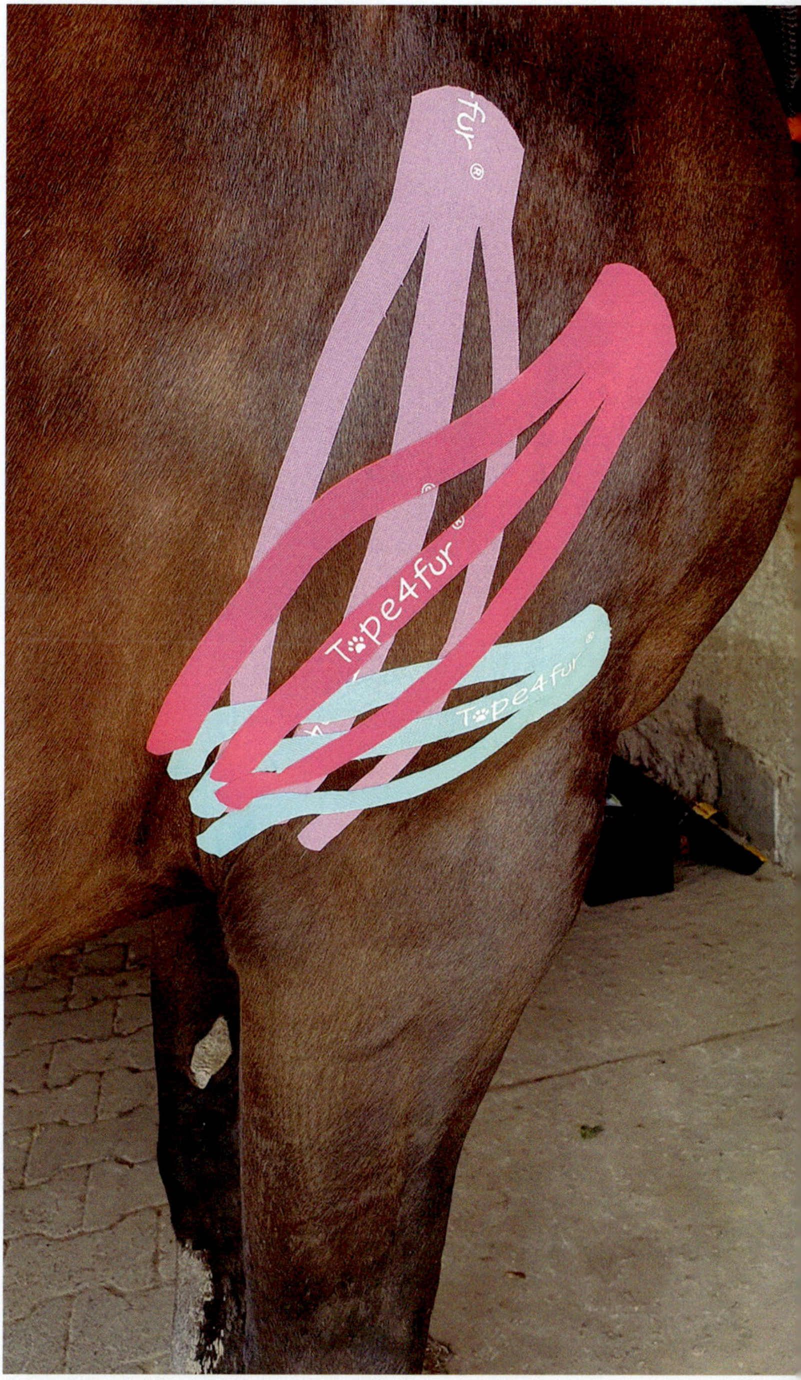

Kombination mehrerer Fächertapes zu einem Lymphtape.

Da es sich um eine Schwellung handelt wird ein Hämatomtape für diese Problematik genutzt. Dafür verwendet man multiple Tapestreifen mit der Fächertechnik, die mit End-to-End-Technikaufgebracht werden. Wie viele Fächertapes benötigt werden, kommt auf die Größe der Schwellung, die Größe des Gelenkes sowie die allgemeine Größe des Tieres an.

Für alle Hämatomtapes mit der Fächertechnik gilt: Die Basen der

→

3.65 Schleimbeutelentzündung (Bursitis)

Fächertapes werden außerhalb der Schwellung aufgebracht und die Finger des Tapes zeigen zur Schwellung hin und bedecken diese.

Hier im Beispiel eine Bursitis am Ellenbogen (Stollbeule). Beim Fächertape die Trägerfolie am Übergang zwischen primärer Basis und jedem einzelnen Finger einreißen und umknicken, damit man sie beim Tapen besser fassen kann. Die Basis spannungsfrei und außerhalb der Schwellung aufbringen. Dann vom ersten Tapefinger die Trägerfolie abziehen und beim Abziehen, die zehnprozentige Vordehnung des Tapes nutzen und mit dieser den Finger zur Schwellung hin und über die Schwellung aufbringen. Die Endbasis des Tapefingers wie üblich spannungsfrei und mit Backup aufkleben. Die anderen Finger des Fächertapes genauso aufbringen und dabei großflächig über die Schwellung verteilen.

Jedes weitere Fächertape wird genauso aufgebracht, nur dass die Basen immer versetzt an anderen Stellen außerhalb der Schwellung positioniert werden. Dies sorgt aufgrund des Recoils des Tapes zur primären Basis für viele verschiedene Abflussrichtungen für die gestaute Flüssigkeit. Die Finger der verschiedenen Fächertapes können und dürfen sich im Bereich der Schwellung überkreuzen.

3.66 Schwellungen

Generell gilt für Schwellungen, dass man je nach Lage entweder ein Lymphtape oder ein Hämatomtape nutzt. Lymphtapes für Schwellungen an den Gliedmaßen, Hämatomtapes für Schwellungen am Rumpf. Sollte die Schwellung an einer anatomisch ungünstigen Stelle liegen, kann man auch Gittertapes nutzen.

Es werden und wurden im Laufe dieser Fallbeispiele viele verschieden Schwellungen beschrieben und die Tapinganlagen dazu erklärt. Ausführliche Beschreibungen findet man in den jeweiligen Kapiteln:

Kapitel 3.6:	Augenentzündung
Kapitel 3.14:	Einschuss
Kapitel 3.18:	Gallen
Kapitel 3.20:	Genickbeule
Kapitel 3.30:	Impfbeule
Kapitel 3.31:	Insektenstich
Kapitel 3.56:	Piephacke
Kapitel 3.63:	Schlauchödem
Kapitel 3.65:	Schleimbeutelentzündung (Bursitis)
Kapitel 3.71:	Stollbeule

3.67
Sehnenschaden – oberflächliche/tiefe Beugesehne

Der Sehnenschaden entsteht immer durch die Überdehnung der Beugesehne, egal ob oberflächliche oder tiefe Beugesehne. Dieser Überdehnung gilt es unter anderem mit dem Tape entgegenzuwirken. Das Tape stützt zum einen das geschädigte Gewebe und zum anderen regt es die Durchblutung an und bringt somit auch Sauerstoff, Mineralstoffe und Nährstoffe in den betroffenen Bereich – alles, was die Zellen zur Regeneration in der Rehaphase brauchen.
Das Wichtigste ist es, den Fesselkopf zu stützen, damit dieser nicht bei jedem Schritt zu tief absinkt und dabei jedes Mal Zug und Stress auf die Sehnen kommt. Dafür bringt man als Vorstufe zum eigentlichen Sehnentape IMMER zuerst ein Fesselkopfstütztape an. Die ausführliche

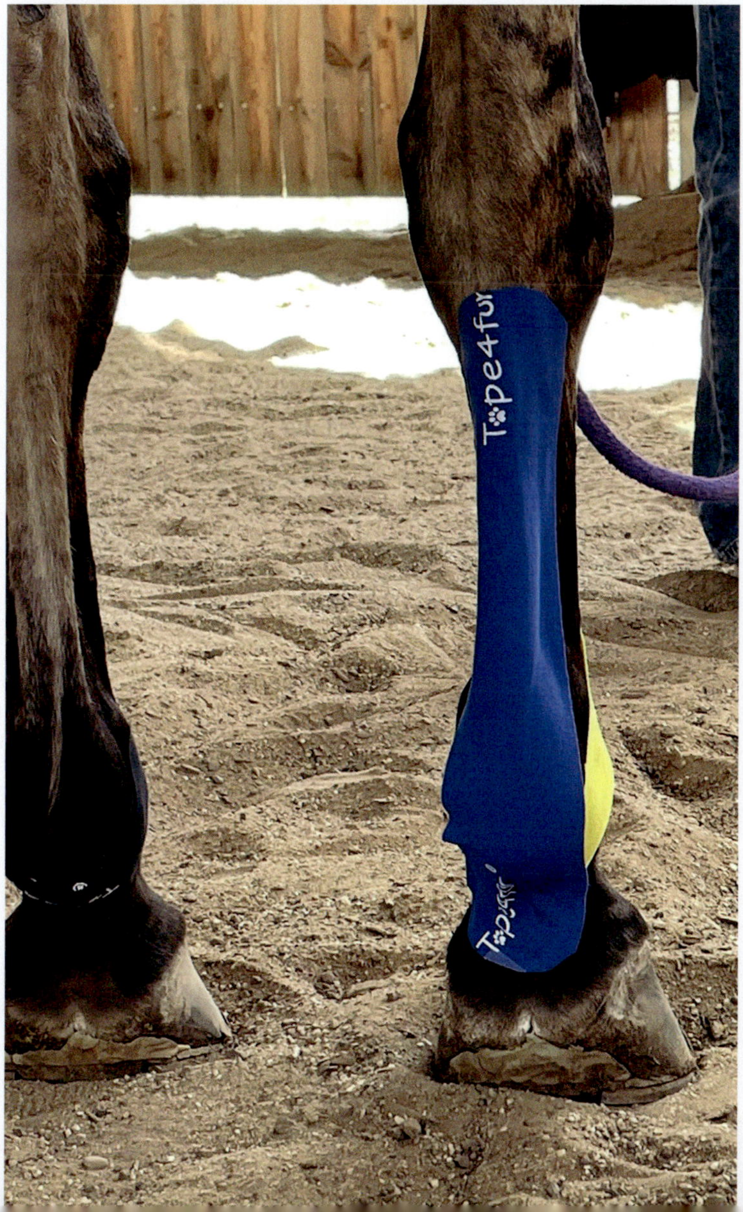

Sehnentape für die oberflächliche Beugesehne.

3.67 Sehnenschaden – oberflächliche/tiefe Beugesehne

Beschreibung dazu findet man im Kapitel 3.12 – »Durchtrittigkeit«. Dieses Fesselkopfstütztape nutzt man aber nicht nur, wenn der Sehnenschaden bereits da ist, sondern man kann es auch präventiv einsetzen bei Pferden, die generell durchtrittig sind.
Nachdem dieses Fesselkopfstütztape angebracht wurde, kommt das eigentliche Sehnentape.

Oberflächliche Beugesehne:

Die oberflächliche Beugesehne verläuft direkt auf der Beinrückseite. Man braucht für diese Sehne nur ein I-Tape mit abgerundeten Ecken, das mit der End-to-End-Technik aufgebracht wird. Es empfiehlt sich hier ein breiteres (7,5 cm) Tape zu nutzen, damit die Sehne komplett umschlossen wird.

Ungefähr 3 cm von der Trägerfolie an einem Ende des Tapestreifens entfernen und diese primäre Basis spannungsfrei unterhalb des Karpal- oder des Sprunggelenkes direkt auf der Beinrückseite aufkleben. Den Wirkungsbereich mit der Spannung, mit der das Tape von der Trägerfolie kommt, an der Beinrückseite gerade herunter bis zum Fesselkopf tapen. Die sekundäre Basis wird spannungsfrei und mit Back-up in der Fesselbeuge aufgebracht. Das Tape an der Beininnen- und -außenseite gut anmodellieren, damit es die Sehne schön umschließt.

Tiefe Beugesehne:

Die tiefe Beugesehne verläuft zwischen dem Röhrbein und der oberflächlichen Beugesehne. Man braucht für diese Sehne zwei I-Tapes mit abgerundeten Ecken. Und auch hier werden diese mit der End-to-End-Technik geklebt.

Ungefähr 3 cm von der Trägerfolie an einem Ende des ersten Tapestreifens entfernen, diese primäre Basis spannungsfrei auf der Außenseite unterhalb des Karpal- oder des Sprunggelenkes aufkleben, sodass sie zwischen Röhrbein und oberflächlicher Beugesehne liegt. Mit der Spannung, mit der das Tape von der Trägerfolie kommt, tapt man dann an der Seite des Beines gerade herunter bis zum Fesselkopf. Die sekundäre Basis wird spannungsfrei und mit Back-up unterhalb des Fesselkopfes aufgebracht.

Den zweiten Streifen klebt man auf identische Art und Weise an der Beininnenseite. Die sekundären Basen können unterhalb des Fesselkopfes überlappen.

Hinweis: *Es empfiehlt sich, Sehnentapes vor allem an den Vordergliedmaßen mit spannungsfreien Querankern unterhalb des Karpalgelenkes zu sichern. Da sich die Pferde in dem Bereich so gerne mit dem Kopf schubbern, läuft man ansonsten Gefahr, dass sie sich dabei aus Versehen das Tape selbst abschubbern. Ein Anker sichert nochmal zusätzlich die eigentliche Tapinganlage und reduziert das vorgenannte Risiko.*

Sehnentape in Hellblau für die tiefe Beugesehne.

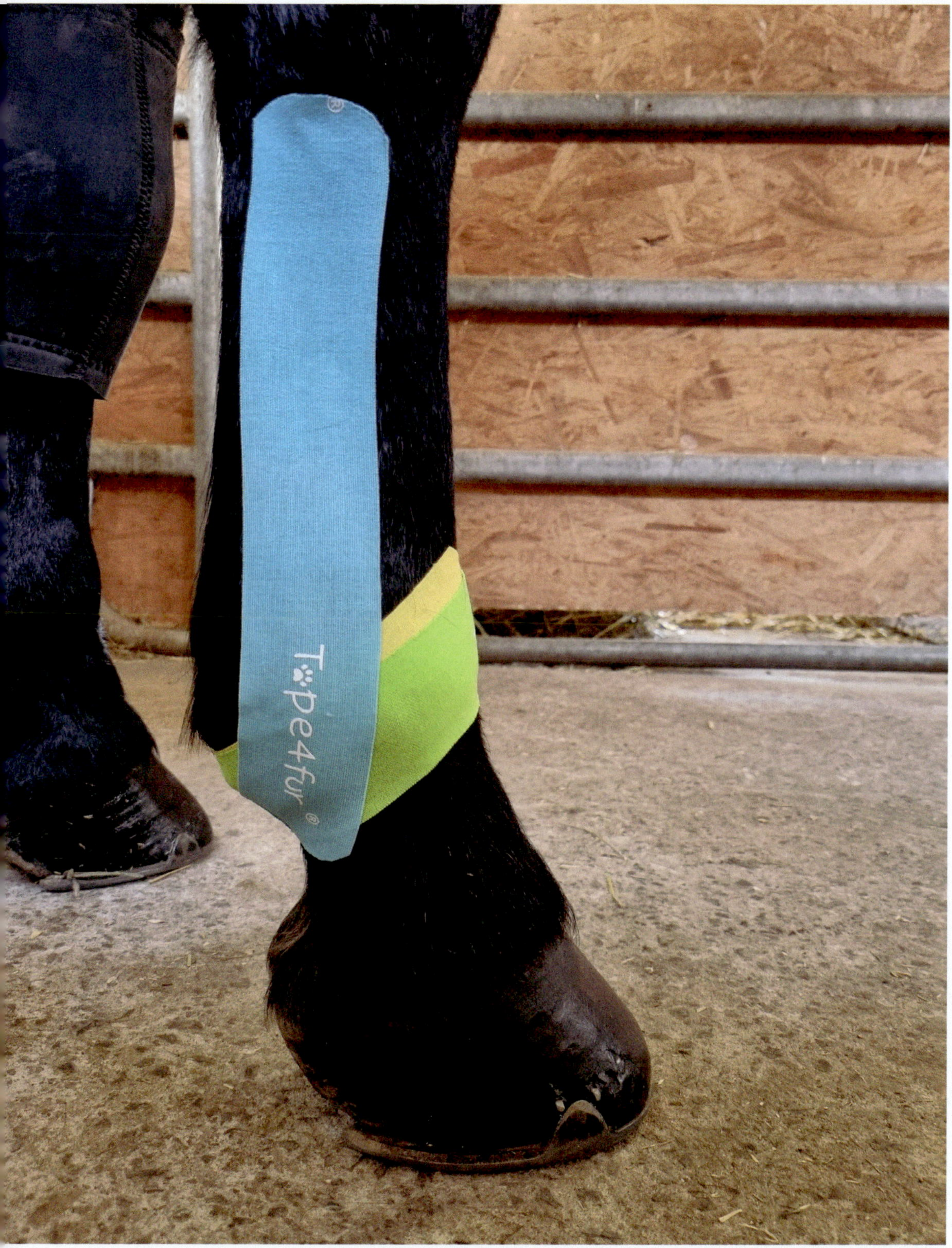

3.68 Shivering

Shivering oder auch Zitterkrankheit genannt, ist schon seit über 100 Jahren bekannt. Aber die Ursachen sind leider bis heute nicht eindeutig geklärt. Von neurologischen Defekten sowie Leitungsstörungen der Nerven bis hin zu Erkrankungen der Brust- bzw. Lendenwirbelsäule wird vieles als Ursache diskutiert.

Pferde, die an Shivering leiden, zeigen ein Zittern in den Hinterbeinen und haben vor allem Probleme beim Hufegeben sowie beim Rückwärtsrichten. Die Beine werden recht ruckartig angezogen, verharren dann verkrampft unter dem Bauch und werden ganz langsam wieder abgesetzt. Dieses Verkrampfen der Muskulatur kann sogar zu Spasmen in der Muskulatur führen.

Mitunter wird Shivering gerade in der Anfangsphase mit einem Hahnentritt verwechselt. Allerdings wird beim Hahnentritt das Bein sehr ruckartig wieder abgesetzt und nicht wie beim Shivering, wo es langsam wieder zum Boden gebracht wird. Da aber dieselben Muskeln wie beim Hahnentritt betroffen sind und diese genauso verkrampfen, kann man auch hier am besten entspannende Muskeltapes für die Hinterhand nutzen. Die genaue Anleitung dafür findet man im Kapitel 3.22 – »Hahnentritt«.

Des Weiteren wird in dem genannten Kapitel auch ein Propriozeptionstape beschrieben, um die allgemeine Körperwahrnehmung der betroffenen Gliedmaße zu stimulieren. Auch dies ist eine gute Tapingmöglichkeit für Pferde, die an Shivering leiden.

3.69 Spat

Spat ist eine spezielle Form der Arthrose und somit eine degenerative Erkrankung der Sprunggelenke beim Pferd. Es handelt sich um eine schmerzhafte und chronische Erkrankung, die nicht heilbar ist, sie kann Pferde in jedem Alter betreffen. Spat beginnt meistens an den straffen Gelenken an der Innenseite des Sprunggelenkes. Die Krankheit verläuft in Schüben, anfangs zeigt sich oftmals nur ein leichtes Zehenschleifen. Je weiter die Veränderungen am Knorpel und Knochen voranschreiten, desto schmerzhafter wird es für das Pferd und die Beugung im Sprunggelenk wird immer geringer. In der finalen Phase tritt eine Verknöcherung der Gelenkspalte ein und das Tier ist nicht mehr in der Lage, das Sprunggelenk richtig anzuwinkeln.

Die Ursachen für Spat werden immer wieder diskutiert. Eine erbliche Komponente wird im Allgemeinen ausgeschlossen. Eher wahrscheinlich sind angeborene Fehlstellungen oder auch wiederholte Mikrotraumata in den feinen Gelenkflächen. Eine weitere Theorie, die sich auch oft bewahrheitet, ist ein Zusammenhang mit schlechter Rückenmuskulatur. Ist diese schwach oder auch oft verspannt, überträgt sich dies über die Hinterbackenmuskulatur, über den Sehnenansatz auf den Fersenbeinhöcker. Dieser steht dadurch permanent unter zu viel Spannung und Stress, was sich wiederum auf die feinen Gelenke des Sprunggelenks überträgt. Diese versuchen, die Spannung auszugleichen, in dem sie knöcherne Abstützungen bilden. Und bei bestehender Problematik kommt es dann irgendwann zu einem arthrotischen Umbau im Gelenk und dieses verknöchert.

Am besten ist eine Kombination von Sterntapes für die Arthrose und einem entspannenden Muskel-Sehnentape für die Hinterbackenmuskulatur, um dem spatgeplagten Pferd etwas Linderung zu verschaffen.

Sterntape:

Beim Spat kommen zwei Sterntapes mit je vier Tapes zum Einsatz, um eine Druckminderung im Gelenk und auch eine Schmerzreduktion zu unterstützen. Es wird je ein Sterntape auf der Beininnenseite und der Beinaußenseite geklebt, da wo das Sprunggelenk jeweils am breitesten ist.

Alle vier I-Tapes werden mit der Inside-Out-Technik appliziert. Die Trägerfolie beim ersten Streifen mittig einreißen, das Tape von innen nach außen dehnen und mit mittelgradiger Spannung horizontal auf dem Sprunggelenk aufkleben. Die Enden wie üblich spannungsfrei und mit Back-up tapen. Der zweite Tapestreifen wird mit leichtgradiger Spannung im rechten Winkel dazu appliziert, sodass sich ein »+« ergibt. Das dritte I-Tape ebenfalls mit leichtgradiger Spannung schräg aufkleben und den vierten Tapestreifen so, dass er gerade noch gespannt ist, schräg in die entgegengesetzte Richtung.

Das zweite Sterntape wird auf gleiche Weise auf der Beininnenseite angebracht. Und wenn beide Sprunggelenke von Spat betroffen sind, wird es natürlich bei dem zweiten Bein ebenso getapt.

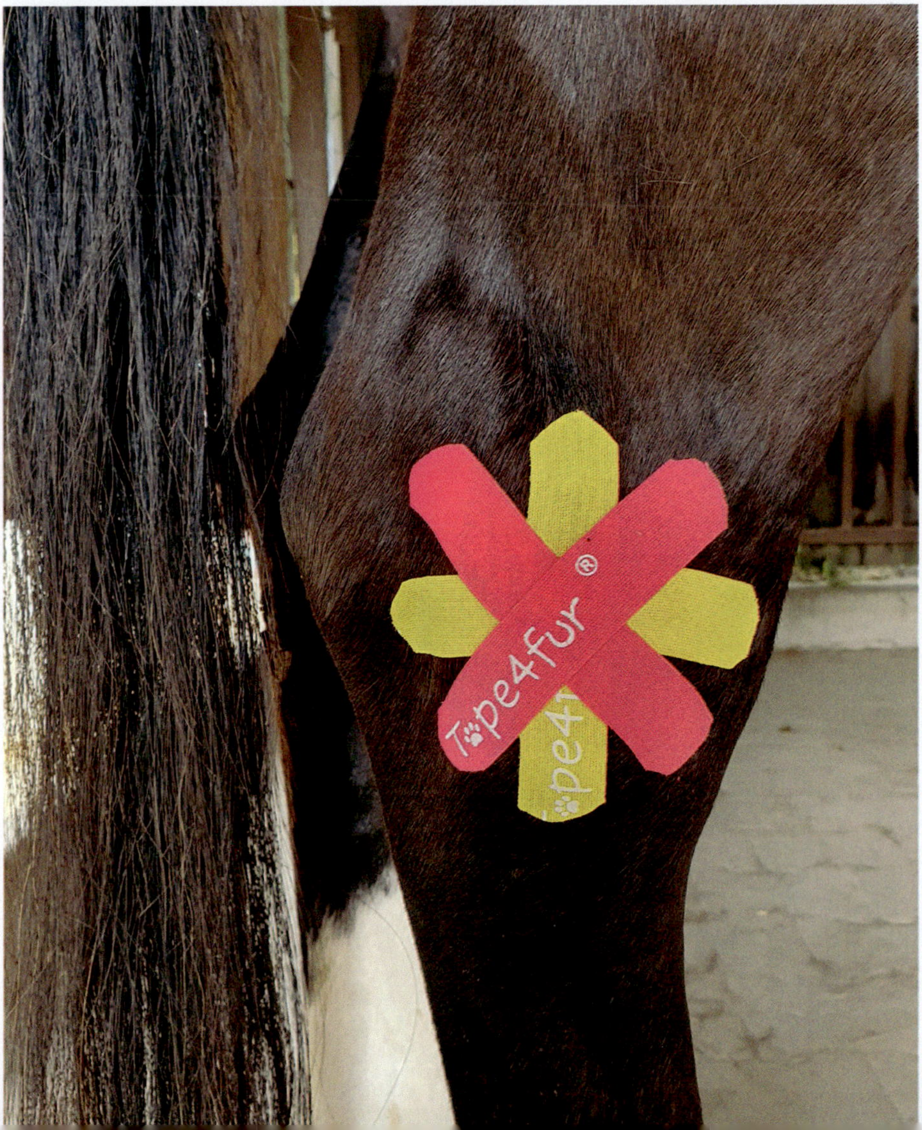

Sterntape auf der Außenseite des Sprunggelenkes. →

3.69 Spat

Muskel-Sehnentape:

Da sich, wie schon zuvor beschrieben, in Verbindung mit Spat oft auch eine verspannte Hinterbackenmuskulatur findet, sollte man zusätzlich noch ein entspannendes Muskel-Sehnentape für diese Muskeln aufbringen. Dafür braucht man ein I-Tape mit abgerundeten Ecken, das mit der End-to-End-Technik aufgebracht wird.

Sollte der Bewegungsradius der Hinterhand und des Sprunggelenkes noch nicht zu weit eingeschränkt sein, sollte man das Tape unter Vordehnung des Hinterbeines aufbringen. Das bedeutet, dass ein Helfer das Bein vorsichtig hochhebt, soweit es dem Tier möglich ist, vorwärts unter den Bauch führt, und dort hält, bis der Tapestreifen komplett aufgeklebt ist.

Ungefähr 5 cm von der Trägerfolie an einem Ende des Tapestreifens entfernen und diese primäre Basis spannungsfrei unterhalb des Fersenbeinhöcker aufbringen. Mit leichtgradiger Spannung bringt man nun den Wirkungsbereich des Tapestreifens von unten nach oben entlang der Hinterbackenmuskulatur gerade aufwärts an. Die sekundäre Basis wird oberhalb des Schweifansatzes spannungsfrei und mit Back-up aufgeklebt. Wie hier im Bild zu sehen ist, ist es sehr zu empfehlen, im Bereich der Kniekehle einen spannungsfreien Queranker anzubringen, da das Muskelsehnentape aufgrund der Flexion in diesem Bereich einer deutlich höheren mechanischen Belastung ausgesetzt ist. Mit Hilfe des Ankers verringert man das Risiko, dass sich der Tapestreifen in dem Bereich vorzeitig wieder ablöst.

Es gilt das Gleiche wie beim zuvor beschriebenen Sterntape: Sind beide Hinterbeine betroffenen, wird auch das Muskel-Sehnentape auf beiden Seiten getapt.

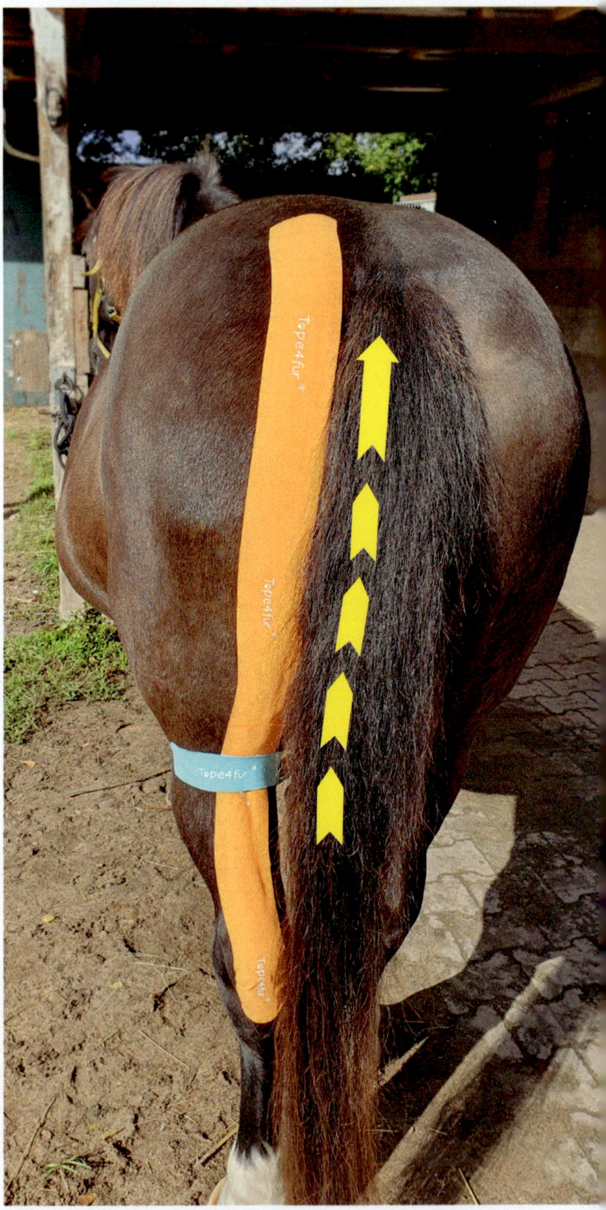

Entspannendes Muskel-Sehnentape der Hinterbackenmuskulatur und Achillessehne mit einem Queranker in der Kniekehle.

3.70 Spondylose

Spondylose ist eine degenerative Erkrankung im Bereich des Skeletts der Wirbelsäule. Dabei werden die elastischen Strukturen, wie Bänder und Bandscheiben, abgebaut und durch knöcherne Zubildungen ersetzt. Im Extremfall können dabei ganze Abschnitte der Wirbelsäule knöchern miteinander verbunden sein und die Wirbelsäule dementsprechend versteifen.

Als Ursache kommen hier Verschleiß bzw. Überdehnung der Bänder rund um die Wirbelsäule sowie der Verschleiß der Bandscheiben in Frage. Um diesem Verschleiß entgegenzuwirken, reagiert der Körper, indem er den betroffenen Bereich knöchern versteift, um ihn damit besser abzustützen.

Pferde, die an Spondylose leiden, zeigen hauptsächlich deutliche Rückenschmerzen sowie Druckempfindlichkeit im Rücken, auch der Sattel wird nicht oder nur schlecht akzeptiert. Im fortgeschrittenen Stadium zeigen sich oftmals Widersetzlichkeiten beim Aufsteigen, Taktfehler und Verlust an Raumgriff und auch der Schweif kann klemmig oder das Schweifpendeln taktunrein sein.

Zur Entlastung des Rückens wird eine Kombination aus Dekompressionstapes und Muskeltapes genutzt.

Dekompressionstapes:

Im Bereich der Spondylose benötigt man mehrere kurze I-Tapes mit abgerundeten Ecken. Diese werden alle mit der Inside-Out-Technik aufgebracht. Trägerfolie mittig einreißen, Tapestreifen von innen nach außen leichtgradig dehnen und direkt über dem betroffenen Wirbel von oben auf den Rücken aufbringen. Die Enden werden rechts und links spannungsfrei und mit Back-up aufgebracht. Je nachdem, wie ausgeprägt die Spondylose ist und wie viele Segmente betroffen sind, werden mehrere Tapestreifen mit dieser

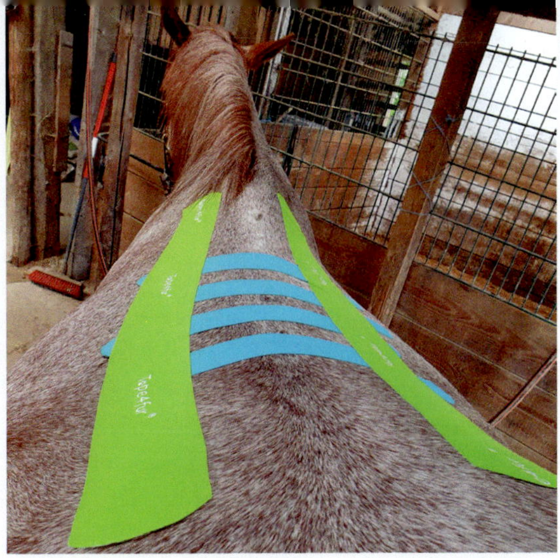

»Strickleitertape« bestehend aus Dekompressionstapes und Muskeltapes.

Technik parallel nebeneinander über der Wirbelsäule aufgebracht.

Muskeltape:

Da die Muskulatur in dem meisten Fällen dabei stark verspannt ist, wird hier noch zusätzlich ein entspannendes Muskeltape aufgebracht. Dafür benötigt man zwei I-Tapes mit abgerundeten Ecken, die mit der End-to-End-Technik aufgeklebt werden.

Trägerfolie an einem Ende des ersten Tapestreifens entfernen und diese primäre Basis spannungsfrei in Höhe des Widerristes circa eine Handbreit neben der Wirbelsäule aufbringen. Den Wirkungsbereich mit leichtgradiger Spannung im Verlauf des langen Rückenmuskels parallel zur Wirbelsäule tapen und das sekundäre Ende wieder spannungsfrei und mit Back-up am höchsten Punkt der Kruppe anbringen. Der zweite Tapestreifen wird identisch auf der gegenüberliegenden Rückenseite geklebt.

Beim Anbringen des Muskeltapes sollte der lange Rückenmuskel so gut es geht vorgedehnt werden. Dazu den Kopf des Pferdes nach unten zum Boden bringen (am besten Gras oder Heu vom Boden fressen lassen) und in der Position lassen, solange bis beide Tapestreifen aufgebracht sind.

3.71
Stollbeule

Bei einer Stollbeule handelt es sich um eine entzündliche Weichteilschwellung am Ellenbogengelenk.

Diese entsteht meistens, wenn die Pferde Hufeisen mit langen Schenkeln oder gar Stollen haben und dann mit untergeschlagenen Beinen auf hartem Boden liegen und schlafen. Es kann aber auch durch wiederholte Traumata in der Bewegung entstehen, z.B. bei Pferden mit extrem raumgreifender Bewegung, die dabei mit den Hinterbeinen anschlagen oder auch wenn Pferde beim Springen stark die Beine anwinkeln und sich dabei anschlagen.

In Folge des Drucks bzw. der Quetschung können bis zu faustgroße und sehr schmerzhafte Schwellungen am Schleimbeutel des Ellenbogens entstehen. Wie man diese Schleimbeutelentzündung mit Kinesiologischem Tape behandelt, wird in dem entsprechenden Kapitel 3.65 genau beschrieben.

3.72
Sweeney Shoulder

Bei diesem Krankheitsbild handelt es sich um einen massiven Muskelabbau im Schulterbereich. Dieser wird verursacht durch Traumata und damit verbundene Verletzung des Nervus suprascapularis. Dieser Nerv kontrolliert die Muskeln Infraspinatus, Supraspinatus und Trizeps. Durch die Nervenverletzung werden diese Muskeln nicht mehr richtig angesteuert, dadurch kommt es zum Abbau der betroffenen Muskulatur. In den meisten Fällen geht dies noch einher mit einer Ataxie der betroffenen Gliedmaße.

Um der Ataxie entgegenzuwirken nutzt man am besten ein Propriozeptionstape für die betroffene Vordergliedmaße. Diese Tapinganlage ist in dem Kapitel 3.2 – »Ataxie« ausführlich beschrieben.

Um dem Muskelabbau entgegenzuwirken sollte man am besten mit aktivierenden Muskeltapes für den Infraspinatus, Supraspinatus sowie dem Trizeps arbeiten.

M. supraspinatus und infraspinatus:

Für den M. infraspinatus und den M. supraspinatus benötigt man ein V-Tape mit abgerundeten Ecken, welches mit der End-to-End-Technik geklebt wird.

Der Infraspinatus und der Supraspinatus liegt direkt auf dem Schulterblatt auf. Einer vor der Schulterblattgräte und einer dahinter.

Beim V-Tape die Trägerfolie zwischen der primären Basis und den Fingern einreißen und umknicken, damit man sie beim Aufbringen besser fassen kann. Die primäre Basis des V-Tapes spannungsfrei circa eine Handbreit unterhalb des Widerristes tapen, dann folgt man mit dem Wirkungsbereich des vorderen Tapefingers mit leichtgradiger Spannung dem Muskelverlauf des Supraspinatusmuskels oberhalb der Schulterblatt-

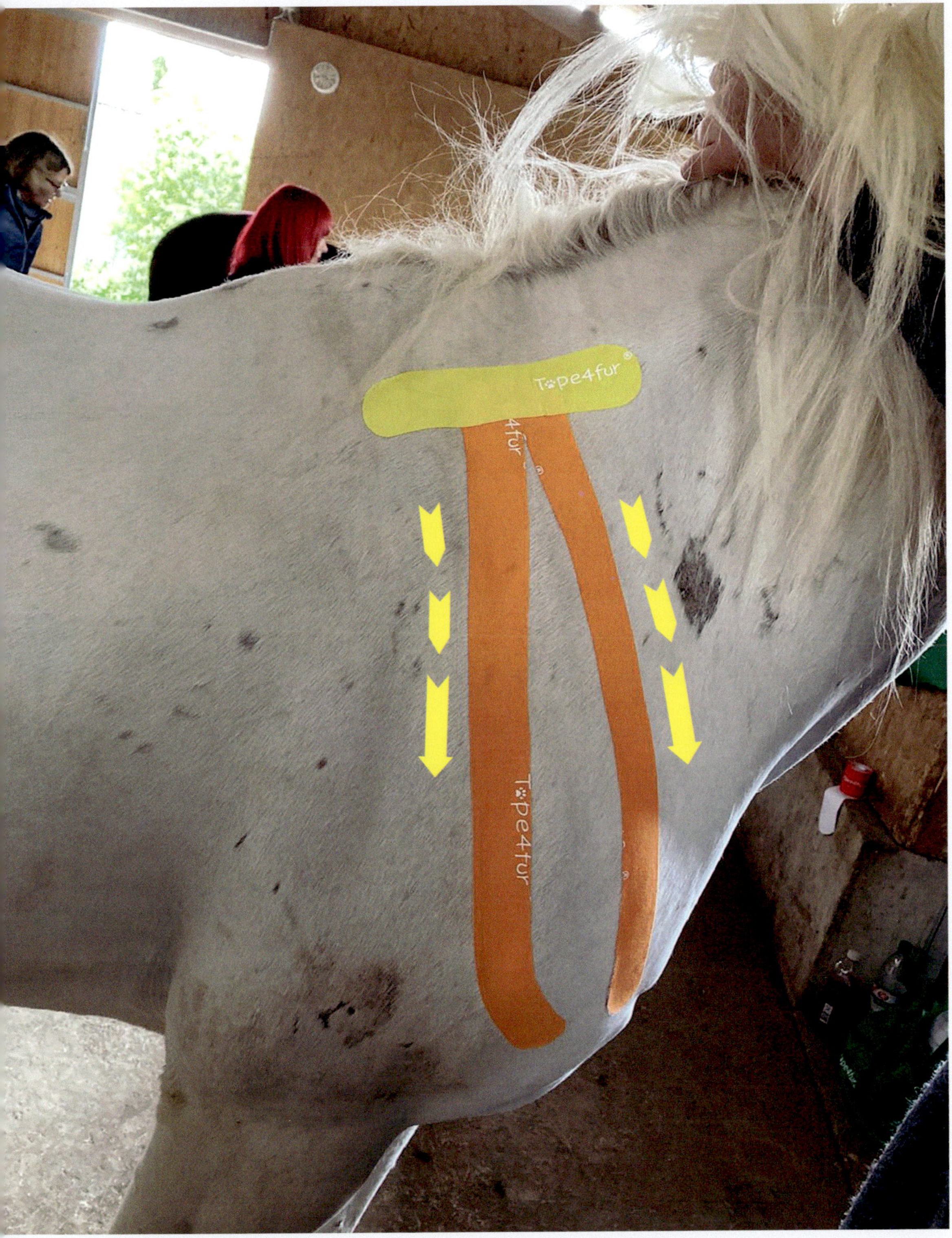

V-Tape für die Schultermuskulatur.

→

gräte in Richtung Buggelenk. Die sekundäre Basis wird am Buggelenk spannungsfrei und mit Back-up aufgebracht. Der hintere Tapefinger wird in identischer Weise im Verlauf des Infraspinatusmuskels unterhalb der Schulterblattgräte aufgebracht. Die primäre Basis wurde hier im Bild noch mit einem spannungsfreien Queranker zusätzlich gesichert.

M. triceps:

Für den M. triceps benötigt man, wie der Name es schon andeutet (dreiköpfig), drei I-Tapes mit abgerundeten Ecken, die alle mit der End-to-End-Technik aufgebracht werden.

Dieser Muskel hat seinen Ursprung an der Hinterkante des Schulterblattes sowie dem Oberarm und verläuft dann zum Ellenbogenhöcker. Für alle drei Tapestreifen, die für diesen Muskel benötigt werden, gilt: Trägerfolie an einem Ende des I-Tapes entfernen, diese primäre Basis spannungsfrei tapen, Wirkungsbereich mit mittelgradiger Spannung und die Endbasis wieder spannungsfrei und mit Back-up applizieren.

Der erste Tapestreifen (gelb) wird am oberen Rand der Schulterblatthinterkante begonnen, der zweite (hellblau) am unteren Rand der Schulterblatthinterkante und der dritte (orange) direkt hinter dem Buggelenk. Bei allen drei Streifen wird der Wirkungsbereich in Richtung des Ellenbogenhöckers ausgerichtet und die sekundären Basen dort alle überlappend übereinander aufgebracht.

(Anmerkung zum Bild: Der rote Tapestreifen entlang des M. brachiocephalicus hat mit dieser Tapinganlage nichts zu tun.)

N.suprascapularis

Der Nervus suprascapularis entspringt dem Plexus brachialis, der vor dem Schulterblatt liegt. Um diesen Bereich und somit auch den Nerv zu stimulieren, empfiehlt sich ein Sterntape. Die genaue Beschreibung dafür findet man im Kapitel 3.58 – »Radialislähmung«, da auch der Nervus radialis diesem Plexus entspringt.

Muskeltape für den Trizepsmuskel.

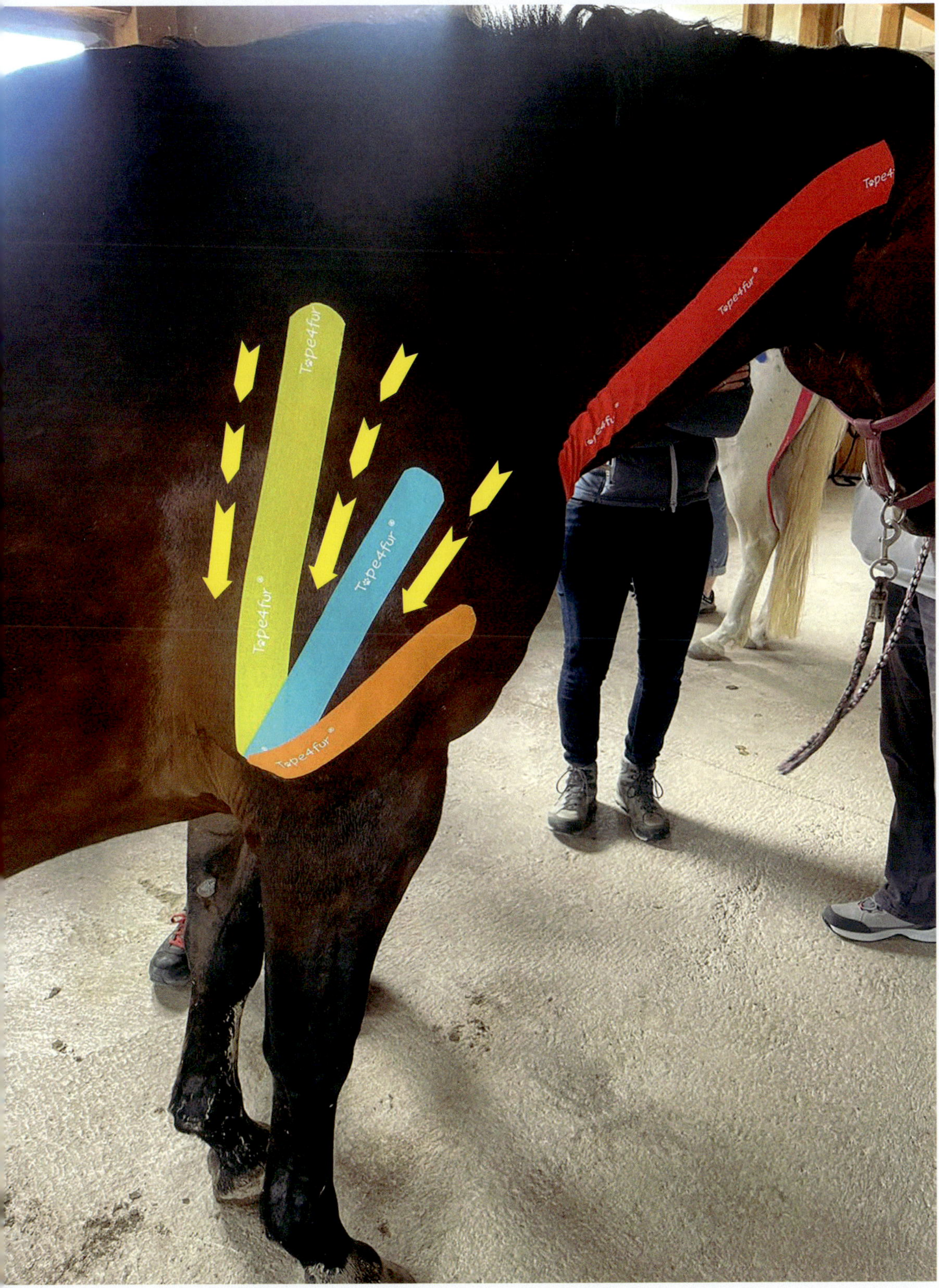
Tape4fur
Tape4fur
Tape4fur
Tape4fur
Tape4fur
Tape4fur

3.73 Trageerschöpfung

Wer sich in das Thema genauer einlesen möchte, findet im Buch »Trageerschöpfung beim Pferd« von Dr. Sandra Ruzicka (Müller Rüschlikon, 2024) viele Informationen dazu.

Die Gründe für die Trageerschöpfung sind vielfältig. Fortschreitendes Alter sowie bindegewebige Schwäche, aber vor allem schlechtes Training sowie zu schwere Reiter und unpassendes Equipment sind die hauptsächlichen Faktoren für eine Trageerschöpfung.

Gegen das fortschreitende Alter kann man leider nichts tun, aber ansonsten hilft gutes gezieltes Training sowie eine Reduktion des Reitergewichtes. Und natürlich muss das unpassende Equipment abgeschafft und geändert werden.

In diesem Zusammenhang noch eine kurze Anmerkung zum eigentlichen Begriff Trage**ERSCHÖPFUNG**. Dieser ist eigentlich falsch und irreführend. Wenn man erschöpft ist, legt man sich hin oder macht eine Pause und regeneriert sich in der Zeit. So funktioniert das bei der Trageerschöpfung leider nicht. Schön wär's, wenn sich das Pferd nur hinlegen und ausruhen müsste und dann wäre die Trageerschöpfung weg! Hier ist wirklich das angepasste Training des Pferdes entscheidend, um das Tier wieder aus diesem Zustand herauszuholen!

Es gibt zwei Möglichkeiten der Trageerschöpfung mit Tape zusätzlich zum Training zu begegnen. Einmal durch eine Aktivierung des Rückens und der Bauchmuskeln, was sich reflektorisch auf den Rücken überträgt.

Man kann beide Tapinganlangen für Rücken und Bauch gleichzeitig tapen, allerdings ist dies doch recht viele Input für das Pferd! Besser ist es, die beiden Tapinganlangen abwechselnd einzusetzen. Außerdem sollte man mit dem Rückentape nicht reiten, insofern empfiehlt sich dies eher für Longentraining oder Bodenarbeit. Mit dem Bauchtape hingegen kann man problemlos reiten. Insofern kann man die beiden Anlagen gezielt einsetzen, je nachdem, was man im Training gerade machen möchte.

Aktivierung des Rückens:
Die Aktivierung des Rückens sieht optisch genauso aus wie in dem zuvor gezeigten Bild im Kapitel 3.70 – »Spondylose«. Allerdings gibt es ein, zwei Unterschiede in der Applikation des Tapes.

Während man bei der Spondylose die Quertapes über dem Bereich der Spondylosen zentriert, werden sie im Fall der Trageerschöpfung großflächig über den ganzen Bereich der Brust- und Lendenwirbelsäule verteilt. Es sind daher meistens mehrere Tapestreifen, je nach Länge des Rückens. Aber diese werden genauso identisch mit der Inside-Out-Technik aufgebracht.

Der zweite Unterschied ist, dass man es hier im Fall der Trageerschöpfung ja nicht mit einem verspannten Rücken zu tun hat, sondern mit einer zu schwachen Rückenmuskulatur. Und diese möchte man aktivieren! Deshalb werden die Muskeltapes in diesem Fall mit der End-to-End-Technik umgekehrt vom höchsten Punkte der Kruppe nach vorne zum Widerrist hin aufgebracht.

Aktivierung der Bauchmuskulatur:
Hierfür benötigt man vier I-Tapes mit abgerundeten Ecken. Diese werden gemessen von der Gurtlage bis in Höhe des Bauchnabels. Alle vier Tapestreifen werden mit der End-to-End-Technik appliziert.

Beim ersten Tapestreifen (orange) die Trägerfolie an einem Ende entfernen und diese primäre Basis spannungsfrei in Höhe der Gurtlage aufbringen. Den Wirkungsbereich mit leichtgradiger

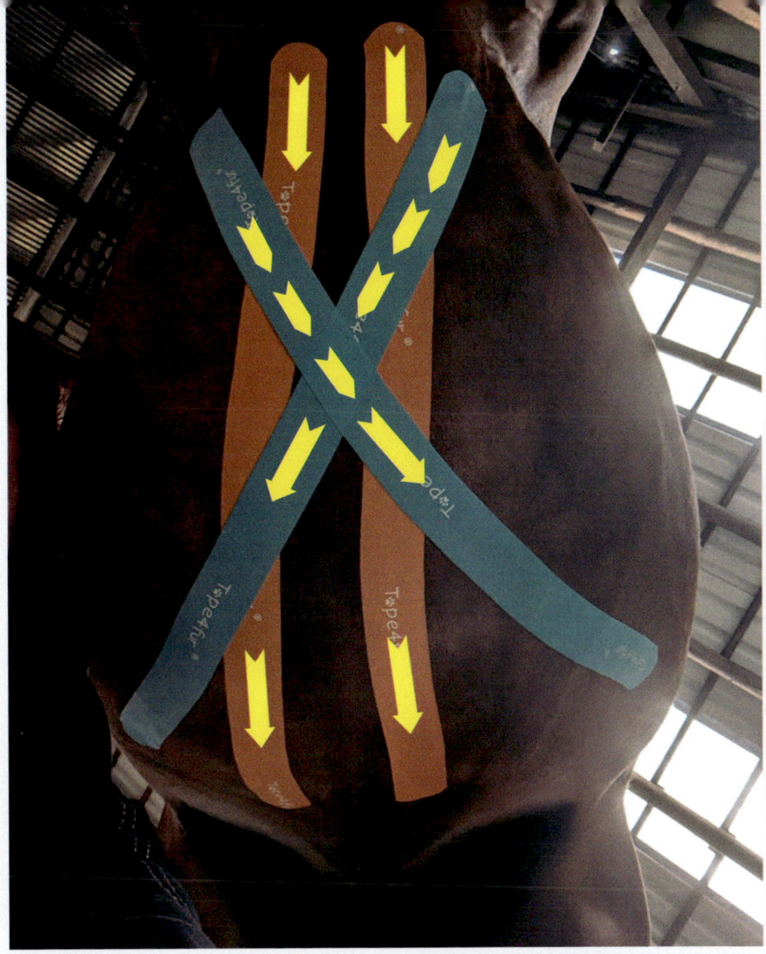

Aktivierende Muskeltapes für die Bauchmuskulatur.

Spannung im Verlauf des geraden Bauchmuskels parallel zur Mittellinie tapen. Die sekundäre Basis spannungsfrei und mit Back-up in Höhe des Bauchnabels kleben. Der zweite Tapestreifen wird genauso auf der anderen Bauchseite aufgebracht.

Der dritte und vierte Tapestreifen (hellblau) wird diagonal geklebt. Die primäre Basis wird spannungsfrei ellenbogen-nah aufgebracht, der Wirkungsbereich mit leichtgradiger Spannung schräg zur gegenüberliegenden Seite hin getapt und die sekundäre Basis dort wieder spannungsfrei appliziert. Mit dem vierten Tapestreifen verfährt man genauso, nur gegengleich.

Durch den Recoil des Tapes zur primären Basis unterstützt diese Anlage die Kontraktion der Bauchmuskeln und dadurch reflektorisch das Aufwölben des Rückens.

Sicherheitshinweis: *Das Tapen an der Bauchunterseite ist eine kleine akrobatische Herausforderung, da man schon fast unter dem Pferd herumkrabbeln muss. Deshalb bitte dabei sehr auf die eigene Sicherheit achten. Falls das Pferd kitzelig ist oder viele Fliegen unterwegs sind und das Pferd daher dazu neigt, mit den Beinen/Hufen unter den Bauch zu treten, sollte man vielleicht davon absehen. Oder man bittet eine zweite Person, das Bein des Pferdes (am besten Hinterbein) hochzuhalten, solange man unter dem Bauch des Pferdes mit dem Tape hantiert.*

Tape4fur®
fur®

U

3.74 Überbeine

Überbeine entstehen in den meisten Fällen durch Anschlagtrauma. Zum Beispiel, wenn das Pferd beim Springen massiv an die Stangen anschlägt, oder wenn es sich in der Box oder auf der Koppel selbst gegen ein anderes Bein tritt. Überbeine können generell an jedem Knochen des Körpers auftreten, aber am häufigsten sieht man sie bei Pferden an den Extremitäten.

Wird der Knochen geprellt, kommt es zu einer Reizung der Knochenhaut, was sich zu einer Knochenhautentzündung entwickeln kann. Als Folge davon versucht der Körper, den betroffenen Bereich abzustützen, es wird Kalk eingelagert und es entstehen knöcherne Zubildungen, die man dann als »harte Beulen« am Bein ertasten kann.

Um die Durchblutung in dem Bereich anzuregen und somit auch die Selbstheilungskräfte, kann man ein Sterntape nutzen. Für das Sterntape braucht man vier gleich lange I-Tapes mit abgerundeten Ecken und alle vier Tapestreifen werden mit der Inside-Out-Technik appliziert. Trägerfolie mittig einreißen, Tape von innen nach außen dehnen und den ersten Streifen des Sterntapes mit mittelgradiger Spannung horizontal auf dem Überbein aufkleben. Die Enden werden beide spannungsfrei appliziert. Das zweite I-Tape wird mit leichtgradiger Spannung im rechten Winkel dazu appliziert, sodass ein »+« entsteht. Den dritten Streifen ebenfalls mit leichtgradiger Spannung schräg aufkleben und den vierten Tapestreifen so, dass er gerade noch gespannt ist, schräg in die entgegengesetzte Richtung.

Da ein Überbein meist nicht sehr groß ist und auch oftmals an anatomisch nicht so gut zugänglichen Stellen liegt, sind auch hier Gittertapes eine prima Behandlungsmöglichkeit. Gittertapes vorsichtig mit den Fingern oder einer Kunststoff-Pinzette von der Trägerfolie abziehen und über sowie um den Bereich des Überbeines entlangführen und überall da aufbringen, wo sie sich von alleine an das Fell heranziehen. Oftmals ist dies gar nicht direkt auf dem Überbein, sondern im Gewebe darum!

Dekompressionstape für ein schmerzhaftes Areal.

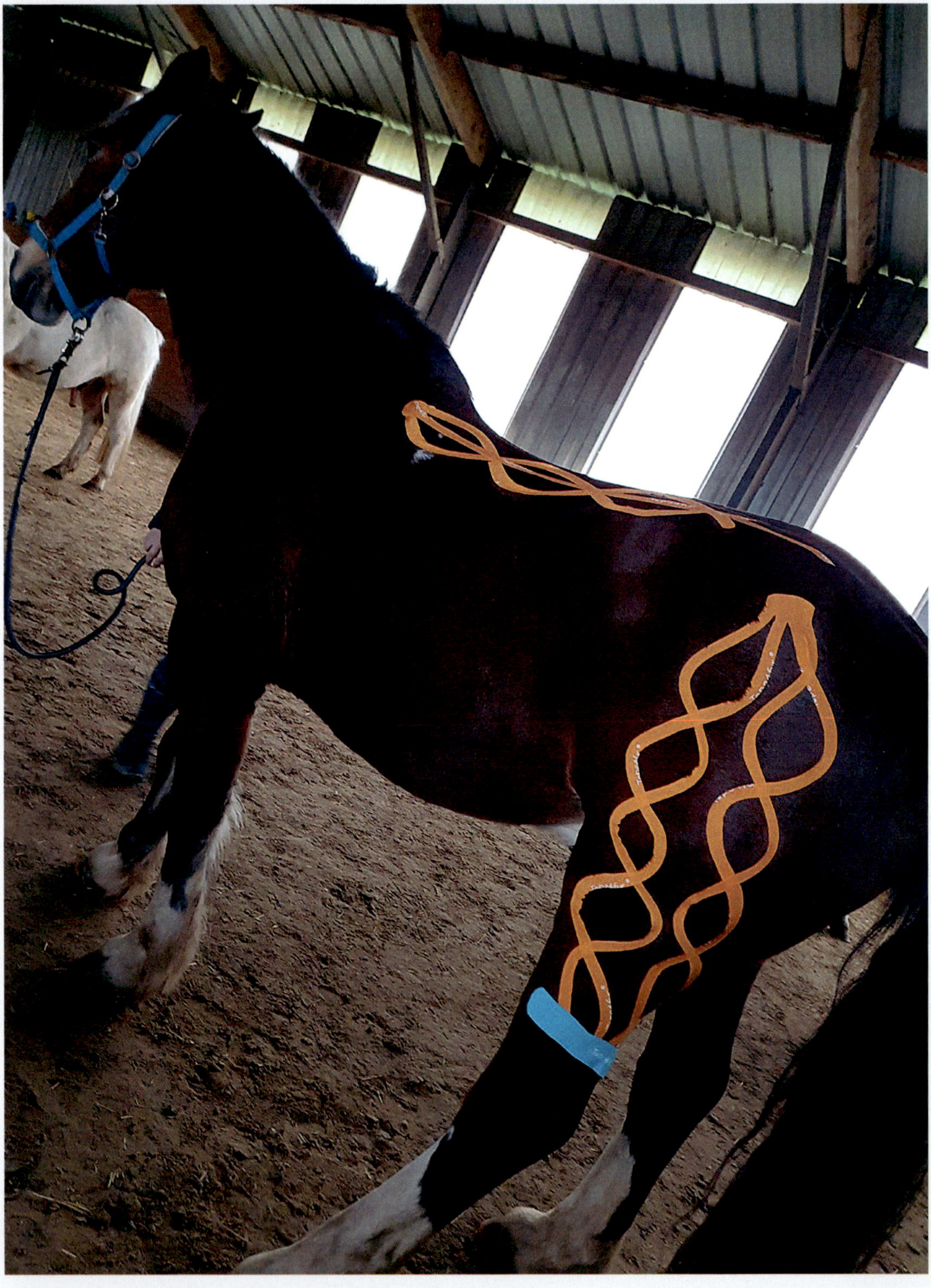

Doppelte Zopftechnik bei großflächiger Verspannung der Kniefaszie.

3.75 Verspannte Faszien

Faszienbehandlung und Faszientherapie ist momentan in aller Munde und extrem gefragt. Aber mal ganz ehrlich: So wirklich neu ist das nicht.

Faszien sind Teil des Bindegewebes und Bindegewebsmassagen gab es schon vor über 100 Jahren. Und bei jeder »normalen« Massage werden Faszien indirekt immer mitbehandelt. Denn die Faszien umhüllen die Muskeln, damit diese besser durch die anderen Gewebeschichten gleiten können bzw. sich besser gegeneinander verschieben können. Somit arbeitet man bei jeder Massage und bei jeder Dehnung auch indirekt an den Faszien.

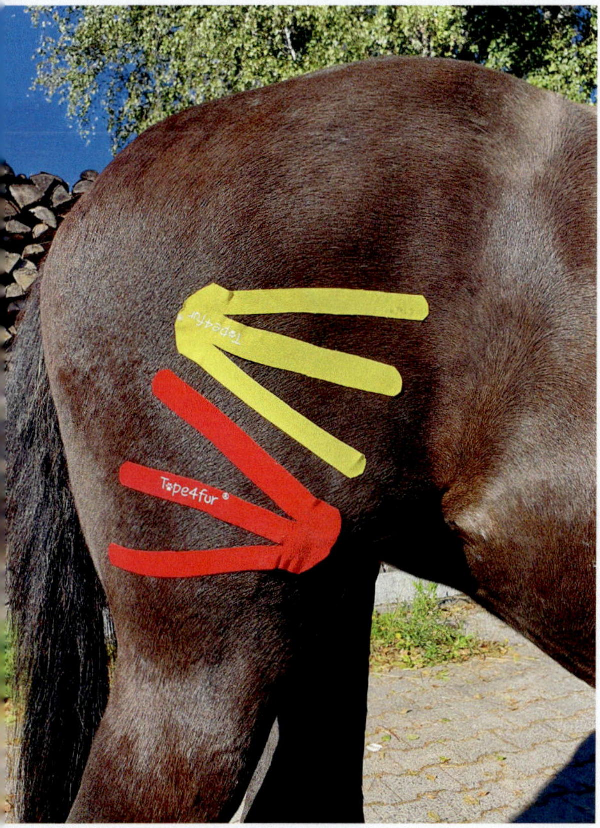

Verwringungstechnik bei kleinem Areal der Kniefaszie.

Unabhängig davon sind sie natürlich extrem wichtig – eben aus den vorgenannten Gründen. Wenn die Faszien verkleben oder aufgrund von Traumata oder Flüssigkeitsmangel ihre Elastizität verlieren, wirkt sich das irgendwann auch auf die Muskulatur aus. Da Faszien überall im Körper vorkommen (sie umhüllen zum Beispiel auch Organe), können die Auswirkungen nicht nur lokal am verspannten Bereich vorliegen, sondern sich überall im Körper bemerkbar machen.

Die Faszienbehandlung ist daher durchaus wichtig (aber eben nicht neu!) und man kann sie großartig mit Kinesiologischem Tape unterstützen.

Die schlechte Nachricht ist allerdings: Es gibt keine Standard-Tapinganlage für Faszien, deshalb kann auch hier kein genaues Beispiel beschrieben werden, das für ALLE Faszienprobleme Anwendung findet.

Die gute Nachricht ist aber: Es gibt ganz **viele Möglichkeiten,** wie man das Tape für Faszien am besten nutzt. Die Zopftechnik und auch die Verwringungstechnik sind zum Beispiel im Kapitel 3.21 – »Gurtzwang« beschrieben.

Weiterhin gibt es noch die Spannungstechnik und die Vibrationstechnik, die beide im ersten Teil des Buches bei den Techniken ausführlich erklärt werden.

Wann man welche Technik nutzt, ist zum einen abhängig von der persönlichen Vorliebe des Handlings, aber auch von Größe und Umfang der Beschwerden. In den beiden Beispielbildern hier sieht man zwei Möglichkeiten für fasziale Probleme rund ums Knie. Oben für eine großflächige Verklebung der Kniefaszie mit einer doppelten Zopftechnik und hier am Ende ebenfalls ein mittelgroßes Areal verspannter Kniefaszie mit der Verwringungstechnik in Form von zwei Fächertapes.

3.76 Verspannte Muskulatur

Zu viel trainiert? Vermehrte sportliche Leistung? Fehlstellungen? All dies kann zu verspannter Muskulatur führen. Und Verspannungen sind nie schön. Hat bestimmt schon jeder mal am eigenen Körper gespürt. Es schmerzt, die Muskulatur ist fest, steif und der Bewegungsradius ist eingeschränkt. Das möchte man selbst nicht und bei einem Reitpferd ist das natürlich auch nicht wünschenswert.

Generell kann jeder Muskel verspannen. Hier gehen wir nur auf die vier größten Muskeln ein, da diese auch die größte Wirkung im Pferdekörper haben. Wenn man diese entspannt, hat man schonmal das Wichtigste erreicht und dies überträgt sich dann auch auf andere Muskeln und Körperregionen. Einige andere Muskeln wurden auch bereits in anderen Kapiteln angesprochen (Sweeney Shoulder, Hahnentritt, Trageerschöpfung usw.).

Generell wird für Muskeltapes immer die End-to-End-Technik genutzt und die Muskeln sollten immer auf beiden Seiten des Körpers angebracht werden. Um verspannte Muskeln zu entspannen, wird immer vom Muskelansatz zum Muskelursprung getapt. Dadurch geht der Recoil des Tapes immer zum Ansatz des Muskels, somit in die gleiche Richtung wie die Dehnung des Muskels und fördert somit dessen Entspannung. Die Handhabung ist bei allen Muskeltapes identisch: Ein paar Zentimeter der Trägerfolie an einem Ende des Tapestreifens entfernen. Diese primäre Basis wird spannungsfrei am Ansatz des Muskels aufgebracht. Der Wirkungsbereich folgt immer dem Muskelverlauf und wird mit leichtgradiger Spannung getapt. Als letztes kommt die sekundäre Basis, die wiederum spannungsfrei und mit Back-up am Muskelursprung geklebt wird.

Sind die Muskeln sehr linear, ist ein I-Tape ausreichend. Bei sehr flächigen Muskeln kommen auch mal zwei oder drei Tapestreifen zum Einsatz.

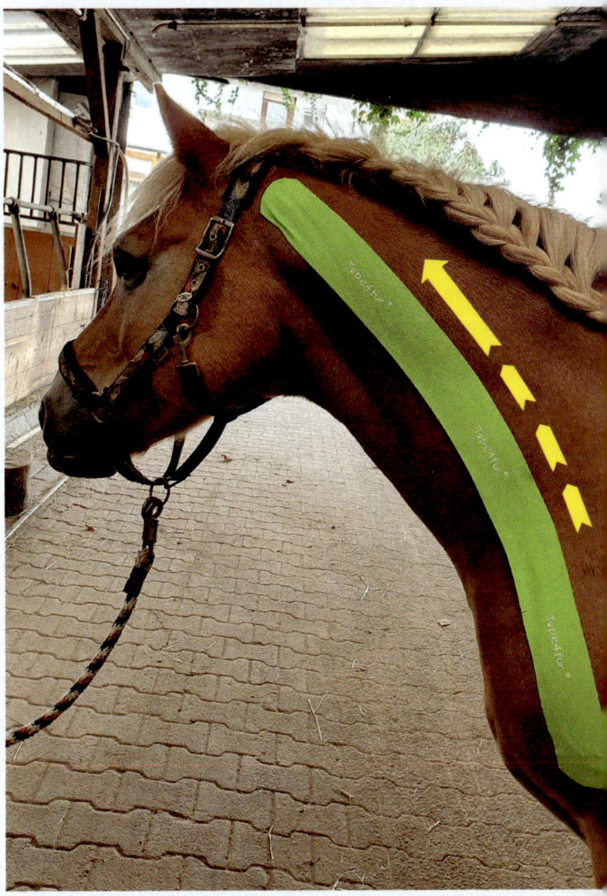

Entspannendes Muskeltape für die Halsmuskulatur.

Halsmuskulatur (M.brachiocepahlicus):
Die primäre Basis wird spannungsfrei vorne auf dem Buggelenk aufgebracht, der Wirkungsbereich wird mit leichtgradiger Spannung halsaufwärts geklebt und das sekundäre Ende wird auf dem Atlasflügel hinter dem Ohr appliziert. Während man das Tape aufbringt, sollte der Hals immer auf die entsprechend gegenüberliegende Seite vorgedehnt werden: Rechte Halsseite tapen und dabei den Hals nach links dehnen und umgekehrt.

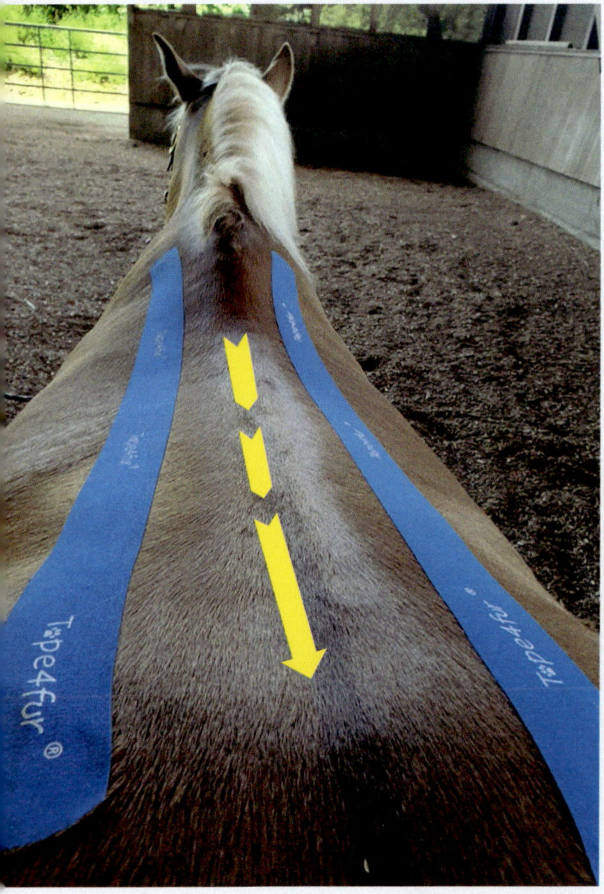

Entspannendes Muskeltape für die Rückenmuskulatur.

Kruppenmuskulatur (M.gluteus):

Da dieser Muskel recht breit ist, sollte man zwei I-Tapes nutzen. Bei extrem großen Pferden, Kaltblütern zum Beispiel, kann man auch drei Streifen nutzen.

Beim ersten Tapestreifen (pink) wird die primäre Basis spannungsfrei in Höhe des Hüftgelenkes aufgebracht, der Wirkungsbereich wird mit leichtgradiger Spannung entlang der Oberkante des Muskels geklebt und das sekundäre Ende

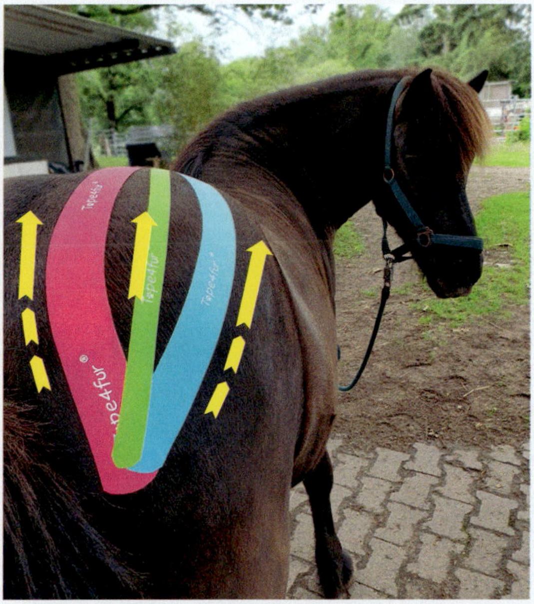

Entspannendes Muskeltape für die Glutealmuskulatur.

Rückenmuskulatur (M. longissimus):

Die primäre Basis wird spannungsfrei in Höhe des Widerristes aufgebracht, der Wirkungsbereich wird mit leichtgradiger Spannung entlang des Muskels, parallel zur Wirbelsäule geklebt und das sekundäre Ende wird am höchsten Punkt der Kruppe appliziert. Während man das Tape aufbringt, sollte der Hals vorwärts-abwärts vorgedehnt werden. Am besten das Pferd dabei grasen lassen oder etwas Heu auf den Boden legen.

wird im Bereich der letzten drei Lendenwirbel appliziert. Der zweite Tapestreifen (hellblau) verläuft genauso, allerdings geht der Wirkungsbereich an der Unterkante des Muskels entlang. Bei sehr großen Pferden oder sehr starken Verspannungen führt der dritte Streifen (grün) in der gleichen Richtung in der Mitte zwischen dem oberen und unteren I-Tape hindurch.

Eine Vordehnung des Muskels ist nicht nötig, da der Bewegungsradius hier relativ gering ist.

Hinterbackenmuskulatur (M.semitendinosus und M. semimembranosus):

Die primäre Basis wird spannungsfrei in der Kniekehle aufgebracht, der Wirkungsbereich wird mit leichtgradiger Spannung beinaufwärts geklebt und das sekundäre Ende wird circa eine Handbreit oberhalb der Schweifrübe appliziert. Während man das Tape aufbringt, sollte das Bein immer von einem Helfer nach vorne unter den Bauch vorgedehnt werden.

Bei Arealen mit großem Bewegungsradius ist es immer hilfreich, den Bereich durch einen spannungsfreien Queranker zu sichern. Hier im Beispiel ist ein schwarzer Queranker in der Kniekehle zu sehen.

Noch mehr Muskeltapes findet man im Buch »Kinesiologisches Pferdetaping«.

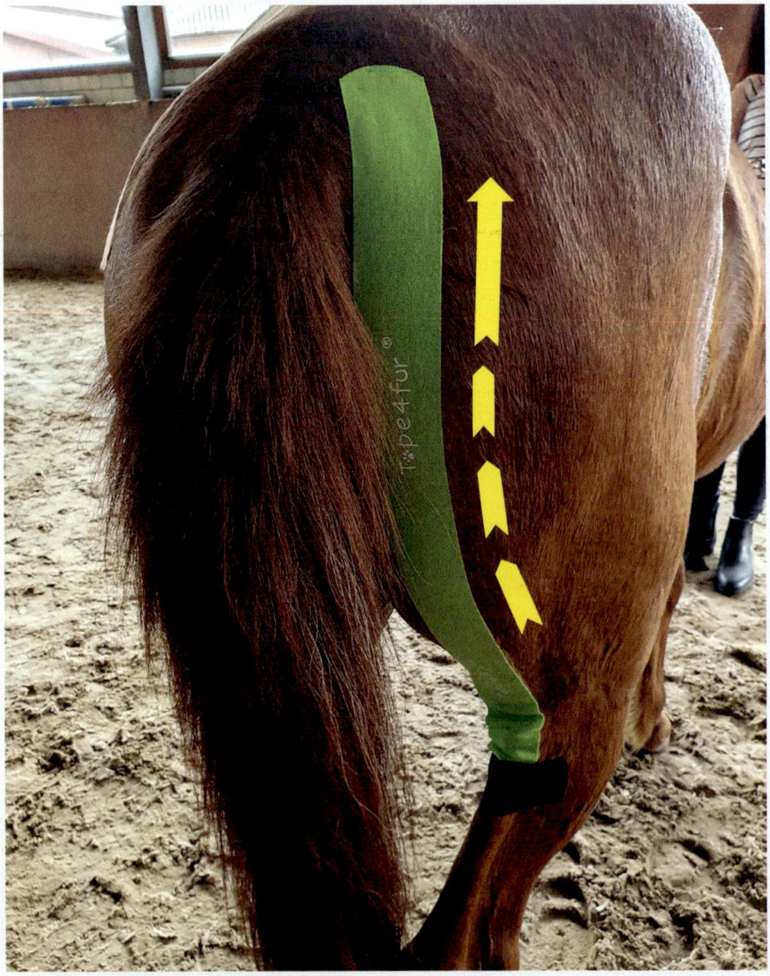

Entspannendes Muskeltape für die Hinterbackenmuskulatur.

3.77
Vorbiegigkeit bis Rückständigkeit

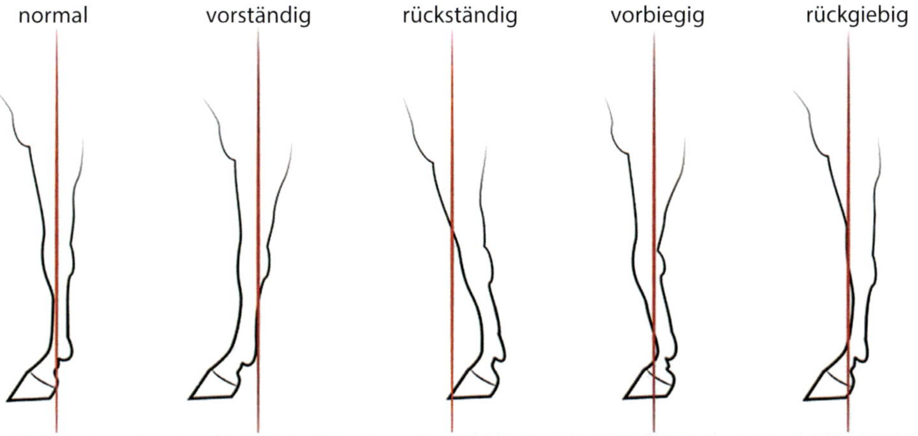

Korrekte Stellung der Vorhand sowie verschiedene Fehlstellungen.

Über Fehlstellungen im Allgemeinen findet man schon viele Infos im Kapitel 3.16 – »Fehlstellungen«. Wie bei allen Fehlstellungen werden auch bei der Vorbiegigkeit, Vorständigkeit sowie Rückbiegigkeit, Rückständigkeit Korrekturtapes eingesetzt, um durch den Recoil des Tapes der fehlgestellten Gliedmaße den Weg in die richtige Position zu zeigen. Ebenso folgt man hier, wie bei allen Korrekturtapes, der Grundregel: **Immer zur Fehlstellung hin tapen!** Der Recoil des Tapes geht immer in die Richtung der primären Basis und somit in die gewünschte Korrekturrichtung.

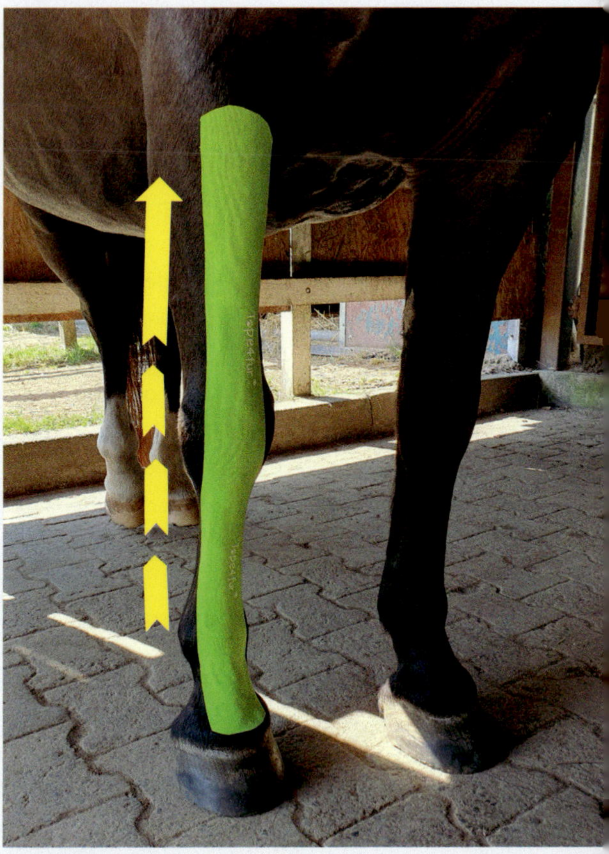

Korrekturtape auf der Beinvorderseite bei Vorständigkeit.

Vorständig/Rückbiegig:

Bei diesen beiden Fehlstellungen sind die Beugesehnen überdehnt und die Strecksehnen verkürzt. Somit möchte man mit dem Tape die Beugesehnen zur Kontraktion anregen und die Strecksehnen zur Dehnung.

Es werden zwei I-Tapes mit abgerundeten Ecken benötigt, die beide mit der End-to-End-Technik aufgebracht werden. Ungefähr 5 cm von der Trägerfolie des ersten Tapestreifens entfernen und diese primäre Basis unterhalb des Ellenbo- →

3.77 Vorbiegigkeit bis Rückständigkeit

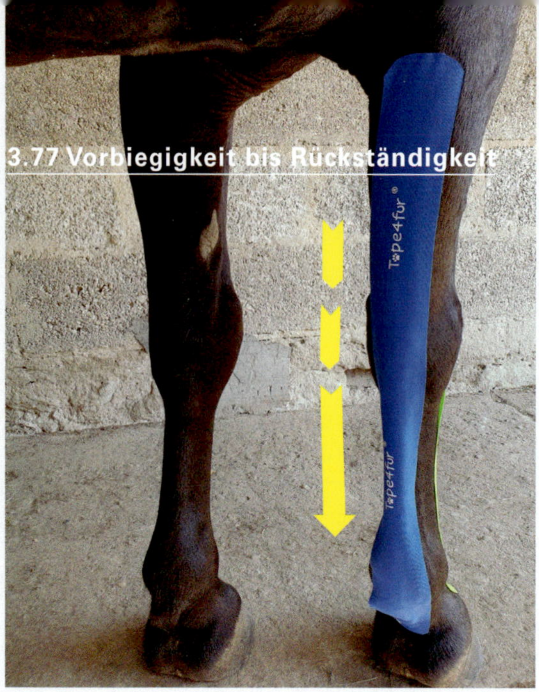

Korrekturtape auf der Beinrückseite bei Vorständigkeit.

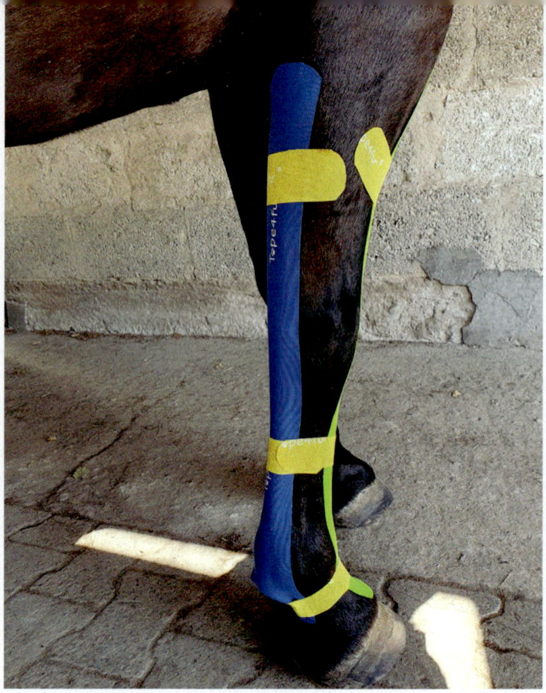

Es empfiehlt sich, die Korrekturtapes mit mehreren spannungsfreien Ankern zu sichern.

gens auf der Beinrückseite spannungsfrei aufbringen. Den Wirkungsbereich mit leicht- bis mittelgradiger Spannung auf der Beinrückseite gerade von oben nach unten tapen und die sekundäre Basis spannungsfrei und mit Back-up unterhalb des Fesselkopfes aufkleben. Auf der Beinvorderseite wird der Tapestreifen genau gegengleich appliziert. Primäre Basis vorne oberhalb des Kronrandes, Wirkungsbereich entlang der Beinvorderseite nach oben tapen und die sekundäre Basis gerade unterhalb der Ellenbeuge anbringen.

Die beiden Tapestreifen sollten mit mehreren spannungsfreien Querankern gesichert werden, um ein Abschubbern durch das Pferd zu vermeiden und ebenso ein vorzeitiges Ablösen aufgrund der mechanischen Belastung in der Bewegung zu verhindern.

Vorbiegig/Rückständig:
Hierbei sind die Strecksehnen überdehnt und die Beugesehnen verkürzt. Somit möchte man mit dem Tape die Strecksehnen zur Kontraktion anregen und die Beugesehnen zur Dehnung. Also genau umgekehrt wie die zuvor beschriebene Fehlstellung und somit wird auch genau umgekehrt getapt.

Es werden zwei I-Tapes mit abgerundeten Ecken benötigt, die beide mit der End-to-End-Technik aufgebracht werden. Ungefähr 5 cm von der Trägerfolie des ersten Tapestreifens entfernen und diese primäre Basis unterhalb der Ellenbeuge auf der Beinvorderseite spannungsfrei aufbringen. Den Wirkungsbereich mit leicht- bis mittelgradiger Spannung auf der Beinvorderseite gerade von oben nach unten tapen und die sekundäre Basis spannungsfrei und mit Back-up vorne oberhalb des Kronrandes aufkleben. Auf der Beinrückseite wird der Tapestreifen genau gegengleich appliziert: Primäre Basis unterhalb des Fesselkopfes, Wirkungsbereich entlang der Beinrückseite nach oben tapen und die sekundäre Basis unterhalb des Ellenbogens anbringen.

Die beiden Tapestreifen sollten mit mehreren spannungsfreien Querankern gesichert werden, um ein Abschubbern durch das Pferd zu vermeiden und ebenso ein vorzeitiges Ablösen aufgrund der mechanischen Belastung in der Bewegung zu verhindern.

W

3.78 Weben

Beim Weben handelt es sich um eine erworbene Verhaltensstörung von Pferden. Diese tritt am häufigsten bei Boxenhaltung auf, wenn das Pferd nicht genügend Auslauf und Bewegung hat und dem Tier langweilig ist.

Dabei pendelt es mit dem Kopf von einer Seite auf die andere und belastet dabei auch immer abwechselnd die Vorderbeine.
Selbstverständlich sind hier die auslösenden Faktoren für das Weben zu beheben!

Um dem Pferd eventuell ein bisschen Entspannung und vor allem innere Ruhe und Ausgleich zu bringen, kann man hier ein Gittertape auf den Akupunkturpunkt Yintang aufbringen. Dieser Punkt ist bekannt dafür, dass er beruhigend wirkt und für den inneren Ausgleich sorgt. (Er hilft auch vielen Pferden, die an Silvester aufgrund der Böllerei sehr gestresst und ängstlich sind!)

Der Punkt liegt in einem Dreieck zwischen den inneren Augenwinkeln und dem Schopfansatz. Setzt man einen Finger mittig zwischen den Augen auf und fährt dann gerade nach oben, rutscht man unterhalb des Schopfes in eine leichte Vertiefung. Dann hat man den Punkt gefunden.

Gittertape vorsichtig mit den Fingern oder einer Plastik-Pinzette von der Trägerfolie abziehen und direkt auf diesen Punkt aufbringen.

Akupunkturpunkt Yintang sorgt für inneren Ausgleich und Entspannung.

3.79 Widerristblockade

Obwohl Blockaden natürlich in jedem Gelenk vorkommen können, sind manche Bereiche eher davon betroffen als andere. Über das Sakrum und den Iliosacralbereich sowie die ISG-Fugen gibt es ein entsprechendes Kapitel und auch über den Hals- sowie den Rückenbereich.

Auch der Widerrist ist sehr häufig von Blockaden betroffen. Dies ist wahrscheinlich den anatomischen Strukturen geschuldet: Übergang von Hals- zu Brustwirbelsäule und einer damit verbundenen Veränderung der knöchernen Wirbelstrukturen sowie extrem lange Dornfortsätze und somit große Hebelfunktion im Körper. Aber auch die rein muskuläre Verbindung zu den Vordergliedmaßen spielt eine maßgebliche Rolle.
Des Weiteren kann auch ein schlecht sitzender Sattel mit zu weiter oder zu enger Kammer hier große Auswirkungen haben, genau wie ein nicht ausbalancierter Reiter.

Sämtliche Blockaden sollten gelöst werden, bevor man dann mit einem Stabilisierungstape den Widerristbereich unterstützt. Dafür benötigt man vier I-Tapes mit abgerundeten Ecken, alle werden mit der Inside-Out-Technik in Stabilisierungstechnik aufgebracht.

Beim ersten Tapestreifen die Trägerfolie mittig einreißen und von innen nach außen dehnen. Diesen Streifen diagonal von oben auf dem Widerrist aufbringen, sodass er auf einer Seite vor dem Schulterblatt liegt und auf der gegenüberliegenden Seite dahinter. SOFORT nach dem Aufkleben des Wirkungsbereiches, diesen von einem Helfer mit den Händen fixieren lassen, damit der primäre Recoil des Tapes unterdrückt wird. Unter Fixation die Enden spannungsfrei und mit Back-up tapen. Im Anschluss kann der Helfer die Fixierung wieder lösen.

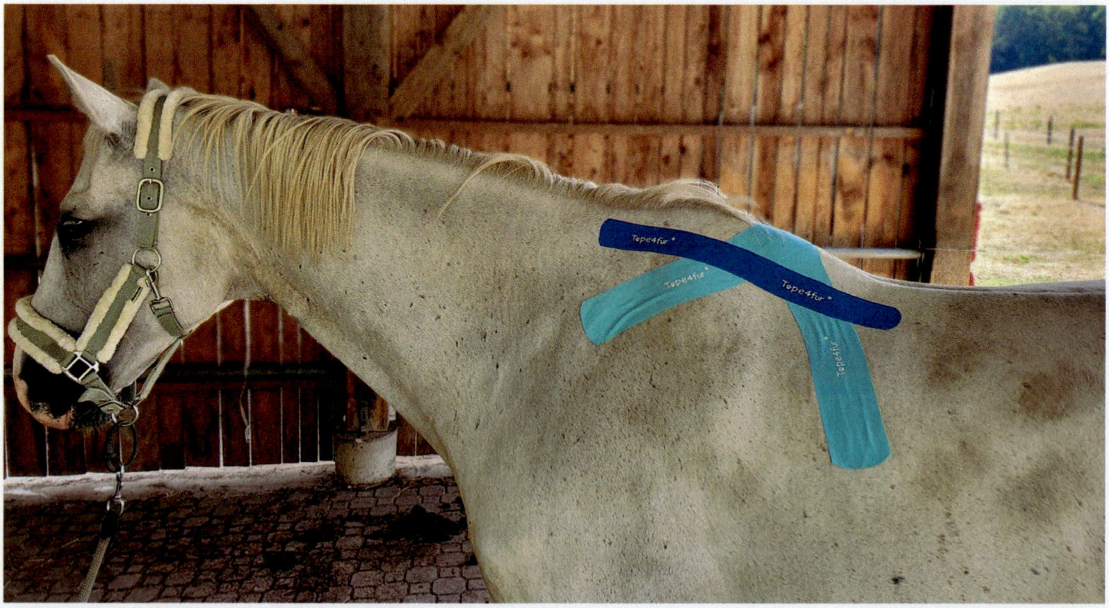

Stabilisierungstape für den Widerristbereich.

Der zweite Streifen wird mit der gleichen Technik diagonal in die entgegengesetzte Richtung geklebt, sodass sich ein großes »X« ergibt, wenn man von oben auf den Widerrist schaut. Auch hierbei wieder den Wirkungsbereich von einem Helfer festhalten und fixieren lassen, bis die Enden aufgebracht sind.

Der dritte Tapestreifen wird ebenfalls mit der Stabilisierungstechnik und Fixierung des Wirkungsbereiches geklebt. Diesmal allerdings auf einer Seite parallel zum Verlauf des Widerristes, damit dieser seitlich stabilisiert wird. Das vierte I-Tape dann identisch zum dritten auf der gegenüberliegenden Seite des Widerristes.

Zusätzlich kann man auch noch ein Sterntape im Bereich des Brustbeines kleben, da die Wirbelkörper des Widerristes über die Rippen mit dem Brustbein verbunden sind und Blockaden des Widerristes sehr oft mit Blockaden des Brustbeines einhergehen. Die detaillierte Beschreibung dafür findet man im Kapitel 3.10 – »Brustbeinblockade«.

3.80 Wobbler Syndrom

Die Bezeichnung Wobbler Syndrom geht zurück auf den englischen Begriff »to wobble« und bedeutet wackeln oder auch schwanken, da dies das Gangbild des betroffenen Tieres am besten beschreibt.

Die Bezeichnung zervikale Spondylomyelopathie (ZSM) beschreibt die Erkrankung ebenso, denn es handelt sich um einen Rückenmarksschaden, bedingt durch eine fehlerhaft entwickelte Wirbel-

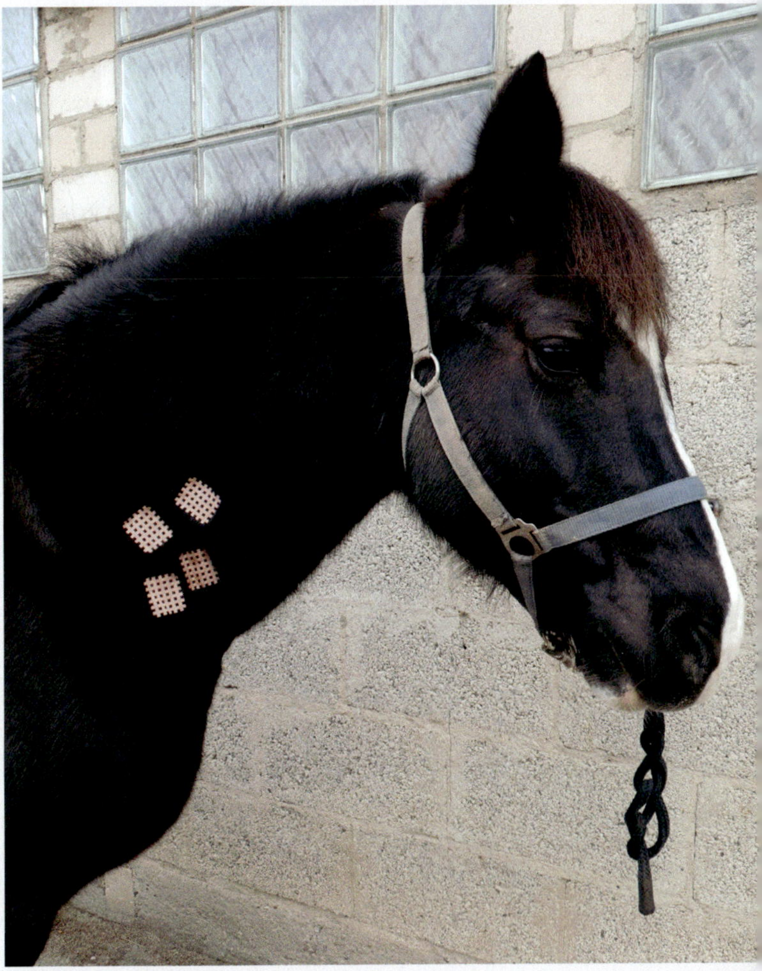

Gittertapes im Bereich der unteren Halswirbelsäule.

→

säule bzw. Wirbelkörper im Halsbereich. Vor allem die unteren Halswirbel 5 bis 7 sind davon betroffen und es führt oftmals zu einer Nervenschädigung und damit zu einer Gangataxie.

Auch hier können die Ursachen vielfältig sein. Sehr häufig liegt eine genetische Komponente vor, aber auch eine altersbedingte Abnutzung der Bandscheibe kann dafür der Auslöser sein.

Am besten ist hier eine Kombination aus Sterntapes für die betroffenen Halswirbelsegmente und Propriozeptionstapes an den Vorderbeinen, um die Körperwahrnehmung anzuregen und der Ataxie entgegenzuwirken.

Das Sterntape für den Halswirbelbereich ist bereits im Kapitel 3.13 – »ECVM« beschrieben. Es sollte auch hier auf beiden Seiten des Halses angebracht werden. Alternativ kann man in dem Bereich auch Gittertapes nutzen.

Die Gittertapes vorsichtig mit den Fingern oder einer Kunststoff-Pinzette von der Trägerfolie abziehen und jeweils auf beiden Halsseiten über den Bereich der unteren Halswirbelsäule und vor dem Schulterblatt entlangführen und da aufbringen, wo sie sich von alleine an das Fell heranziehen.

Für das Propriozeptionstape benötigt man pro Bein ein Fächertape mit einer geraden Anzahl an Fingern (am besten vier Finger) und das Ganze wird mit der Propriozeptionstechnik komplett spannungsfrei aufgebracht. Beim Abmessen mittig in der Muskulatur der Vorhand beginnen, bis zum Boden und dann noch gut 20 cm Tape hinzufügen. Aus diesem doch sehr langen Tapestreifen dann entsprechend die vier Finger schneiden und ca. 5 cm Basis übriglassen. Trägerfolie am Übergang von der Basis zu den Fingern einreißen und umknicken, damit man sie beim Tapen besser greifen kann.

Die Basis wird wie beim Abmessen spannungsfrei mittig in der Schultermuskulatur der betroffenen Gliedmaße aufgeklebt. Dann beginnt man mit dem vordersten Tapefinger und zieht immer wieder ein Stück der Trägerfolie ab, hält ihn ganz locker und ohne Spannung und klebt diesen spiralförmig vorwärts-abwärts vorne um die Gliedmaße herum in Richtung Huf. Mit dem hintersten Tapefinger verfährt man genauso: spannungsfrei, spiralförmig in Richtung Huf, nur in die entgegengesetzte Richtung, hinten um das Bein herum. Die inneren Tapefinger werden ebenso aufgebracht, aber ca. 10 cm versetzt nach unten. Der innere vordere Tapestreifen ist also parallel zum äußeren vorderen und der innere hintere Tapestreifen parallel zum äußeren hinteren.

Die Enden der Finger werden wie üblich spannungsfrei appliziert und sollten am besten mit einem spannungsfreien Anker gesichert werden, damit sie in der Einstreu/Sand/Gras nicht hängen bleiben und sich damit vorzeitig ablösen.

Wenn die Tapinganlage richtig angelegt wurde, sieht es am Ende so aus, als würde das Pferd an der betroffenen Gliedmaße eine Netzstrumpfhose tragen!

Man kann, wie hier im Bild, beide Beine gleichzeitig mit einem Propriozeptionstape versehen oder abwechselnd, mal rechts und mal links tapen. Dies ist oftmals sogar effektiver, denn ein einseitiger Reiz wird vom Pferd aktiver wahrgenommen, als wenn dieser gleichmäßig auf beiden Seiten erfolgt. Dadurch kommt es auch zu einer stärkeren Aktivierung der Gliedmaße. Da das Tier von sich aus im Gleichgewicht bleiben möchte, wird die gegenüberliegende, tapefreie Gliedmaße automatisch mit aktiviert.

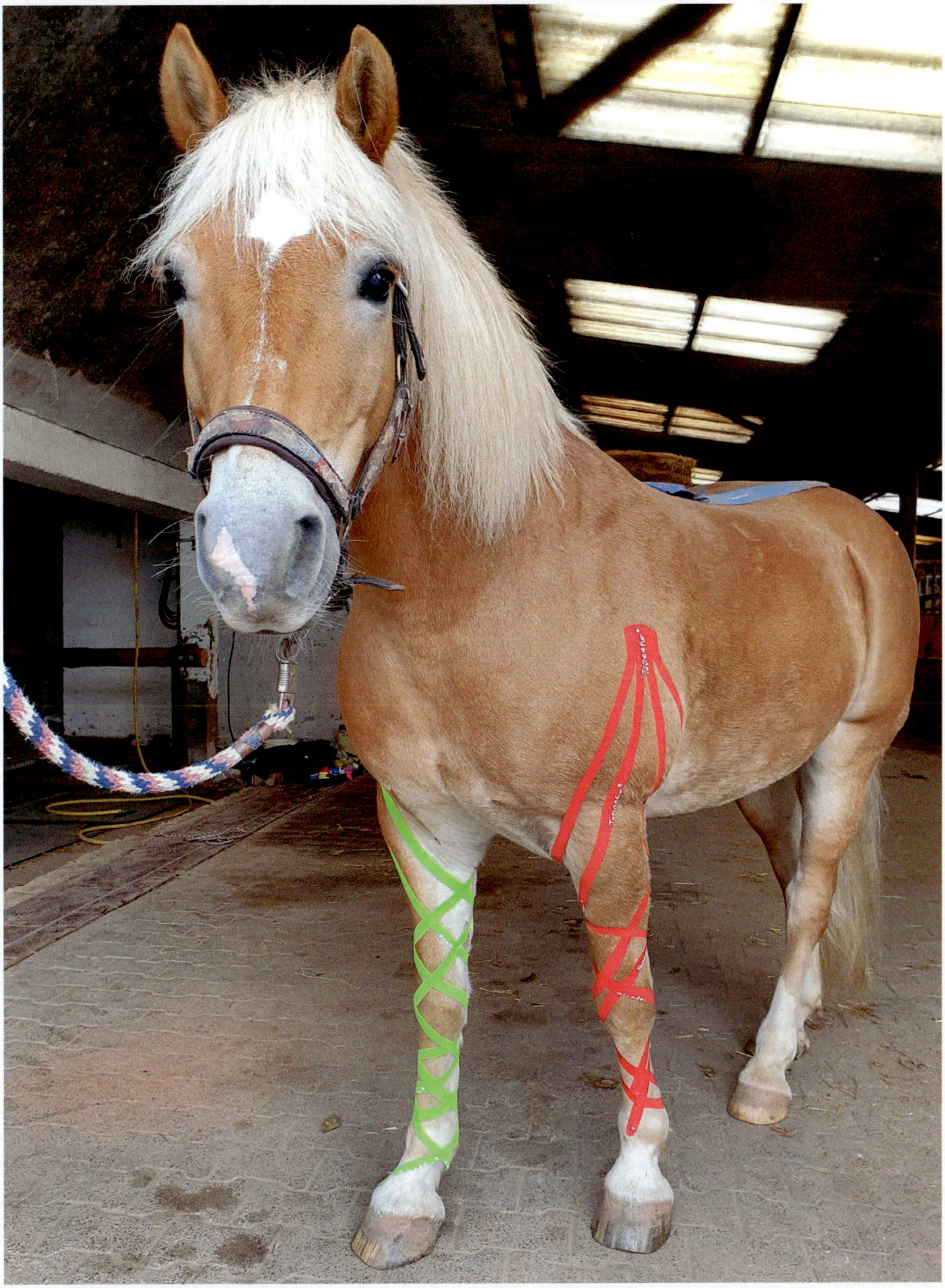

Propriozeptionstape an beiden Vorderbeinen.

3.81 Wunden

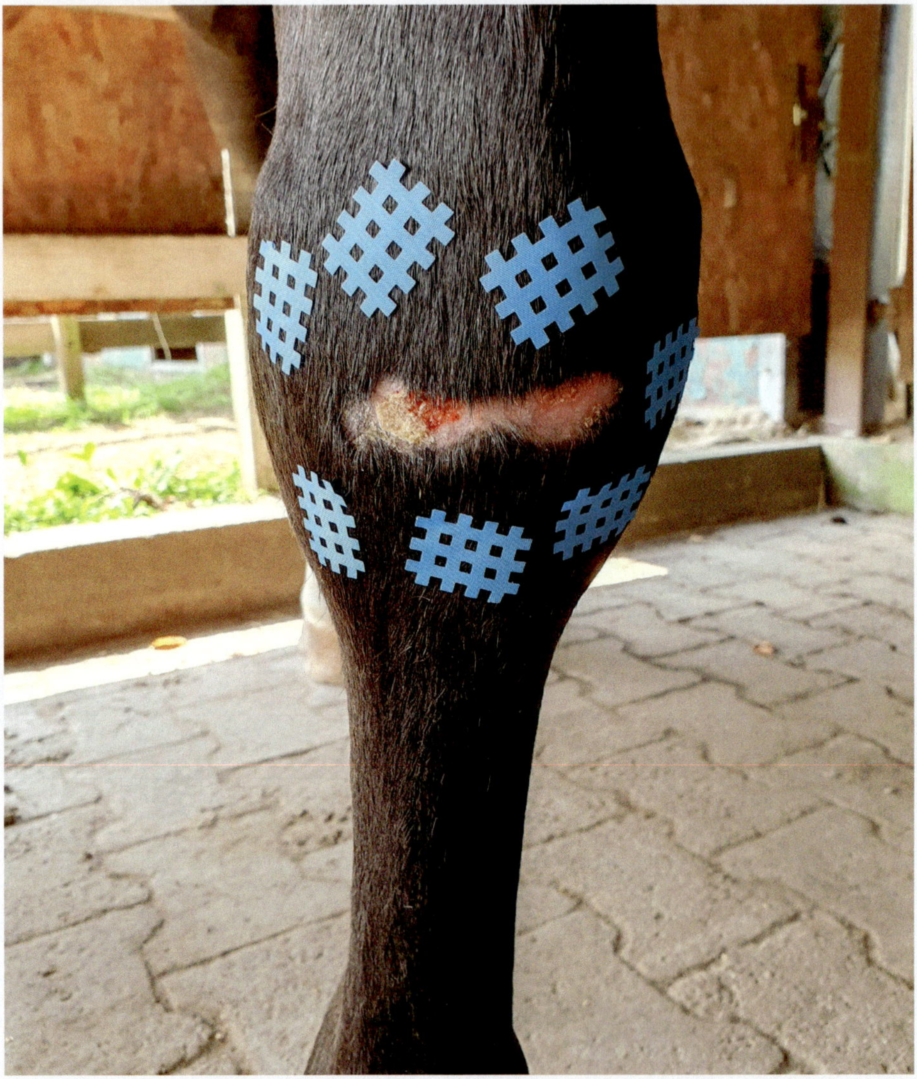

Gittertapes NIE direkt auf einer offenen Wunde platzieren.

Wer den ersten Teil des Buches noch in Erinnerung hat, weiß, dass Wunden eine Kontraindikation sind und dass man **darauf** kein Tape anbringen sollte. Aufgrund der Wundflüssigkeit würde es sowieso nicht halten.

Es gibt dennoch eine Möglichkeit, wie man die Wundheilung unterstützten kann. Man kann in dem Fall sehr gut mit Gittertapes arbeiten und bringt diese rund um die Wunde herum an. Gittertapes vorsichtig mit den Fingerspitzen oder einer Kunststoff-Pinzette von der Trägerfolie abziehen und rund um die Wunde dicht über das Fell führen. Überall da aufbringen, wo sie sich von alleine an das Fell heranziehen.

Und es gibt noch eine großartige Verwendung von Kinesiologischem Tape bei der Versorgung von Wunden:

Tapes, die extra für die Haftung auf Fell konzipiert sind, eignen sich nämlich hervorragend, um Verbände u. ä. zu befestigen oder Wunden mit einem Gazepad abzudecken, damit keine Fliegen darangehen und kein Dreck hereinkommt. Wichtig bei der Wundabdeckung ist auch hier, dass man nur leichtgradige Spannung nutzt, damit sich das Tape/der Verband nicht zu stark zusammenzieht und somit vorzeitig wieder ablöst oder im schlimmsten Fall etwas einschnürt oder auf die Wunde drückt.

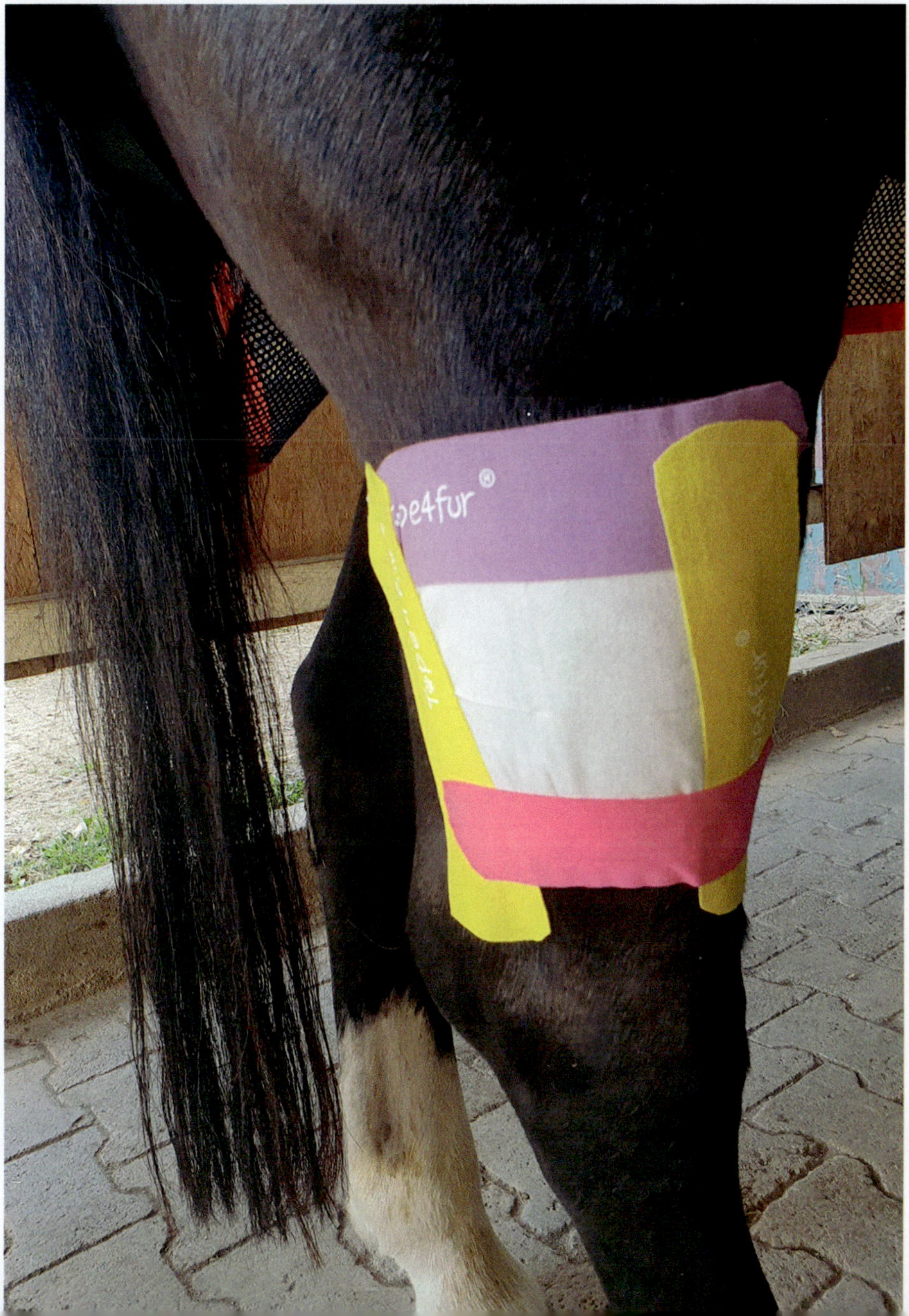

Kinesiotapes eignen sich auch hervorragend, um einen Wundverband zu befestigen!

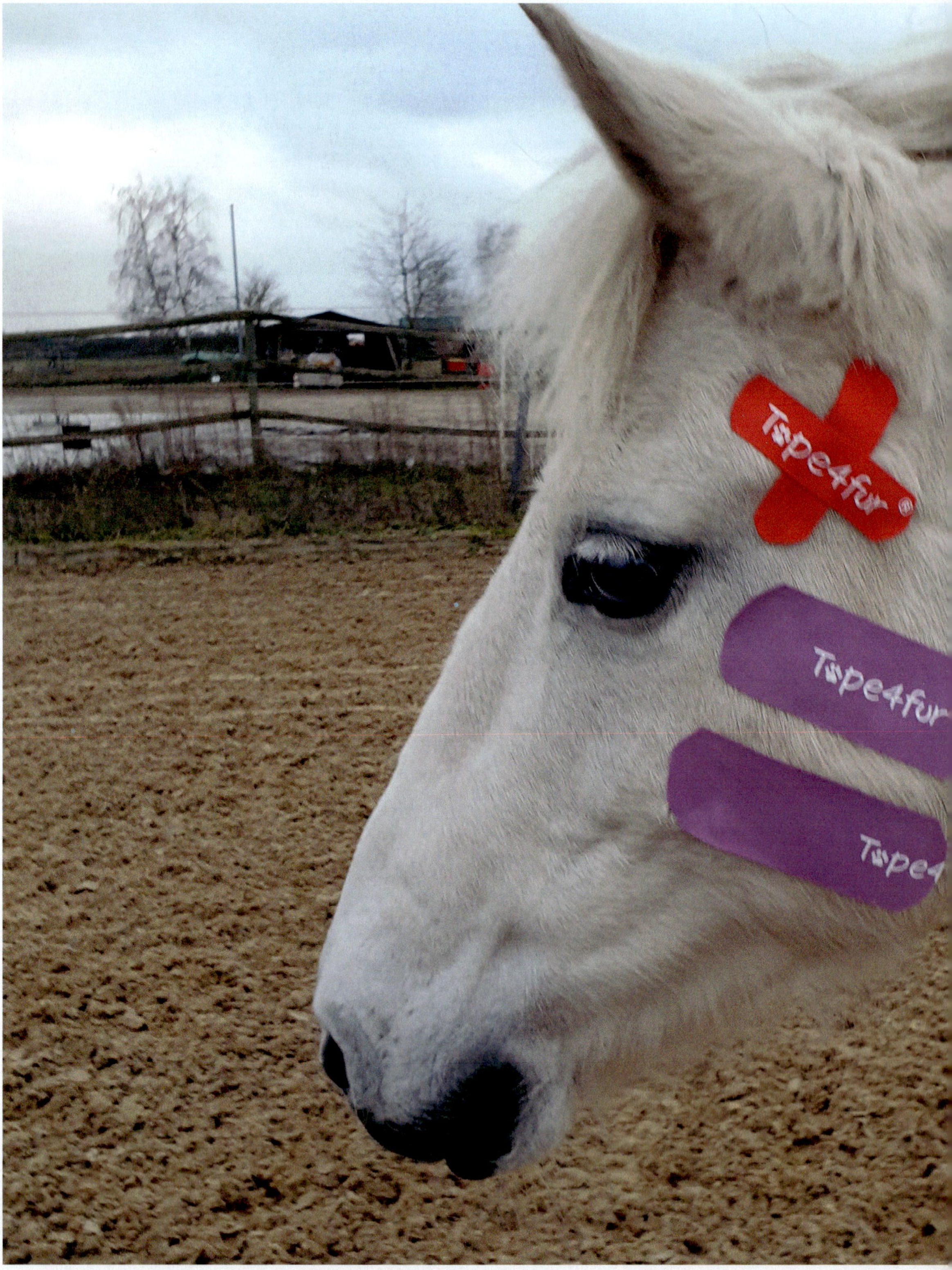
Tape4fur
Tape4fur
Tape4

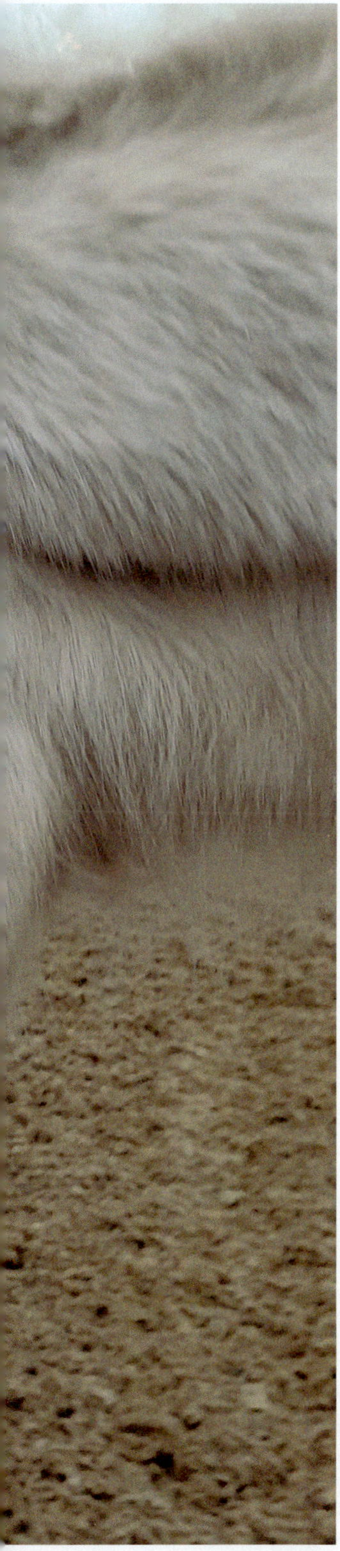

Nach der Zahnbehandlung profitieren die Kaumuskulatur und die Kiefergelenke von einer Tapeanlage.

3.82 Zahnbehandlung – Nachsorge

Eine regelmäßige Kontrolle der Zähne durch den Tierarzt oder Zahnspezialisten ist sinnvoll, damit das Kauen gut funktioniert und keine Kanten etc. stören. Derartige Probleme können sich beim Pferd auch auf die Rittigkeit negativ auswirken.

Allerdings ist das Tragen des Maulgatters während der Zahnbehandlung nicht optimal für die Kiefergelenke und die Kaumuskulatur. Da dem Pferd über einen längeren Zeitraum das Maul so unnatürlich aufgehalten wird, wird der Kaumuskel überdehnt und die Kiefergelenke erfahren einen unnatürlichen Druck. Das kann in vielen Fällen zu Blockaden im Kiefergelenk führen.

Jeder, der selbst schonmal bei seinem Zahnarzt eine längere Behandlung hatte, weiß, wie angespannt sich danach alles im Gesicht und Kiefer anfühlt. Den Pferden geht es genauso.

Im Kapitel 3.41– »Kiefergelenksblockade« ist die Nachbehandlung mit Kinesiologischem Tape und auch mit Gittertapes beschrieben.
Zusätzlich sollte man den Kaumuskel auf beiden Seiten mit Muskeltapes unterstützend tapen.
Dafür benötigt man bei den meisten Pferden und Ponys vier kurze I-Tapes mit abgerundeten Ecken, die mit der End-to-End-Technik geklebt werden.

Zwei bis drei Zentimeter der Trägerfolie an einem Ende des ersten Tapestreifens entfernen und diese primäre Basis an der Jochbeinleiste unterhalb des Auges spannungsfrei aufkleben. Den Wirkungsbereich mit leichtgradiger Spannung zum Unterkieferrand hin tapen und die sekundäre Basis spannungsfrei und mit Back-up am Unterkieferrand applizieren.

Der zweite Tapestreifen wird parallel zum ersten genauso aufgebracht. Und das Ganze wird dann noch mit den restlichen zwei Tapestreifen identisch auf dem Kaumuskel auf der gegenüberliegenden Seite des Kopfes angebracht.

3.83
Zehenenge/-weite Fehlstellung

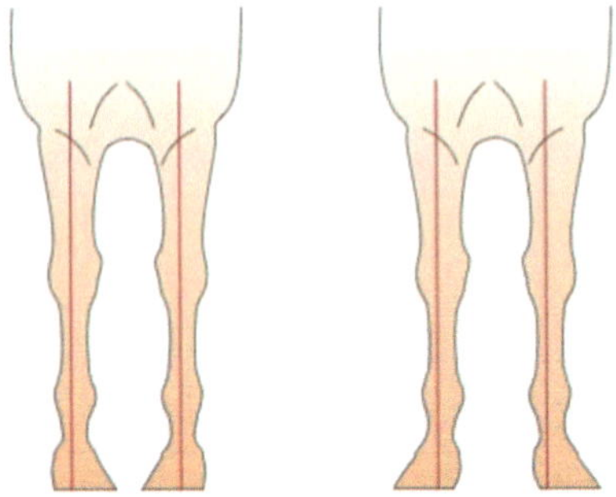

Schematische Darstellung von zehenenger sowie zehenweiter Fehlstellung.

Über Fehlstellungen im Allgemeinen wurde bereits berichtet. Die bodenenge-/bodenweite Fehlstellung wurde z. B. bereits im Kapitel 3.9 erklärt. Aber es gibt auch noch die zehenenge/-weite Fehlstellung aus dem Karpalgelenk heraus. Dabei erscheint die Zehe nach innen bzw. außen rotiert.
Wie bei allen Fehlstellungen ist es am sinnvollsten, dieser therapeutisch zu begegnen, je jünger das Pferd ist. Idealerweise solange das Pferd noch im Wachstum ist und das Gewebe sowie Bänder, Sehnen und Knochen noch weich und aufgrund des Wachstums auch noch eher in Form und Stellung anpassbarer sind.

Auch hier gilt die Faustregel für Korrekturtapes: **immer zur Fehlstellung hin tapen.** Der Recoil des Tapes geht immer zur primären Basis und somit automatisch in die gewünschte Korrekturrichtung. Wie zuvor geschrieben, kommt diese Fehlstellung aus dem Karpalgelenk und insofern ist dies der Bereich, an dem man mit dem Tape ansetzt. Der obere Teil der Gliedmaße kann in diesem Fall außer Acht gelassen werden.
Für dieses Korrekturtape benötigt man pro Huf ein I-Tape mit abgerundeten Ecken, das mit End-to-End-Technik geklebt wird.

Zehenenge Fehlstellung (siehe Bild):
Taperichtung: Man tapt von außen nach innen! Ungefähr 5 cm von der Trägerfolie an einem Ende des Tapestreifens entfernen. Diese Basis wird spannungsfrei auf der Beininnenseite mittig auf dem Röhrbein aufgebracht. Dann führt man das Tape immer noch spannungsfrei um die Beinrückseite herum. Dieser Bereich dient immer noch als Anker. Jetzt an der Beinaußenseite kommt der eigentliche Korrekturbereich und man bringt das Tape auf mittelgradige Spannung und klebt es vorne über das Fesselgelenk zur Zeheninnenseite, zur Fehlstellung, hin auf. Das sekundäre Ende wird spannungsfrei auf der Innenseite des Hufes aufgebracht.
Zehenweite Fehlstellung:

Taperichtung: Man tapt von innen nach außen! (Da die Fehlstellung genau umgekehrt ist zur zehenengen Stellung, wird auch genau umgekehrt getapt.)

Ungefähr 5 cm von der Trägerfolie an einem Ende des Tapestreifens entfernen. Diese Basis wird spannungsfrei auf der Beinaußenseite mittig auf dem Röhrbein aufgebracht. Dann führt man das Tape immer noch spannungsfrei um die Beinrückseite herum. Dieser Bereich dient immer noch als Anker. Jetzt an der Beininnenseite kommt der eigentliche Korrekturbereich. Man bringt das Tape auf mittelgradige Spannung und klebt es vorne über das Fesselgelenk zur Zehenaußenseite, zur Fehlstellung, hin auf. Das sekundäre Ende wird spannungsfrei auf der Außenseite des Hufes aufgebracht.

Hinweis: *Der Huf sollte trocken und sauber sein, damit die sekundäre Basis dort gut haftet.*

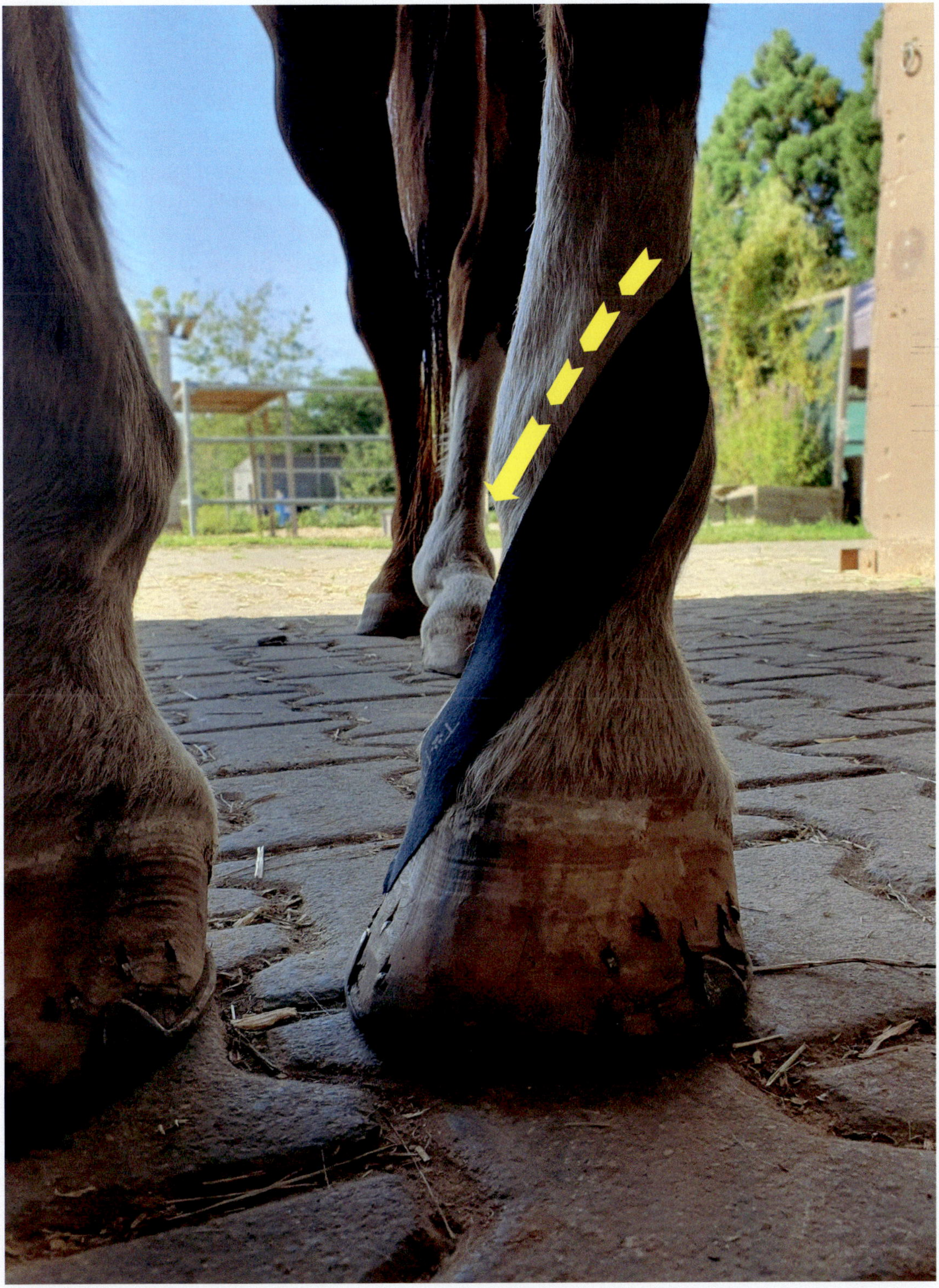

Korrekturtape bei zehenenger Stellung.

3.84
Zwerchfellblockade

Viele Pferde, die Atemwegsprobleme haben, leiden auch öfters an Zwerchfellblockaden, da das Zwerchfell an der Ein- und Ausatmung beteiligt ist. Je schwerer das Atmen fällt, desto angestrengter muss auch das Zwerchfell arbeiten. Und wenn es blockiert ist, fällt die Atmung dann nochmal schwerer.
Aber auch schlecht sitzende Sättel oder unausbalanciertes Reiten können zu muskulären Verspannungen führen, die sich über kurz oder lang auf das Zwerchfell übertragen, was dann dort zu Blockierungen führt.

Das Zwerchfell (Diaphragma) ist eine Muskelplatte, die die Brust- von der Bauchhöhle trennt. Es ist ein kuppelartig gewölbter, in sich geschlossener und abgeplatteter Muskelring, der die innere Brustwand auf beiden Seiten verbindet. Seinen oberen Anhangspunkt hat es am letzten Brustwirbel/ersten Lendenwirbel, der untere Ansatzpunkt befindet sich am Ende des Brustbeines.

Das Diaphragma ist der zentrale Atemmuskel und beim Einatmen verschiebt es sich nach schräg-abwärts, sodass sich die Lunge erweitern kann. Beim Ausatmen zieht es sich nach vorwärts-aufwärts zusammen und die Lunge wird wieder kleiner.
Selbstverständlich kann man wie bei allen Atemwegsproblemen ein Dermatomtape für den Lungenbereich nutzen. Dies deckt auch das Zwerchfell ab. Siehe dazu das Kapitel 3.11 – »COPD«.

Man kann aber auch das Zwerchfell ganz gezielt mit dem Tape ansprechen. Dafür benötigt man zwei I-Tapes mit abgerundeten Ecken, die mit der End-to-End-Technik geklebt werden.

Ungefähr 5 cm von der Trägerfolie des ersten Tapestreifens entfernen. Diese primäre Basis spannungsfrei in Höhe des Überganges zwischen Brust- und Lendenwirbelsäule, direkt auf dem Rücken aufbringen. Mit der Spannung, mit der das Tape von der Trägerfolie kommt, folgt man dem Verlauf des Zwerchfells schräg vorwärts-abwärts in Richtung des hinteren Endes des Brustbeines. Dort

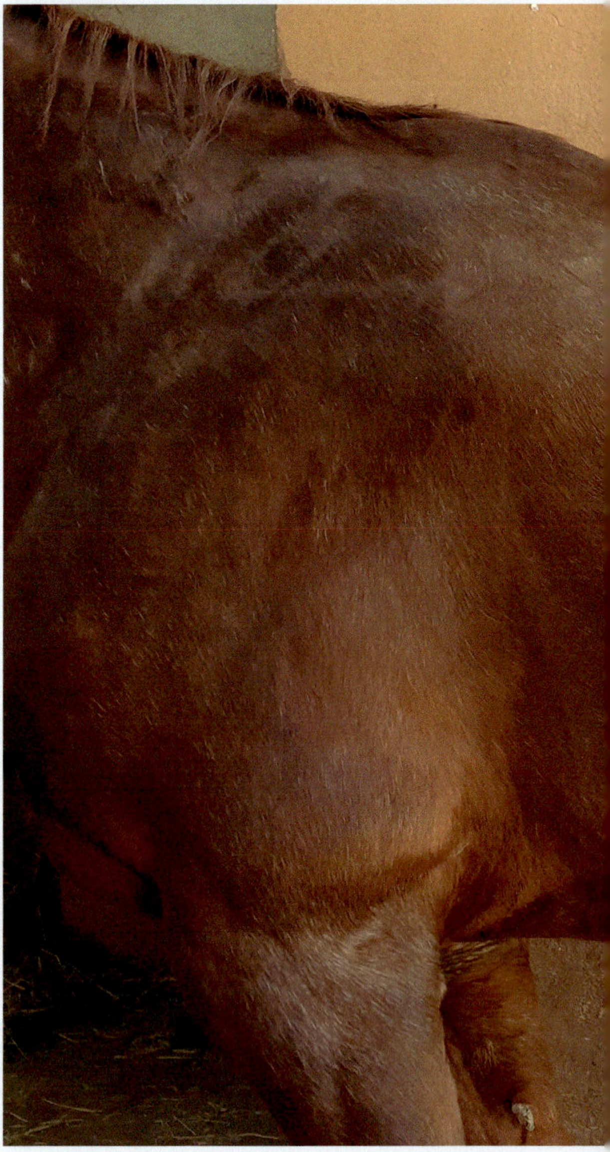

bringt man die sekundäre Basis spannungsfrei und mit Back-up auf. Mit dem zweiten I-Tape verfährt man genauso auf der anderen Rumpfseite. Die Anfangsbasen am Rücken, ebenso wie die Endbasen am Brustbein sollten dabei überlappen.

Dieses Zwerchfelltape kann einzeln verwendet werden oder bei Pferden mit Atemwegsproblemen auch gleichzeitig in Kombination mit dem oben genannten Dermatomtape für den Lungenbereich.

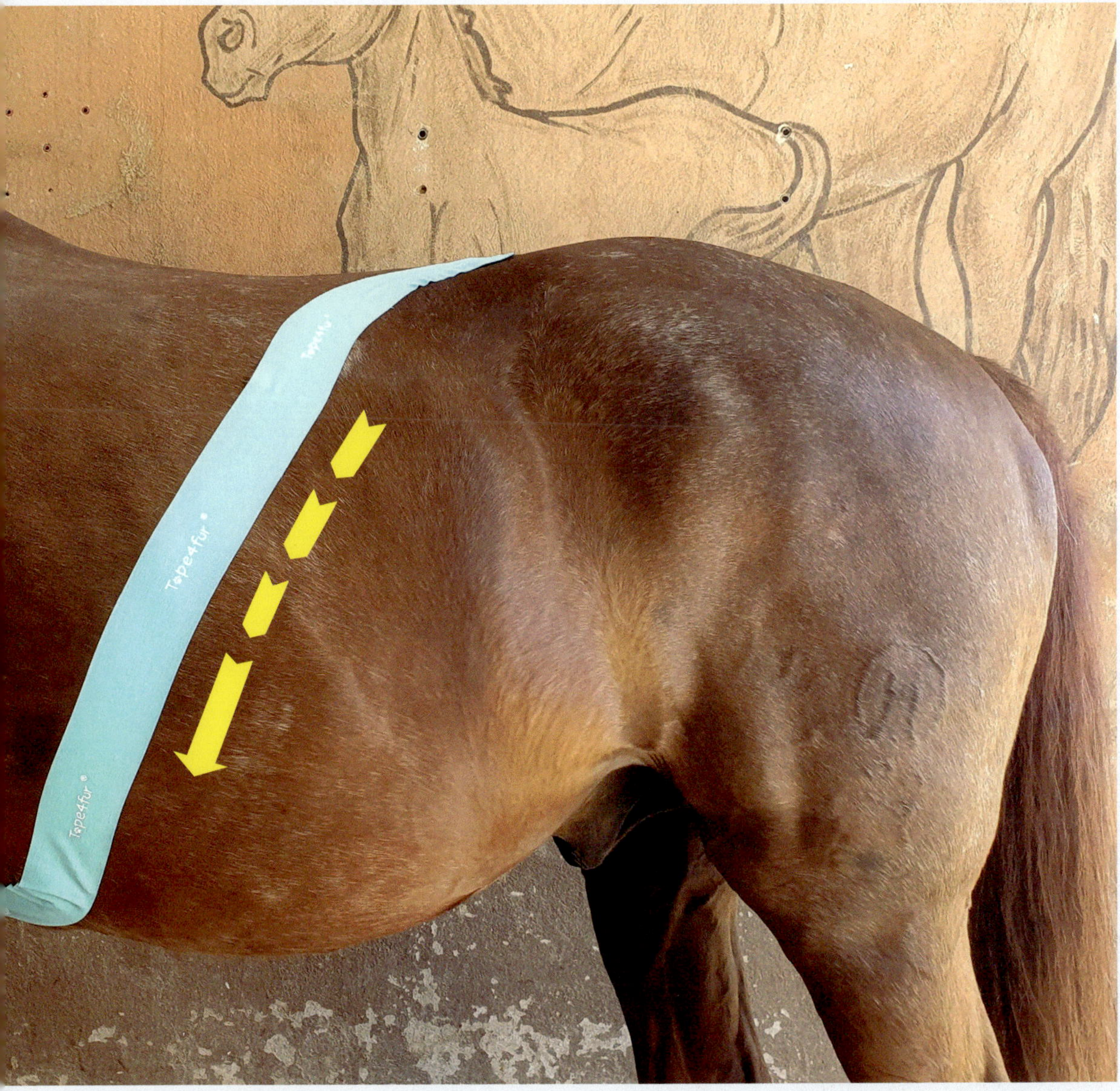

Tapinganlage zur Unterstützung des Zwerchfells.

Teil 4

Taping mit anderen Therapieformen kombinieren

4.1. Akupunktur

Wie bereits im ersten Teil geschrieben und auch immer wieder bei den Fallbeispielen erwähnt, ist Kinesiologisches Taping eine **unterstützende Behandlungsform!**

Das heißt nicht, dass Tapen für sich alleine nichts bringt, ABER es ist einfach viel, viel effektiver, wenn man es mit anderen Behandlungsmethoden kombiniert. Ein paar Möglichkeiten, wie diese Kombinationen aussehen können, werden in diesem Teil des Buches beschrieben.

Akupunktur ist eine Behandlungsmethode aus der traditionellen chinesischen Medizin. Mit sterilen Akupunkturnadeln werden bestimmte Akupunkturpunkte gestochen. Wer kein Fan von Nadeln ist, kann stattdessen auch die Akupressur mit den Fingern nutzen oder auf die Laserakupunktur zurückgreifen.

Es gibt insgesamt 365 Akupunkturpunkte im Körper. Diese liegen auf den Meridianen oder Energiebahnen. Es gibt 12 paarige Meridiane, die identisch auf der rechten und linken Körperhälfte vorkommen, sowie drei unpaarige Meridiane.

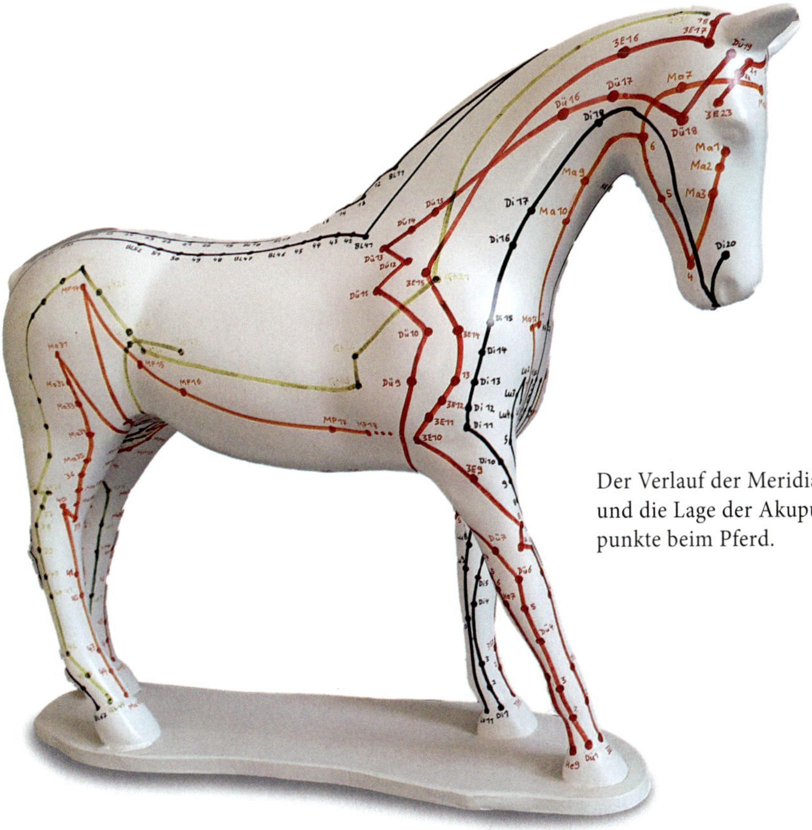

Der Verlauf der Meridiane und die Lage der Akupunkturpunkte beim Pferd.

Muskeltape für die Glutealmuskulatur.

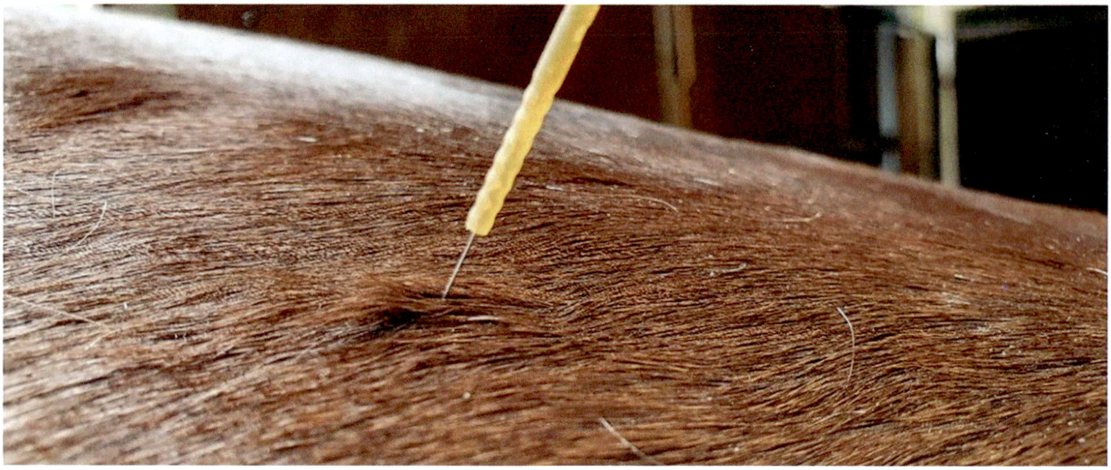

Nach der Akupunktur kann man den betroffenen Punkt noch zusätzlich mit einem Gittertape unterstützen.

Mit Hilfe der Akupunktur möchte man den Energiefluss regulieren und die Selbstheilungskräfte des Körpers anregen. Unterstützend zur Akupunktur, Akupressur oder Laserakupunktur kann man im Anschluss daran die betroffenen Punkte auch noch mit einem Tape oder Gittertape versehen und es somit noch etwas nacharbeiten lassen. Sind mehrere Punkte hintereinander betroffen, wie die Shu-Punkte des Blasenmeridians, die sich im Verlauf des langen Rückenmuskels befinden, ist das Rollentape die bessere Variante. Ebenso wenn man alle Ting-Punkte am Kronrand bei chronisch kalten Beinen ansprechen möchte.

Bei einzelnen Punkten, wie es auch am häufigsten vorkommt, könnte man eventuell Mini-Sterntapes nutzen. Da das aber viel zu aufwendig ist, kombiniert man diese besser mit den Gittertapes. Im Verlauf der Fallbeispiele im zweiten Teil des Buches finden sich dazu einige Beispiele. Weitere Beispiele für diese Kombinationsmöglichkeiten kann man auch in meinem Buch »Gittertapes – DIE tollen Helfer in der Tiertherapie« nachlesen.

4.2 Balance Pads

Balance Pads werden heutzutage sehr rege in der Behandlung von Pferden genutzt. Bei diesen Pads handelt es sich um stabile runde oder quadratische Kissen aus einem thermoplastischen Weichschaum. Da die Kissen relativ weich sind, bilden sie einen »unstabilen« Untergrund für das Pferd und regen das Tier dazu an, sich permanent selber auszubalancieren. Durch dieses Balancieren werden die Tiefenmuskulatur und die Körperwahrnehmung angeregt und bei regelmäßiger Anwendung das Gleichgewicht, die Koordination und die Stabilität verbessert.

Am besten nutzt man die Balance Pads, wenn das Tape bereits angelegt ist. Durch das ständige Ausbalancieren auf den Pads sieht es immer ein bisschen aus, als würde das Pferd schwanken, und dieses Schwanken verursacht Mikrobewegungen zwischen dem Fell und dem Tape, die ausreichend sind, um zusätzlich oberflächliche Propriozeptoren anzusprechen. Somit verstärkt man sowohl die Wirkung der Balance Pads als auch des Tapes. Man kann aber auch erst im Training mit den Balance Pads arbeiten und dann im Anschluss das Tape anlegen, um es nacharbeiten zu lassen.

Bei folgenden Krankheitsbildern, die im dritten Teil des Buches beschrieben sind, kann man unter anderem Balance Pads in Verbindung mit den Tapes sinnvoll nutzen (Blockaden müssen vorher gelöst werden!):

Ataxie, atrophierte Muskulatur, Brustbeinblockade, Blockierungen der Wirbelsäule, Gelenkinstabilitäten, Hahnentritt, ISG-Blockaden und -Verspannungen, Nackenbandprobleme, PSSM, Radialislähmung, Shivering, Sweeny Shoulder, Trageerschöpfung, verspannte Muskulatur, Widerristblockaden, Zwerchfellblockaden.

Propriozeptionstape und Balance Pads zur Verbesserung der Körperwahrnehmung.

4.3 Laser

Behandlungen im Tierbereich mit einem Laser sind inzwischen sehr häufig anzutreffen. Das Wort »Laser« an sich ist eine englische Abkürzung und steht für »Light Amplification by Stimulated Emission of Radiation«. Auf Deutsch bedeutet das: Lichtverstärkung durch stimulierte Strahlungsemission. Sehr vereinfacht beschrieben ist es stark gebündeltes, energetisches Licht in bestimmten Wellenlängen und Frequenzen.

Die Lasertherapie wird bereits seit den 1960er-Jahren eingesetzt. Durch das gebündelte Licht, das tief in das Gewebe eindringt, wird die Zellenergie deutlich gesteigert und ein Heilungsprozess in Gang gesetzt. Die Behandlung mit einem therapeutischen Laser führt zu mehr Enzymaktivität in den Zellen und es kommt zu einer Verbesserung der Durchblutung, zur Bildung kollagener Fasern, zur Förderung der Wundheilung und zu einer Schmerzlinderung.

Dabei nutzt man so genannte Low Level Laser mit niederenergetischen Laserdioden. Diese produzieren im Gegensatz zum chirurgischen Laser keine Wärme, sondern sie arbeiten auf biostimulativer Ebene, wie zuvor beschrieben.

Die Anwendungsmöglichkeiten für den Laser sind sehr vielfältig: Hauterkrankungen, Wunden, Entzündungen, chronische Erkrankungen des Bewegungsapparates, muskuläre Verspannungen, Arthrosen, Sehnen- oder Fesselträgerschäden, Kapsel- und Bänderverletzungen und Narben.

Möchte man die Lasertherapie mit dem Kinesiologischen Taping kombinieren, ist es wichtig, immer als erstes den Laser einzusetzen und danach das Tape aufzubringen. Der Laser wirkt nicht durch Kleidung hindurch, da Tape aus einem Baumwollgewebe besteht, kann er auch dieses nicht wirklich durchdringen.

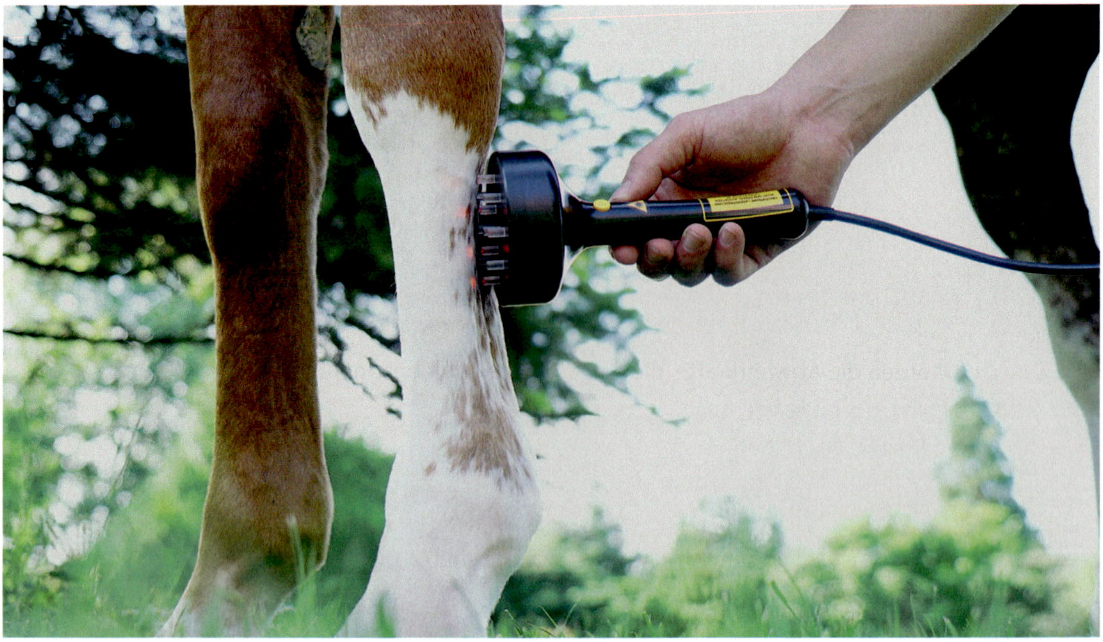

Erst den betroffenen Bereich lasern und dann tapen!

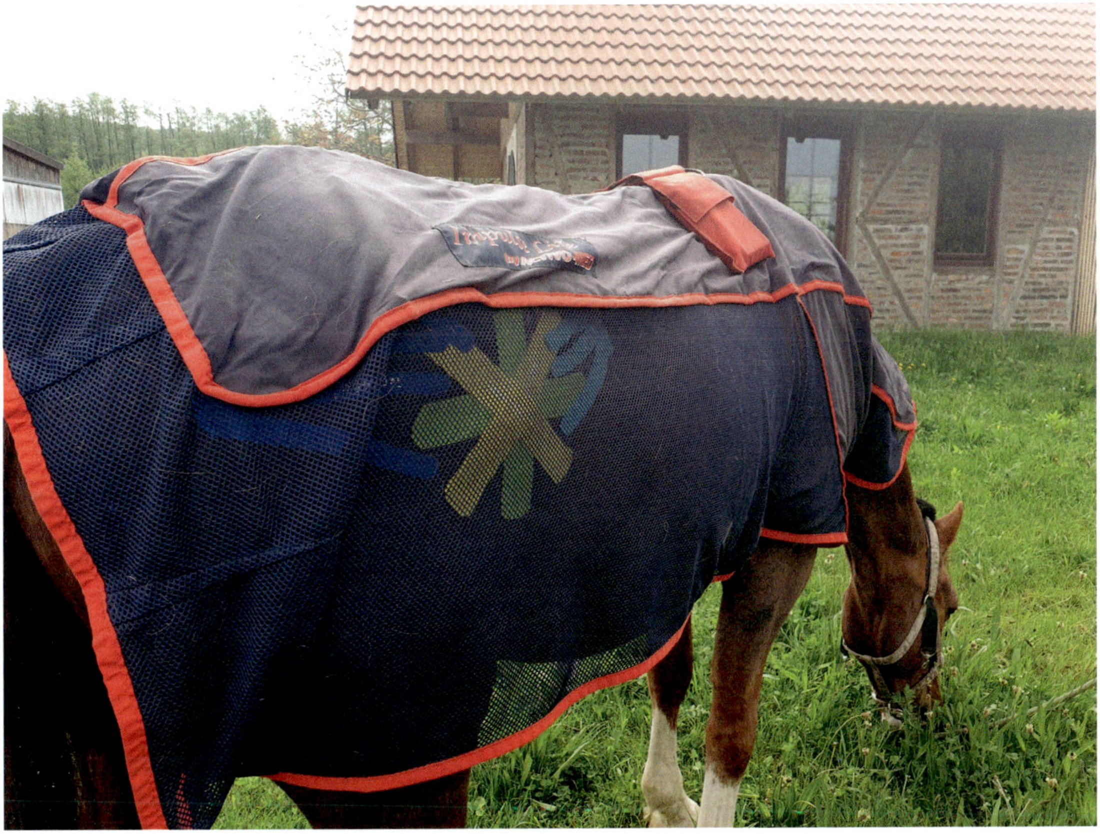

Magnetfeldtherapie und Tape kann man gleichzeitig nutzen.

4.4 Magnetfeldtherapie

Durch Strom werden pulsierende Magnetfelder erzeugt, auf die der Körper reagiert. Der Zellstoffwechsel und die Mikrozirkulation werden angeregt, was zu einer besseren Sauerstoffversorgung im Gewebe und zur Zellregeneration führt. Dadurch werden die Abwehrkräfte, die Durchblutung sowie die Selbstheilungskräfte durch das Magnetfeld stimuliert.

Das Magnetfeldsystem erzeugt ein pulsierendes elektromagnetisches Feld, das durch den kompletten Körper (Knochen- und Weichteilgewebe) schwingt und das Pferd somit ganzheitlich anspricht. Auch ist bei vielen Tieren eine Verbesserung des allgemeinen Wohlbefindens zu beobachten, da es ein positiver Impuls für den gesamten Organismus ist.

Die Magnetfeldtherapie kann man gleichzeitig in Kombination mit dem Kinesiologischen Tape nutzen oder man bringt das Tape nach der Magnetfeldbehandlung an und lässt es noch nachwirken.

Bei folgenden Problemen kann man Magnetfeld und Tape sehr gut kombinieren: Arthrose, muskuläre Probleme, Atemwegsprobleme, Schwellungen, Sehnen- oder Fesselträgerschaden, kalte Beine, Narben, Kissing spines, PSSM, Kreuzverschlag, Magenprobleme, Rossestörung u.v.m.

4.5 Manuelle Therapien

Alles, was wir mit unseren Händen tun, sind manuelle Behandlungsmöglichkeiten. »Manus« ist der lateinische Begriff für Hand. Dazu gehören alle Formen der Massagen sowie das Lösen von Faszien, aber auch manuelles Lösen von Blockaden, Dehnungsübungen sowie Narbenbehandlungen.

All diese Behandlungen und Griffe sind vor dem Tapen anzuwenden, im Anschluss wird das Tape aufgebracht, um es noch länger nachwirken zu lassen und die manuelle Therapie somit noch nachhaltiger zu machen.

Deshalb wiederhole ich gerne nochmal das Zitat einer Kollegin, das bereits am Anfang des Buches stand: »Das Kinesiologische Tape sind die Hände des Therapeuten, wenn dieser schon längst gegangen ist!«

4.6 Massage-/Fasziengeräte

Es gibt heutzutage einen großen Markt an Hilfsgeräten, die das Behandeln des Weichteilgewebes noch zusätzlich unterstützen und auch leichter machen. Egal, ob es nun ein Massagegerät, ein Schallwellengerät, eine Faszienrolle oder ein Faszienschaber ist, all diese Geräte helfen bei der Behandlung des Weichteilgewebes. Welches Gerät man nutzen möchte, ist nur eine Frage der persönlichen Vorliebe und eventuell des Geldbeutels.

Allerdings ist es wichtig, dass man sich nicht ausschließlich auf diese Geräte verlässt. Das bedeutendste Behandlungsgerät eines jeden Therapeuten sind immer noch die Hände! Nur mit ihnen können wir spüren, wie sich das Gewebe tatsächlich anfühlt und ob eine Behandlung effektiv war. Insofern sollte man auch immer bei der Nutzung eines Massage-/Fasziengerätes vorher und nachher mit den Händen über das Gewebe gehen, um feststellen zu können, ob wirklich eine Veränderung/Verbesserung stattgefunden hat.

Bei all diesen Geräten gilt für die Behandlung von Muskeln und Faszien das Gleiche wie für die manuelle Behandlung: erst das Gerät, dann das Tape zum Nacharbeiten.

4.7 Wärmekissen

Kissen mit Dinkelspelz oder anderen Getreidemischungen sind bei Menschen und Tieren gleichermaßen beliebt. Die Kissen passen sich aufgrund ihrer Füllung ideal den Konturen des Körpers an und man kann sie den Pferden wunderbar auf den Rücken legen. Dort nehmen sie die Körperwärme des Tieres auf, erwärmen sich dadurch von selbst und reflektieren diese Wärme wieder.

Entspannendes Muskeltape und Wärmekissen für den Rücken.

Die Wärme hat einen entspannenden Effekt auf das Tier, wodurch sein allgemeines Wohlbefinden gesteigert wird.
Ähnlich wie bei der Magnetfelddecke kann man die Wärmekissen gleichzeitig in Kombination mit dem Kinesiologischen Tape nutzen oder man bringt das Tape danach an und lässt es noch nachwirken.

Bei folgenden Problemen kann man Wärmekissen und Tape sehr gut kombinieren: Arthrose, Beckenschiefstand, muskuläre und fasziale Probleme und Verspannungen, Atemwegsprobleme, Kissing Spines, PSSM, Kreuzverschlag, Magenprobleme, Rossestörung, Rückenwirbel- und ISG-Blockierungen, ISG-Verspannungen, Satteldruck, Trageerschöpfung, Zwerchfellblockaden.

4.8 Wasser (Aquatrainer/Güsse)

Ja, auch mit Aquatherapie kann man Kinesiologisches Tape kombinieren. Im Gegensatz zu den meisten anderen Therapiemöglichkeiten ist es hier ganz wichtig, dass das Tape zuerst angebracht wird. Im Anschluss kann das Pferd in den Aquatrainer oder die Beine können mit Wassergüssen behandelt werden. Da Tape nur schlecht bis gar nicht auf nassem Fell haftet, ist diese Reihenfolge hier wirklich zu beachten.

Während man den Aquatrainer für den Muskelaufbau und das Konditionstraining nutzt, verwendet man Güsse an den Beinen eher bei entzündlichen Prozessen, Schwellungen oder auch in der Rehaphase bei Sehnen- oder Fesselträgerschäden.

Einmal aufgeklebt, kann das Tape ruhig nass werden!

Danksagung:

Da weiß ich gar nicht, wo ich anfangen soll. Wie immer gilt mein größter Dank meinem Mann, der mich immer bei all meinen Projekten unterstützt, aber leider oft auch meine Launen ertragen muss oder Phasen, in denen ich nicht auf seine Fragen reagiere ...

Vielen Dank an alle Pferde, die so geduldig Modell gestanden sind. Allen voran natürlich Paula, die auch hier auf das Titelbild durfte, sowie Tonga, die das Titelbild meines Buches »Kinesiologisches Pferdetaping« ziert. Aber da wären auch noch Hektor, Lucky, Sophie und Winnie Pooh, die des Öfteren einen Fototermin mit mir hatten. Weitere vierbeinige Models waren May, Gazpacho, Balou, Sid, Meyja, Chaya, Suestada, Carino, Yoshi, Nardini und Ally. Und da sind auch noch die ganzen Pferden, die während diverser Tapingkurse unbewusst gemodelt haben und die auch Eingang in dieses Buch gefunden haben. Leider kann ich mich nicht mehr an alle Namen erinnern.

Vielen Dank an ALLE Pferdebesitzer, die mir ihre Pferde zur Verfügung gestellt haben bzw. die damit einverstanden waren, dass ich Fotos von ihren Pferden in diesem Buch nutzen durfte. Vielen Dank an Claudia König vom Müller Rüschlikon Verlag, die anfangs nicht so sicher war, wieso es ein weiteres Pferdetapingbuch geben sollte. In mehreren ausführlichen Emails und Telefonaten konnte ich sie dann für dieses Buches begeistern. Vielen Dank an all meine Therapeutenkolleginnen (und nein, ich werde hier nicht »gendern«, da es in 99,99 % aller Fälle Frauen sind!), die mich mit ihren Fachfragen zu unzähligen Krankheitsbildern bei Pferden zu diesem Buch inspiriert haben.

Über die Autorin:

Kinesiologisches Taping und auch Gittertapes gehören schon seit vielen Jahren zu meiner täglichen Arbeit als Tierphysiotherapeutin.

Schon immer sehr begeistert vom Kinesiologischen Taping habe ich die Bücher »Kinesiologisches Pferdetaping« beim Verlag Müller Rüschlikon und »Kinesiologisches Taping für Hunde« beim Kynos Verlag veröffentlicht. Beide Bücher wurden auch von mir ins Englische übersetzt und sind bei Trafalgar Square Books erhältlich.

Neben der Tierphysiotherapie und dem Bücherschreiben widme ich mich noch meinem allergrößten Projekt:

Tape4fur®
MORE THAN JUST TAPE

(»fur« = engl. Fell)

Da ich schon seit so vielen Jahren Tape nutze, war es mir einfach ein Herzensbedürfnis, ein Tape für Tiere zu entwickeln, das meinen Vorstellungen entspricht und optimal auf Fell hält. Dazu gehören neben dem klassischen Kinesiologischen Tape auch Gittertapes!

Falls Du noch Fragen zum Pferdetaping haben solltest, kannst Du Dich gerne auf meiner Internetseite oder über die Sozialen Medien informieren oder mir direkt eine Email schreiben:

info@tape4fur.com
https://www.facebook.com/tape4fur/
https://www.instagram.com/tape_4_fur/

Quellen:

www.flexion.dochckeck.com

Anatomie der Haussäugetiere, 4. Auflage 2009, König/ Liebich, Schattauer Verlag

Muskelatlas Pferd für Tierphysiotherapeuten, 2. Auflage 2018, Katja Gühring, Igelsburgverlag

Die 100 wichtigsten Pferdekrankheiten, 1. Auflage 2023, Mülller Rüschlikon Verlag

Kinesiologisches Pferdetaping, 3. Auflage 2021, Katja Bredlau-Morich, Müller Rüschlikon Verlag

Equine Myofascial Kinetic Lines, 1. Auflage 2021, DVM Rikke M. Schultz, DVM Tove Due, DVM Vibeke S. Elbrond, www.fascialines.com

Akupunktur beim Pferd, 1. Auflage 2022, Dr. med. vet. Ina Gösmeier, Müller Rüschlikon Verlag

Akupressur für Pferde,3. Ausgabe 2010, Dr. med. vet. Ina Gösmeier, Franck-Kosmos Verlag

Akupunktur und Phytotherapie beim Pferd, 2. Auflage 2010, Carola Krokowski, Sonntag Verlag

Gittertapes – die tollen Helfer in der Tiertherapie, 1. Auflage 2024, Katja Bredlau-Morich

Bilderquellen:

Abbildung auf Seite 186 mit freundlicher Genehmigung von Bio-Medical-Systems GmbH

Alle anderen Bilder stammen aus dem Bestand von Katja Bredlau-Morich und Robert Bredlau.

WEITERE INTERESSANTE

PFERDEBÜCHER

Katja Bredlau-Morich

Kinesiologisches Pferdetaping
Theorie - Tipps - Tapinganlagen

176 Seiten, 200 Bilder
ISBN 978-3-275-02222-9
€ 24,90 / € (A) 25,60

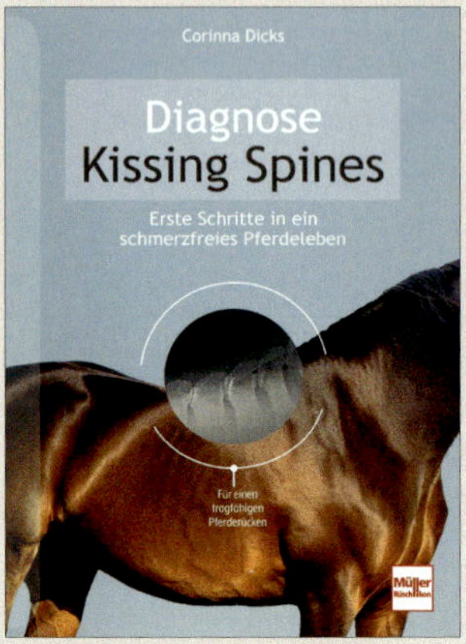

Corinna Dicks

Diagnose Kissing Spines
Erste Schritte in ein schmerzfreies Pferdeleben

144 Seiten, 80 Bilder
ISBN 978-3-275-02367-7
€ 24,90 / € (A) 25,60

Claus Teslau, Oliver Dörpinghaus

Hand ans Pferd
Massage, Wellnessanwendungen
und manuelle Techniken

160 Seiten, 120 Bilder
ISBN 978-3-275-02194-9
€ 19,95 / € (A) 20,60

Claus Teslau

Stresspunktmassage nach Jack Meagher
Mit Triggerpunkt-Behandlung und Dry Needling

144 Seiten, 220 Bilder
ISBN 978-3-275-01968-7
€ 22,00 / € (A) 22,70

www.facebook.com/muellerrueschlikonverlag
www.instagram.com/muellerrueschlikon.pferd

Überall, wo es Bücher gibt, oder unter
www.mueller-rueschlikon.de
Service-Hotline: 0711 / 78 99 21 51

Änderungen in Preis und Lieferfähigkeit vorbehalten.